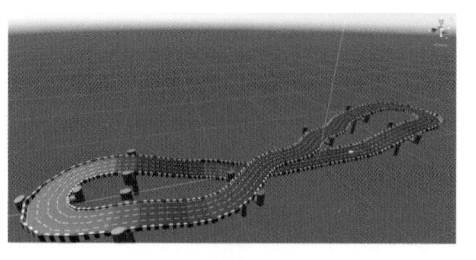
(a)

(b)

(c)

図 2.1 ●

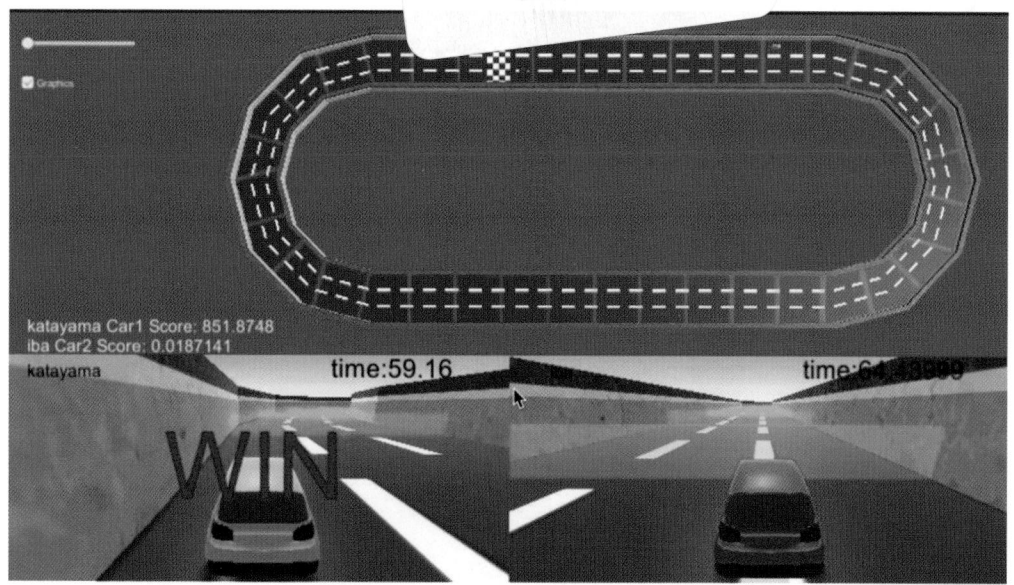

図 3.29 ● 自動車レースのゴール画面：どちらが勝つか？

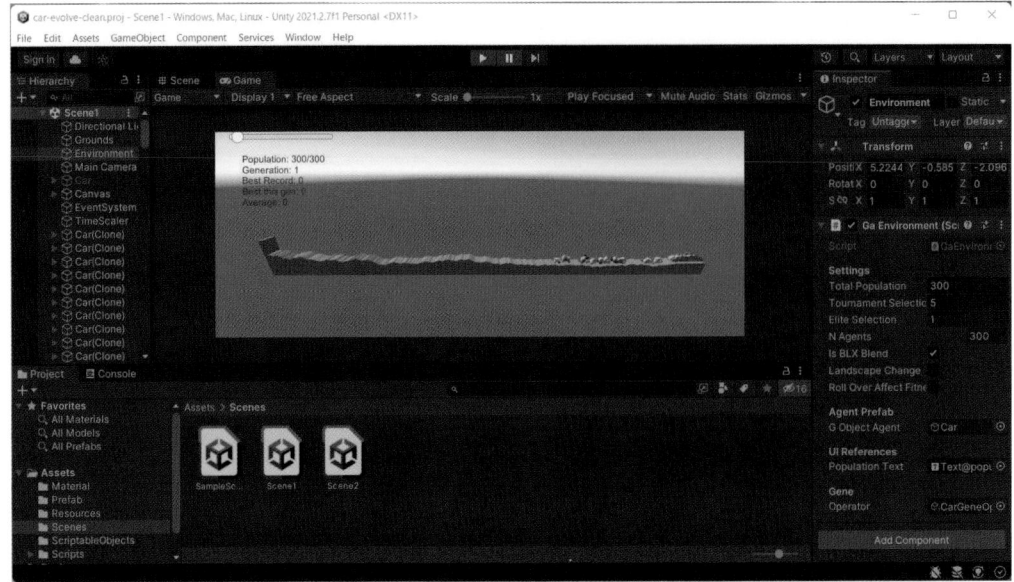

図 5.13 ● 車の形状進化システムの外観

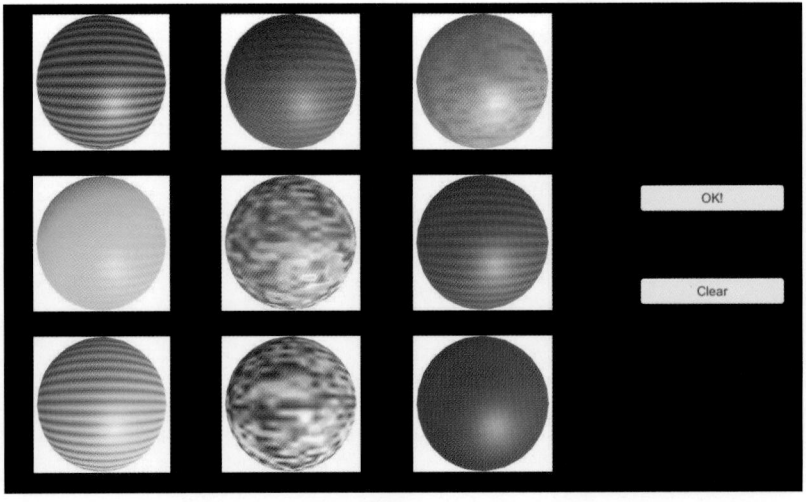

図 5.19 ● 画像生成システムの外観

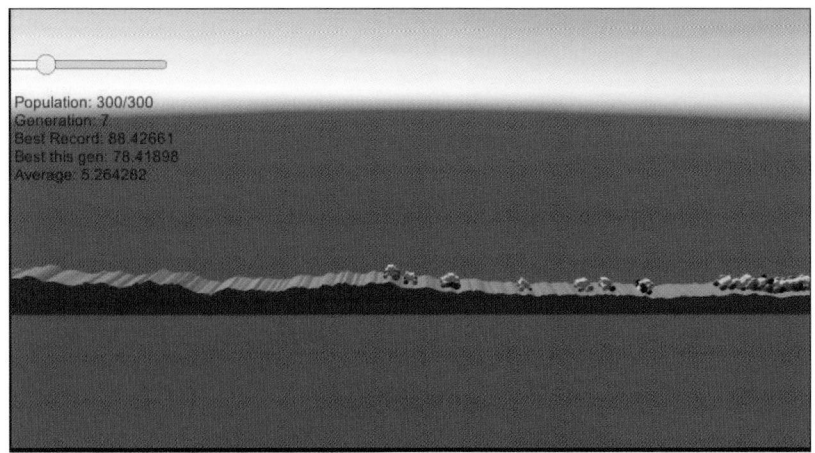

(a)

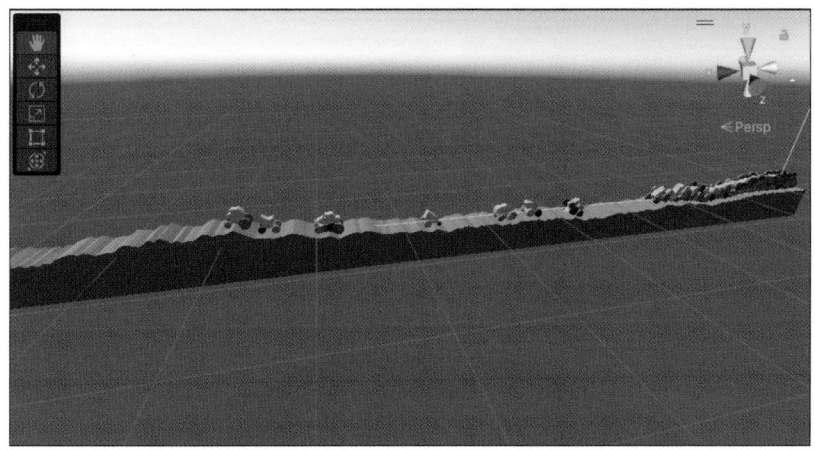

(b)

図 5.14 ● 車の形状進化のようす

図 5.15 ● 車体の形状

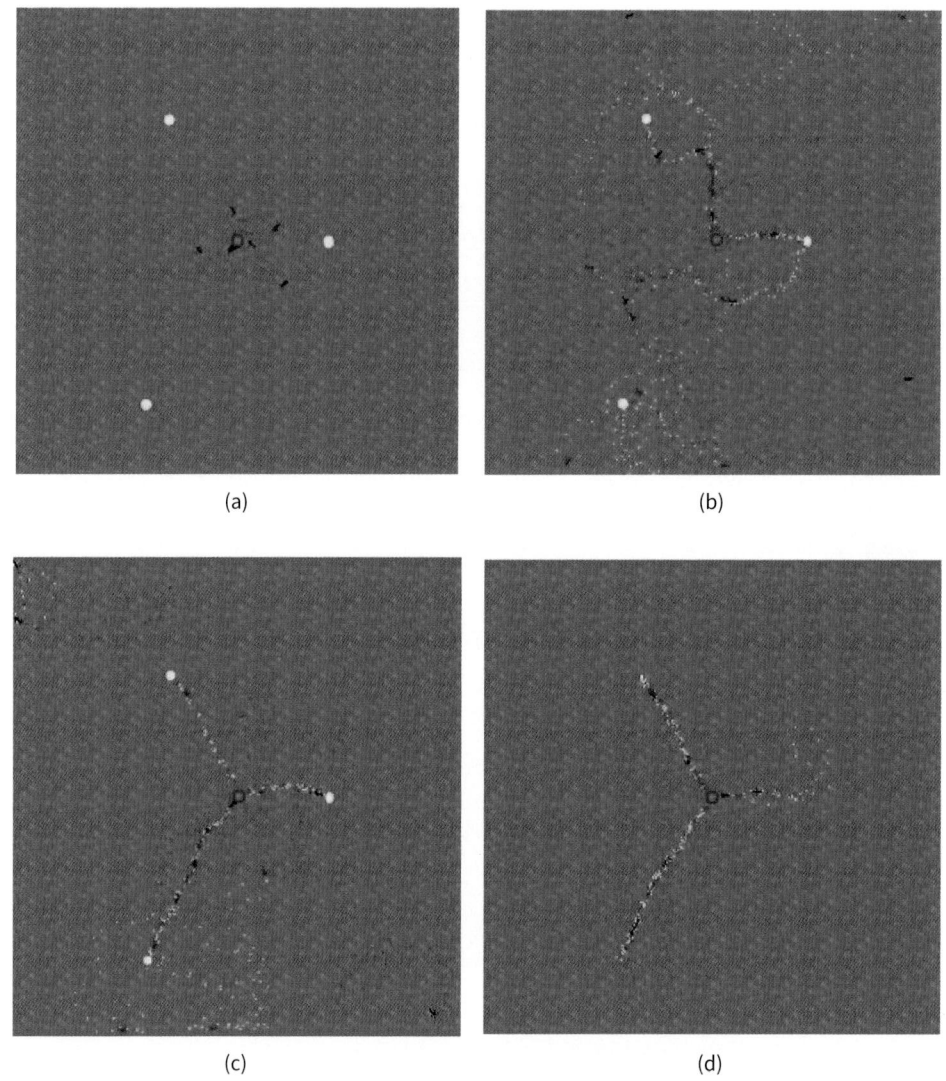

(a)

(b)

(c)

(d)

図 6.1 ● アリは効率的に餌を集めるか？

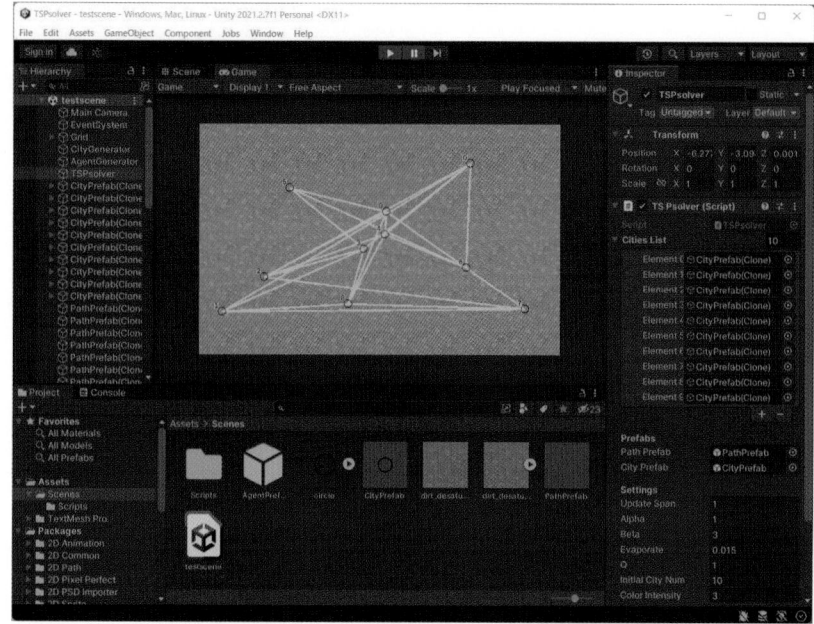

図 6.6 ● TSP by ACO ソルバーの外観

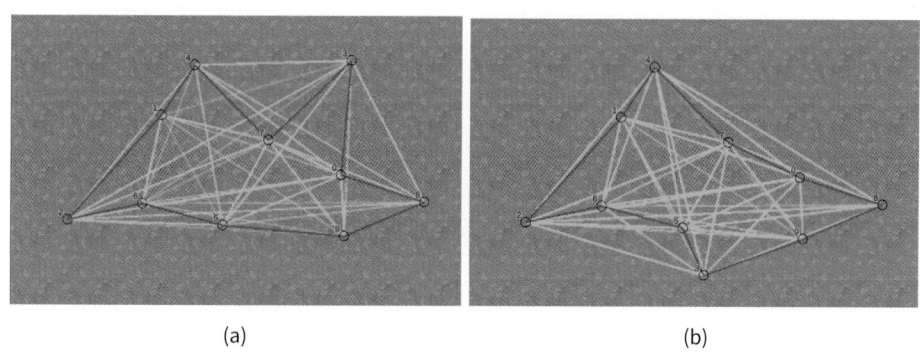

(a)　　　　　　　　　　　　(b)

図 6.7 ● アリによる最適経路探索例

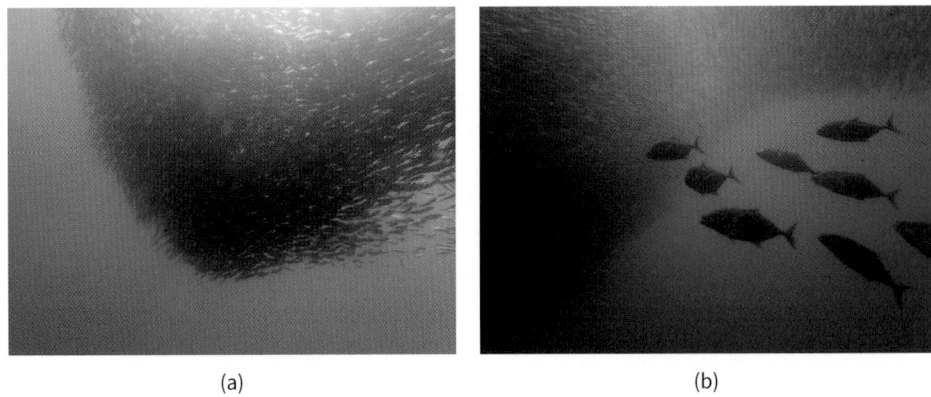

(a)　　　　　　　　　　　　　　　　　　　(b)

図 7.1 ● 魚の群れ行動

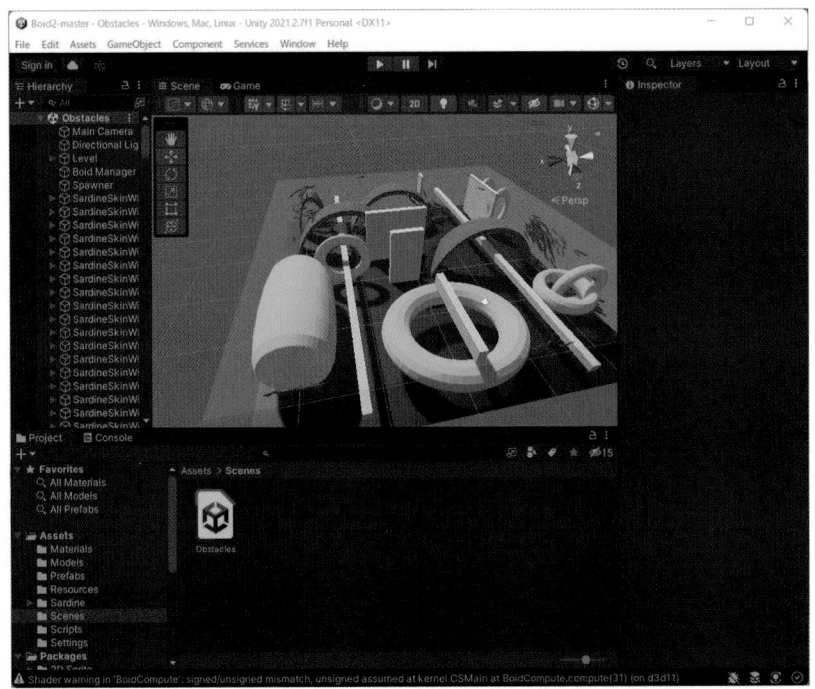

図 7.7 ● boid シミュレーション

(a)　　　　　　　　　　　(b)　　　　　　　　　　　(c)

図 7.8 ● ボイドが障害物を避けるようす

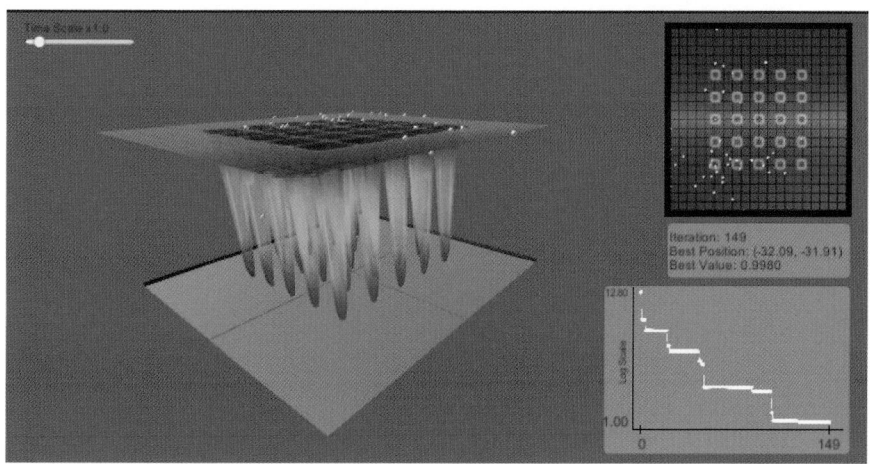

図 7.23 ● PSO による最適化（$F5$ 関数）

図 7.24 ● PSO による最適化（$F5$ 関数）：別の視点からのようす

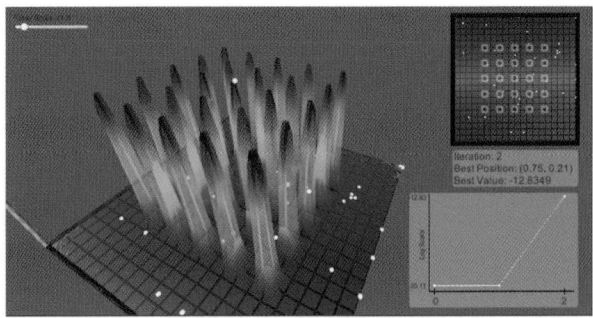

(a) 初期のランダムな個体

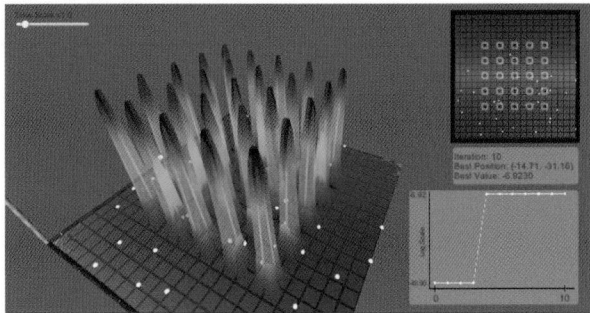

(b) それぞれの個体が山に登り始める

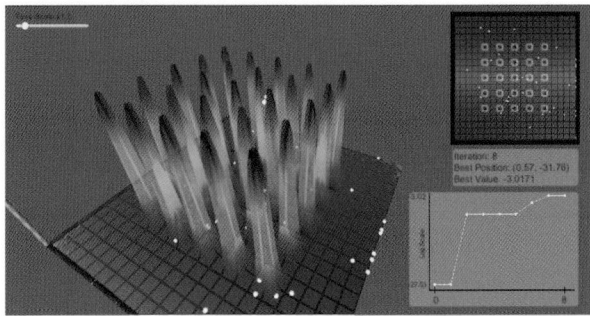

(c) いくつかの山（局所解）に登る

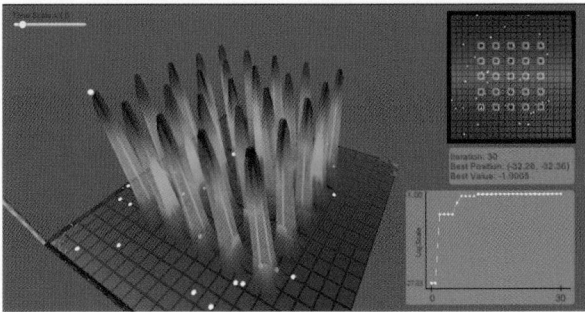

(d) 左隅の山（大域解）に到達する

図 7.27 ● PSO の探索のようす

Unity
シミュレーション
で学ぶ

伊庭 斉志＋MIT/Mind Render 開発グループ ● 共編

人工知能と人工生命

――創って理解するAI――

Ohmsha

■ まえがき

作ることができないものは理解したことにならない.
（リチャード・ファインマン）

　本書は，創ることにより人工知能と人工生命を楽しみ，その背後にある考えや応用につながるアイディアを理解しようというものです．このように自分で創りながら試して知能を理解することは構成主義的アプローチと呼ばれ，人工知能，人工生命，ロボット工学など多くの研究分野で幅広く採用されています．

　本書では，さまざまなトピックを Unity プロジェクトの実行を通して理解するように解説しています．その内容は，強化学習，進化計算，ニューラルネットワーク，アリの群知能，魚と鳥の群れ行動など多岐にわたります．人工知能や人工生命の最新のトピックへの関連も紹介しています．

　本書の読者対象は，人工知能・人工生命に興味のある初学者（大学学部レベルから理科系大学院生）およびその応用を考えている技術者です．そのため本書のトピックのほとんどは専門的知識を要しない平易な話題からはじまりますが，なかには未解決の問題や最新の研究テーマにつながるものもあります．たとえば，ディープニューロ進化（4.6 節），動的 TSP の探索（6.3 節）や鳥・魚の群れ行動（第 6 章）などは筆者の関連する分野での学位論文のテーマとなっています．もしも興味を持ったら，その関連文献や最新の動向を調査するとよいでしょう．

　本書の学習・実験環境は，筆者の研究室と株式会社モバイルインターネットテクノロジーとのコラボレーションで開発された「Mind Render/AI Drill」をもとにしています．現在，このソフトは東京大学・工学部の演習講義などでも活用されています．本書に記載されている実験を遂行するためには Unity の基礎知識と C#での開発能力がある程度必要となりますが，付録として初学者のために必要な環境のインストール方法を説明しています．また，Python との連携についても解説しているので，Python に慣れている読者はそちらで開発することも可能です．Python は機械学習や深層学習の分野でしばしば用いられ，NumPy などの数値計算モジュールや TensorFlow，PyTorch などの学習モジュールを利用することができます．人工知能部分の実装を Python プログラムに任せることで，C#では難しい，複雑な機械学習の実装も容易になるでしょう．

　本書で説明するプロジェクトやデモソフトウェアは筆者の研究室のホームページ（本書のサポートページ[1]）からダウンロードできます．読者はぜひ自ら実験して，シミュレーションで楽しみながら学んでください．ただし単にダウンロードして実行するだけではなく，自分でプログラムを修正（できれば作成）することを推奨します．それにより人工知能や人工生命の奥

---

1) http://www.iba.t.u-tokyo.ac.jp/support/

深さを創って理解することができると期待しています．また読者の自習を助けるために演習問題を提供しています．それらは以下のようにレベル分けされています．

- ★　　：易しい問題（basic level）または参考問題，本文の説明を確認するレベル
- ★★　：中程度の問題（ambitious level），ある程度自分で考えて開発・拡張するレベル
- ★★★：難しい問題（super-ambitious level），最近の研究にもつながる高度な開発力や創造性を必要とするレベル

　読者はぜひ★★★レベルの問題に挑戦してください．それにより冒頭のファインマンの言葉のように，人工知能や人工生命を創って理解するようになれば望外の光栄です．また，演習問題の解答例や優れた考察についても順次ホームページで提供する予定です．

　本書のもとになったのは，筆者の大学での「人工知能」や「シミュレーション学」などの講義ノートです．これらの講義では創造力を必要とする課題を毎回出題しています．学生はかなり苦労しているようですが，中には感銘を受ける内容のレポートもあり，筆者はそれらを読むのを楽しみにしています．ときには全く受講と関係のない他大学の学生や一般読者からの解答が寄せられ，その興味深い内容に驚くこともありました．本書では，こうしたレポート課題に対する解答例・考察のいくつかを加筆・修正して利用しています．ここでは全員のお名前を挙げることはできませんが，面白いレポート作成に尽力してくれた受講生のみなさんに深く感謝いたします．

　筆者がかつて所属していた学生時代の研究室（東京大学大学院・工学系研究科・情報工学専攻・井上博允研究室）や電子技術総合研究所（Electrotechnical laboratory, ETL）の方々とのAIをめぐる哲学的で楽しい議論が本書の中核となっているのは間違いありません．この機会に先生方と先輩・後輩および東京大学大学院・情報理工学系研究科・電子情報学専攻・伊庭研究室のスタッフのみなさまに深く感謝申し上げます．

　最後に，いつも研究生活を陰ながら支えてくれた妻由美子，子供たち（滉基，滉乃，滉豊）に心から感謝します．

　2022年9月　本郷にて

伊 庭 斉 志

Contents
目次

第 **1** 章

人工知能から人工生命へ

機械が書いたソネットは機械によってのみ評価される.(アラン・チューリング)

■ **1.1** AIの歴史と概観

AI(**人工知能**,Artificial Intelligence)という言葉が誕生したのは,1955年のダートマス会議です.この会議には,ミンスキー[1],マッカーシー[2],サイモン[3],ニューウェル[4]ら,その後のAI研究の中心となる人々が多数参加しました.

初期のAIではゲームと定理証明が盛んに研究されました.その後,推論,学習,問題解決,画像理解,自然言語理解,エキスパートシステムなど,より実世界と結びついた研究がなされました.さらに,認知科学(人間の心の仕組みを「知」を中心に解明する分野),知識工学(人

---

[1]  Marvin Minsky (1927–2016):アメリカのコンピュータ科学者であり認知科学者.「人工知能の父」として知られる.「心の社会」を提唱したことで有名.単純パーセプトロンの限界を示し,ニューラルネットワークの最初の冬が訪れることになった(60ページ参照).

[2]  John McCarthy (1927–2011):アメリカのコンピュータ科学者."Artificial Intelligence"(人工知能)という用語はマッカーシーにより,ダートマス会議のため造語された.LISP言語の提唱・開発者でもある.強いAIに関する「**フレーム問題**(frame problem)」は1969年にマッカーシーらによって提唱された(189ページ参照).

[3]  Herbert Alexander Simon (1916–2001):アメリカの認知心理学者で情報科学者.大組織の経営行動と意思決定の理論によりノーベル経済学賞(1978年)を受賞.

[4]  Allen Newell (1927–1992):アメリカのコンピュータ科学者で認知心理学者.Logic Theory Machine (1956) と General Problem Solver (1957) という,初期のAIプログラムをサイモンとともに開発した.

間のもつ知識を工学的目的でコンピュータにのせることを目指す分野）など，AI と接点をなす学問領域も確立されていきました．

　初期の AI 研究には，大きな三つの潮流があります [30]．第 1 は 1940 年代後半からの論理学的思考理論に基づくもので，Prolog のような述語論理型言語における研究につながります．第 2 は 60 年代からのニューラルネットワークのアプローチ（**コネクショニズム**），そして第 3 は 50 年代からのヒューリスティックス（発見的手法）なプログラミングです．

　AI の研究が発展するにつれ，初期の楽観主義にかげりが見え始め，さまざまな批判や挑戦がなされるようになりました．例えば上に述べた三つの手法についても，論理的手法では人間のような柔軟な思考が扱えないとか，コネクショニズムでは高レベルの知識が表現しにくいことや，**ヒューリスティックス**のアドホックさ[5]などが批判されています[6]．

　AI は学際的な分野であり，「知能」というキーワードをもとに，心理学，工学，情報科学，数学，哲学，脳科学などのさまざまな分野と関係をもちます．というよりも，むしろこの関係が AI そのものです．例えば，スティーブン・ピンカー[7]は進化心理学者の立場から，「私たちが進化してきた環境のなかで，心が何をするようにデザインされたかを理解しなければならない」と主張しています．

　このように知能に関する理論はさまざまな形で議論の対象になっています．活発な議論と理論の戦いこそが AI 研究の真髄です．

　AI においては，知能の定義，知識の表現方法，研究思想，実現可能性をめぐって哲学的，心理学的論争が絶え間なくなされ，論客には事欠きません．有名なものとしては，ドレイファス[8]による反 AI 論（AI が 20 世紀以前の伝統的哲学と同一の不十分な人間理解を前提としていることから，AI 研究の限界を主張する），ワイゼンバウム[9]による倫理的 AI 批判（AI など

---

5)　いつどんなヒューリスティックスを適用するのかの基準があいまいなこと．

6)　ニューラルネットワーク研究（76 ページ参照）と同じように，AI 研究でも 2 度の冬がある．2 度目の冬は 1980 年代後半の知識工学とエキスパートシステム（専門家のように推論や判断ができるシステム）への過度の期待に続く失望である．この冬は今世紀最初の数年まで長く続いた．

7)　Steven Arthur Pinker (1954–)：アメリカの認知科学者．ハーバード大学の心理学教授．『心の仕組み』『言語を生みだす本能』『人間の本性を考える』など数多くの著書がある．

8)　Hubert Lederer Dreyfus (1929–2017)：アメリカの哲学者．AI の批判で有名．1972 年の著書『コンピュータには何ができないか―哲学的人工知能批判』[41] は論争を巻き起こした．

9)　Joseph Weizenbaum (1923–2008)：アメリカのコンピュータ科学者．「ELIZA」と呼ばれる単純な自然言語処理プログラムを作り，カウンセラーを装って人間と対話できることを示した．その結果，多くのユーザーがプログラムに心を開き，大きな影響を受けたことにワイゼンバウムは衝撃を受けた．著書『コンピュータ・パワー――人工知能と人間の理性』[12] で，コンピュータにやらせてはいけない仕事があることを念頭に置きながら AI 研究を批判した．

やってはいけない），ヴィノグラード[10]とペリー[11]による論争（表現主義と合理主義をめぐる哲学的論争），チョムスキー[12]の生得仮説（人間は生まれながらにして言語能力や普遍文法をもつという考え）についての論争，コネクショニズムをめぐる論争などがあります．

　AIの発展を支えるのは，こうした AI 研究者と反 AI 論者，あるいは立場の異なる AI 研究者の間でなされる激しい議論の応酬からくる活性化です．

　次節では知能の定義に関連する議論を見てみましょう．

■ **1.2　あなたの AI は強いのか？**

　AI の研究には二つの立場があるとされています．

1. 人間の知能そのものをもつ機械を作ろう
2. 人間が知能を使ってすることを機械にさせよう

これらの立場をそれぞれ強い AI，弱い AI と呼びます[13]．

> **強い AI**　私が作っているのは知能そのものである
> **弱い AI**　知的で賢い機械を作りましょう

　実際の研究のほとんどは後者の立場にたっています．ただし，究極目的や，そもそもの動機が「強い AI」である場合も少なくありません．また，もともとは「強い AI」を志していたけれど，諸般の事情で「弱い AI」に従事していることもあります．実際，かつては「強い AI」に関する論文や研究成果が頻繁に発表されていましたが，現在は社会的あるいは経済的な制約からか，少なくなっています．

　こうしたことから，本書の第 2 章以降では「弱い AI」への比重が次第に高くなっていきますが，この章では「強い AI」をめぐる話題について説明していくことにします．

「強い AI」の実現のためには，「知能とは何だろうか？」ということを考える必要があります．通常，知能とは「知的活動の能力」のことを意味し，この「知的な活動」には問題解決・

---

10)　　Terry Allen Winograd (1946–)：アメリカのコンピュータ科学者．1968 年から 1970 年にかけて，自然言語を使って仮想の「積み木の世界」を操作できるシステム「SHRDLU」を開発した．この成功により，初期の AI 楽観論が生まれた．しかし，コンピュータに意味記憶を持たせることがいかに難しいかを痛感し，後に AI の実現に批判的な立場をとるようになる．

11)　John Richard Perry (1943–)：アメリカの哲学者．ジョン・バーワイズとともに「状況的意味論」を提唱した [32]．ある言葉の意味は状況を考慮しなければ特定できない．そのため，状況意味論では状況を積極的に取り上げることで言語の意味を分析する．

12)　　Noam Chomsky (1928–)：アメリカの言語哲学者．「現代言語学の父」として知られる．計算機科学，数学，心理学などにも影響を及ぼす．すべての言語に対して共通で万能な「普遍文法」があり，それは生得のもので学習によらないという説を提唱した．

13)　若干定義は異なるが，汎用型 AI と特化型 AI という呼び方もある．

推論・学習などが含まれます．したがって，知能とは，情報処理能力，抽象化・一般化の能力，および学習の能力といえるでしょう．

　コンピュータなどで知能をシミュレートすることを考えてみましょう．知能がシミュレートできれば，「強い AI」が完成したといえるでしょう．ところが，ここで問題が出てきます．通常，シミュレーションとは「模型や数学モデルを用いて現実（に似た状況）を試行すること」をいいます．

　たとえば「台風のシミュレーション」を考えてみましょう [21]．このとき，台風のメカニズムを数式でモデル化し，風速や進行方向，雨量などを計算するのが普通です．実際の台風に関して予測を検証してシミュレーションの精度を評価することもできるでしょう．

　一方で，知能をシミュレートした場合にはどうでしょうか？　どのように評価すればいいのでしょうか？　そのシミュレーションが「知能」を本当に持っていることを何らかの手段で検証しなくてはなりません．これは「知能」を定義することと同じになり，そう簡単ではありません．また，コンピュータで台風をシミュレートした場合，そのコンピュータ自体が強風に吹かれないとか雨で濡れないからといっても「これは台風のシミュレーションではない」と非難する人はいないでしょう．一方，知能をシミュレートしたと主張するなら，コンピュータ自体にわれわれと同じような知能を要求することになります．台風のシミュレーションのときにコンピュータが濡れることを要求するようなものです．つまり，同じシミュレーションでも大きく違っています．

　では，コンピュータは知能をシミュレートできるのでしょうか？　これに関しては否定的な意見が昔から言われてきました．

　　Analytical Engine（解析機関）は，何か新しいものを創造するといった主張は全くしていない．それがすべき振舞い方を我々がどのように命令すればよいかを知っていることであれば，単にすべて実行できるだけである（Lady Ada Lovelace, 1815–1852）．

　これはエイダ・ラブレスの「解析機関」についての言葉です．彼女は詩人バイロンの娘であり，世界で最初のプログラマーとされています．解析機関は 19 世紀前半にイギリス人数学者チャールズ・バベッジが設計した機械式汎用コンピュータです．彼女は解析機関のプログラムを初めて記述したそうです．その彼女が，「解析機関はどんなことでも自分でははじめられない．人間が命令の仕方を知っていれば，解析機関はどんなことでも実行できる」と述べて，強い意味での AI の実現に否定的な発言をしています．

▋**1.3** チューリング・テストとAI批判

1950年にアラン・チューリング[14]は有名な論文を書いています．これは「ラブレス夫人への反論」として書かれたものです．彼の論文の主旨は，

> コンピュータにも独創的なことはできないが，人間もまた独創的でない

というものでした．チューリングは「機械が思考することができるか」という問題を深く考察し，それは可能であると述べています．そしてチューリングは，知能を判定するための「**チューリング・テスト**」と呼ばれる，強力ですが議論の多い方法を提案しました．

チューリング・テストを現代的な言葉に直すと，電子メールを通しての次のような掲示板ゲームとなります[15]．

- ある日，あなたは掲示板にAとBという新人が居るのを見つけた．
- AとBのいずれにメッセージを送っても的確に答えが返って来た．
- 実はこのAとBのうち，一方は人間，他方はコンピュータであるらしい．
- しかしどのような質問をしても，どちらがコンピュータなのかわからなかった．

もしこのテストに通れば（つまりどちらがコンピュータかがわからなければ），そのプログラムは知能をシミュレートしているといってよいでしょう（少なくとも質問が効果的である限り）．

チューリングテストについては多くの問題点が指摘され，AIの実現可能性への批判がなされています．

有名なのはサール[16]による「知能の定義」そのものへの攻撃です．彼はチューリング・テストを逆手にとって，「**中国語の部屋（図1.1）**」を考え出しました．これは以下のようなものです [17]．

中国語の部屋

誰かが部屋に閉じ込められて，大量の中国語の書類を与えられたとします．この部屋の中を見ることはできず，文書を渡す入り口と，解答を受け取る出口しかありません．彼は中国語をまったく知らず，漢字の区別もつきません．そのため中の人間は日本人ではなく，英国人だとしましょう．次に一式のマニュアルを渡されます．

---

14)  Alan Turing (1912–1954)：イギリスの数学者．「計算可能性」に関する議論を行うための抽象機械「チューリングマシン」を考案した．これは最も単純なコンピュータのモデルとなっている．「AIの父」とも言われている．形態形成のモデルも提唱し，人工生命（Artificial Life, AL）の研究に利用されている．

15) 第7章では魚の動きについてのチューリングテストについて説明する．

16) John Rogers Searle (1932–)：アメリカの哲学者．AI批判で知られる．「強いAI」と「弱いAI」の考えを提唱．

それには一群の中国語と別の一群の中国語を結びつけるための規則が書いてあります．この規則は英語で書かれているので彼にも十分理解できます．この部屋に対して，中国語がわかる人間が質問を中国語で入り口に入れて，出口から得た回答により会話がなされるようすを考えてみましょう．

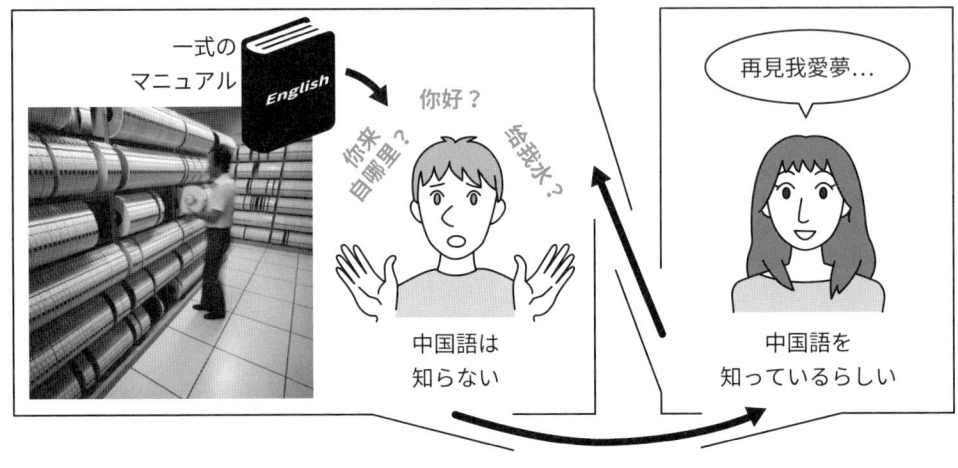

図 1.1 ● 中国語の部屋

サールは次のように述べています．

しばらくすると，彼は実に上手に指示通りに中国語を操作できるようになり，部屋の外から彼に指示を与える人も指示の与え方がうまくなって，彼の作り出す答えは，中国人の返答と区別できなくなったとしよう．彼の作る答えだけを見れば，彼が中国語を理解していないという者はいなくなる．（中略）しかし，中国語の場合は英語と違って，彼はまったく解釈なしに，形式的に記号を操作し，答えを作っているのである．

単に形式に従って字面だけを見て操作している限りでは，真に理解しているとはいえません．ところが，「中国語の部屋」からわかるように，人間の行為は特定の状況で適切な形式的規則を与えられれば，人間でも機械でもでっちあげることができます．したがって，強い AI など実現できないとサールは主張しています．

これに対してはさまざまな反論が考えられます．おそらく誰にでも思いつくのは，

- すべてに対応する変換規則が書けるのか？
- 膨大なデータベースの検索が可能なのか？

というものです．

しかし，この反論は意味をなしません．なぜなら第 1 の疑問はそもそも AI の実現可能性の否定につながります．また第 2 の疑問については，超高速並列計算や量子計算などの実現可能性を想定すると，将来的には否定できず，議論の本筋にはなりえません．

有力な反論の一つは「**システム論**」に基づくものです．部屋のなかにいる人は，中国語を確かに理解していないかもしれません．しかし，その人は紙やデータベースなどを含めた大きなシステムの一部に過ぎず，システム全体としては中国語を理解しているというものです．中国人であっても，その脳神経細胞の一つひとつが中国語を理解していないのと同じです．

これに対してサールは，「マニュアルを完全に記憶するとし，外部の助けなしに中国語の返答をしていても，なお中国語を理解していない場合がある」と再反論しています．

サールの批判に対して，最近 Levesque らによる計算論的考察に基づく反論がなされています [25, 60]．これは次のような「**足し算の部屋**」で説明されます．

- 10 桁の数を 20 個足すという足し算の部屋を考える
- 計算のできない人間と足し算のマニュアルが部屋の中にあるとする
- このとき，人間がマニュアルを完全に把握し，すべての操作を頭の中で行ったとしても，なおも「足し算を理解していない」というようなマニュアルが作れるか？

「足し算の部屋」に対しては，次のようなマニュアルがすぐに思い浮かぶでしょう．

- 1 桁の足し算は暗記する
- 2 桁以上の数は 1 桁に還元して足す

しかしこれはわれわれが小学校で習った方法そのものです．したがってこのマニュアルを把握しているということは，結局足し算のアルゴリズムを熟知していることになり，足し算を理解しているといっていいでしょう．

では，もう少し原始的なマニュアルを考えてみましょう．

- 最初の数と同じ章へ行く
- その章内で 2 番目の数と同じ番号の節へ行く
- さらにその節内で 3 番目の数と同じ番号の副節へ行く
- これを 20 個の数全部にわたって繰り返す
- すべてが終わったらそこには最大 12 桁の数が書いてあるので，その数を返して終了する

このマニュアルには単に計算結果が辞書のように羅列してあります．中国語の部屋と同じように，この人間は足し算をしていませんし，さらに計算について何も理解していません．ではサールの主張は正しかったのでしょうか？

ここでこのマニュアルの計算量を考えてみましょう．1 番目の数に対応する章には 10 の 10 乗分が必要です．各章には 10 の 10 乗の節が含まれます．これが 20 段繰り返すので，項目だけで 10 の 10 乗の 20 乗＝10 の 200 乗となります．宇宙の分子数は 10 の 100 乗程度といわれて

います．したがって，これほど大きなマニュアルは決して作れません．このことからサールの主張が計算論的には正しくないことがわかります．ただしこのマニュアルに関してはその通りですが，サール自身はマニュアルの構成法を明示していないので，再々反論があり得るかもしれません．

　最近，**機械翻訳**が膨大なデータベースと統計的な処理でなされています．有名なものはGoogle の機械翻訳です．昔の機械翻訳は自然言語理解に基づく古典的な AI でした．しかし，残念ながら必ずしも有効ではありませんでした．一方，Google の機械翻訳は，ソフトウェア自体は自然言語について何も理解していません．このソフトウェアは膨大なデータベース（人間による翻訳，国連の議事録）を利用して，訳語を統計的につなぎ合わせます．その結果，2006 年の機械翻訳コンテストでは圧倒的な差で優勝しました．このような翻訳手法は，現代のコンピュータパワーやインターネットが活用できるからこそ可能な技術です．このアプローチは中国語の部屋への解決策となるかもしれません．

▌1.4　人工生命とは何か？

　人工生命（Artificial Life，**AL**，**Alife**）は，コンピュータで生物学の根本問題を解決することを目指しています．1987 年秋にサンタフェ研究所で AL に関する第 1 回国際会議が開催されました．そのオーガナイザーであるクリストファー・ラングトンは，AL 研究者の信条を「機械のなかの幽霊，つまり物質から生じてくる，しかもそれとは独立の本質」を追い求めるものであると述べています．そして，この分野を次のように定義しています [58]．

> 人工生命（AL）は，自然の生きているシステムに特徴的な振る舞いを示す人工システムの研究である．地球上で進化した特定の例に限定されずに，あらゆる可能な出現においての生命を説明する探究である．最終目標は生命システムの論理形式の抽出である．

　この言葉にあるように，AL は AI よりも先に実現可能です．たとえば，AI で盛んに扱われる学習や適応，認知発達といった問題は，生命の生き残り戦略としても非常に重要なトピックです．AL が，生物学や心理学の研究発展をとおして，AI のモデル化に寄与することが期待されます．従来の AI 研究が人間の知能に偏りすぎていることへの反発があり，より基礎的な知能，動物の知能も含めて AI を実現しようという試みです．知能の実現に生物学の知見を導入することが AL の目的の一つです．つまり AL は AI の基礎と考えられます．

　AL の厳密な定義は困難ですが，コンピュータに基づく AL の基本的な特徴として，次があげられるでしょう [58]．

- 単純なプログラムの集団からなる
- 全体の動作を規定するような単一の中心的プログラムは存在しない
- 一つの個体に関してのプログラムは，ほかの個体との遭遇などの環境内の局所的な状況に反応する仕方を記述する
- 全体的な行動を規定する規則（**神の視点**）は存在しない
- おのおののプログラム（マイクロレベル）よりも高度なレベル（マクロレベル）で，結果として行動が発現する特性（emergent property，**創発**と訳される）を有する

　"emergent property" はもともと生物学の用語です．その好例はアリの社会的生活に見られます．アリの個々の 1 匹は単純な機械的行動しかとりません．しかしながら，アリの巣全体としては餌や敵の分布パターンに応じ高度に知的な団体行動（collective behavior）を行い，集団の生存率を高めています[17]．その結果，異なる仕事をするよう特殊化した個体からなるカースト制が生じたり，社会的な分業や協同現象が見られるようになります．巣全体の行動を規定する規則（プログラム）は存在しません．それにもかかわらず，単純なプログラム（個体としてのアリ）の集合的作用の結果として，知的な全体的行動が発現することを**創発**と呼びます．そこで，アリの巣に対応する「超個体」という考え方も提唱されています．

　創発では，ミクロの相互作用から生じるマクロ現象というのが中心的な考えとなっています．これは生態学における**形態形成（パターン生成）**や動物集団による群れ形成などさまざまな分野で観測されます．経済や金融の活動でも創発現象は見られます．例えば金融市場ではそれぞれの個体（市場参加者，投資家）は周囲の情報をもとに自らの利潤を追求し，他の個体と相互作用（投機行為など）を行います．その結果，金融市場全体を見たときには，「模様眺めの値動き」や「神経質な動向」といった現象が観測されます．一方，それぞれの市場参加者は必ずしも神経質に振る舞ったり，模様眺めをしたりするわけではありません．このようにミクロの相互作用には記述されていないマクロ現象が生じることが創発です．

　より詳細に説明すると，創発には 2 種類があります．

弱い創発	元素レベルの相互作用の結果として新しい性質が出現すること．創発された性質は個々の要素に還元できる．
強い創発	新たに出現した性質は部分の総和以上なので，下位のレベルに還元できない．ミクロレベルの構造を支配する法則を理解したところで，マクロレベルでの性質の法則性を予測できない．

　当然ながら AL が目指すのは強い創発です．つまり，AL は「生物のような行動」を研究することを目的とし，分析的な方法に代わって合成的な研究手法を用いて生命現象を探求しま

---

17)　アリの AL については第 6 章で説明します．

す．生命の行動を創造するメカニズムの発見は，次のような意義を持っています．

> **科学的目的**　既存の生命のより深い理解，特に生命にとって基本的な属性の理解
> **工学的目的**　一般的な適応能力を持った人工物の生成

　こうした目的に従って，生命のような複雑な現象をコンピュータでモデル化することを目指します．このようなモデル化によって，生物の振る舞いを的確に予測／制御でき，またその工学的な利用もできると期待されています．上の二つは 1.2 節で説明した強い AI と弱い AI に相当します．すなわち，強い AL と弱い AL[18] ということができるでしょう．

　AL（Alife）は，従来の生物学（Blife, Biological life）を拡張し，シミュレーションなどによる検証可能な科学としての進化生物学の構築を目指しています．Alife と Blife の違いは以下の言葉に要約されています（**図 1.2**）．

> **Alife**　ありうる（ありえた？）かもしれない生命（life as it could be）
> **Blife**　われわれの知っている生命（life as we know it）

図 1.2 ● Alife と Blife

　このことは進化と Alife の関係を考えるとはっきりします（**図 1.3**）．現在われわれはいま目の前にある（あるいは化石としてあった）生物しか観察できません．Blife ではそれらをもとに生物のありようを研究します．一方，われわれは偶然により現存の生物が進化したことを知っています．約 6500 万年前（白亜紀）にユカタン半島のあたりに隕石が衝突し，その結果引き起こされた気候変動によって恐竜が絶滅したとされています．その当時，哺乳類の先祖はネズミのような弱い小動物であったそうです．もしもこの偶然がなければわれわれ人類は存在しなかったかもしれません．このような「もし」という考えは，従来の生物学の研究では受け入れませんでした．それに対してあらゆる可能性を考えてより普遍的な生物の原理，進化の法則を追及するのが Alife です．

18）「弱い AL」とは，生命プロセスを化学物質から分離できない立場とすることもある．それに対して，生命とはあらゆる媒体から独立して抽出できるプロセスと考えるのが「強い AL」である．

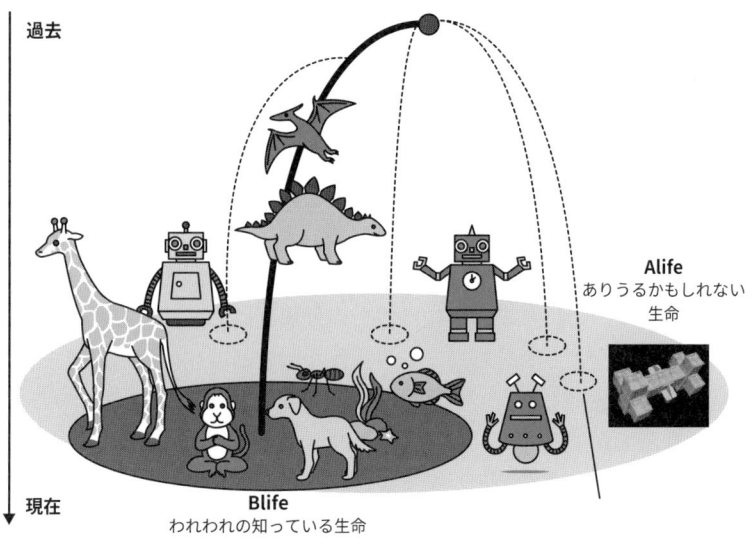

図 1.3 ● Alife と進化

　スチュアート・カウフマンは AL の手法をより発展させて「**一般生物学**」を提唱し，「生命は自分たちの探索方法がうまくいくような探索空間（**適合度ランドスケープ**[19]）を作ってきた」という仮説を提案しています [14]．その説の妥当性は現在のところ不明であり，さまざまな議論がなされていますが，ダーウィン[20]とウォレス[21]の**進化論**や生物学を，この立場で検討しなおすのは，今後の興味ある重要な課題です．

　われわれが想像すらできないような生命について考え，研究することははたして可能なのでしょうか？　そもそもどのようなものが生命なのでしょうか？　たとえば人間を含めて多くの生物の目は二つとなっています．既存の仲間から想定できないような目玉の生物を考えることは意義があるのでしょうか？

　このような疑問を持った読者には，スティーブン・グールド[22]の本『ワンダフルライフ』

19)　5.2 節参照.

20)　Charles Darwin (1809–1882)：イギリスの自然科学者．卓越した地質学者，生物学者．1858 年ラッセル・ウォレスとともに進化論を発表し，後年ダーウィンは『種の起源』を発表した．また後に『人間の由来』『人及び動物の表情について』などの著作で，人間と他の動物の心の違いは程度の差であって質的なものでないと主張した．比較心理学・動物心理学の先駆をなす業績は現在の AI 研究と関連が深い.

21)　Alfred Russel Wallace (1823–1913)：イギリスの博物学者，生物学者，探検家．インドネシアの動物の分布を二つの地域に分ける生態学的境界線「ウォレス線」を明らかにした．ウォレスとダーウィンは自然淘汰による進化論を独自にほぼ同時に考案し，ウォレスがマレー諸島から送った論文は遅筆なダーウィンを驚かせた．結局，ダーウィンが論文の関連部分に "微妙な調整" を施した後，1858 年にリンネ学会で両論文が同時に発表された [3].

22)　Stephen Jay Gould (1941–2002)：アメリカの古生物学者で進化生物学者．アメリカの科学雑誌「ナチュラル・ヒストリ」に随筆を毎月執筆し，これを編纂した著書はベストセラーになっている．進化理論の研究者として，リチャード・ドーキンス（115 ページ参照）の論敵でもある.

[15] をおすすめします．この本には有史以前の約5億2500万から約5億500万年前（古生代カンブリア紀前期終盤）に生息していた奇妙な動物が数多く記述されています．これはカナディアン・ロッキーにあるバージェス頁岩（**図1.4**(a)）で発見された化石に基づくものです．ここではゾウの鼻のような器官と5つの目を持つオパビニアやエビに似た大型捕食動物であるアノマノカリス（図1.4(b)）などの興味深い生物の化石が多数発掘されています．この化石群を最初に発見したのは米国の古生物学者チャールズ・ウォルコットです．それは1909年のことでした．当初は現在の動物の祖先として，節足動物の初期の進化形態として考えられました．しかしその後の研究により，これらの動物には現在の分類群は当てはまらず，異質の生物を示すことがグールドらにより主張されました．このような形態が現在の動物に見られないのは，環境の変化に対応しきれず絶滅したという説です（**進化の実験場**と呼ばれている）．この主張に関してはさまざまな議論が展開され，反論もあります [11]．しかしながら既存の生物からは想像もできない生物が実際に存在し，それをもとに議論することはすでに古生物学の分野では当然のようになされています．同じような理論を一般的な生物で構築するのが AL の目的です．

(a) バージェス頁岩　　　　　　(b) オパビニアとアノマノカリスのぬいぐるみ

図1.4 ● カナディアン・ロッキーのバージェス頁岩

本書の後の章では AL のいくつかのアイディアとそれを AI に応用するシミュレーションを説明しましょう．それらの結果をふまえて，最後の章では AL が AI の基本的問題をどう解決するのかについて考えます．

演習問題1.1　　　　　　　　　　　　　　　　　　　　　　　　　　　　　★

　本書の脚注には著名な学者・研究者のイラストがいくつか掲載されています．これらは人間が作成したもの（実際には異なるイラストレータ二人による）と AI が自動作成したものです．では，どれが人間によるもので，どれが AI によるものかを見分けられるでしょうか？　また異なる人間のイラストも見分けがつくでしょうか？

　これは一種の**チューリング・テスト**です．どのような特徴に注目すると見抜けるのかを考えてみてください．

第 2 章

自動運転の学習をしてみよう

人間は心理学でいう学習の準備性に支配されている．
（E. O. ウィルソン [9]）

創造とは組み換えである．（フランソワ・ジャコブ）

■ 2.1 　自動運転の学習を体験

　この節は入門として，AI の基本や Unity[1] の詳細を知らなくても自動運転の学習を体験できるようになっています．

　近年の道路交通法改正により，AI に運転を任せられる**レベル 3 の自動運転**が高速道路などで可能になりました．しかし，AI からの引継ぎ要請があれば運転操作を代わる必要があります．現在でもなお完全な自動運転は AI 技術の基本であり，究極の応用テーマとなっています．

　本書の Unity プロジェクトは教育用の **VR ソフトウェア Mind Render**[2] をもとにしています．Mind Render は，VR プログラムを作って遊べるプログラミング学習アプリです [13]．ドローン，レーシングカーなどのテーマ別の実験室（ラボ）が用意され，各ラボのミッションをクリアすることでプログラムを作成します．作成したプログラムは VR メガネで体験できます．

　Unity のセットアップについては付録 B を参照してください．プロジェクトのファイルは著者のホームページ[3] からダウンロードできるようになっています．

　本章と次章で扱うレーシングカーが走るサーキットの一例を**図 2.1** (a) に示します．Mind Render では Google の **Blockly**[4] を作成してレーシングカーを動かすことができます．図 2.1 (b) はドライバから見た VR 体験の画像です．実際に試してみるとわかりますが，壁に衝突

---

1)　https://unity.com/ja
2)　https://mindrender.jp/
3)　http://www.iba.t.u-tokyo.ac.jp/support/
4)　https://developers.google.com/blockly/guides/configure/web/themes

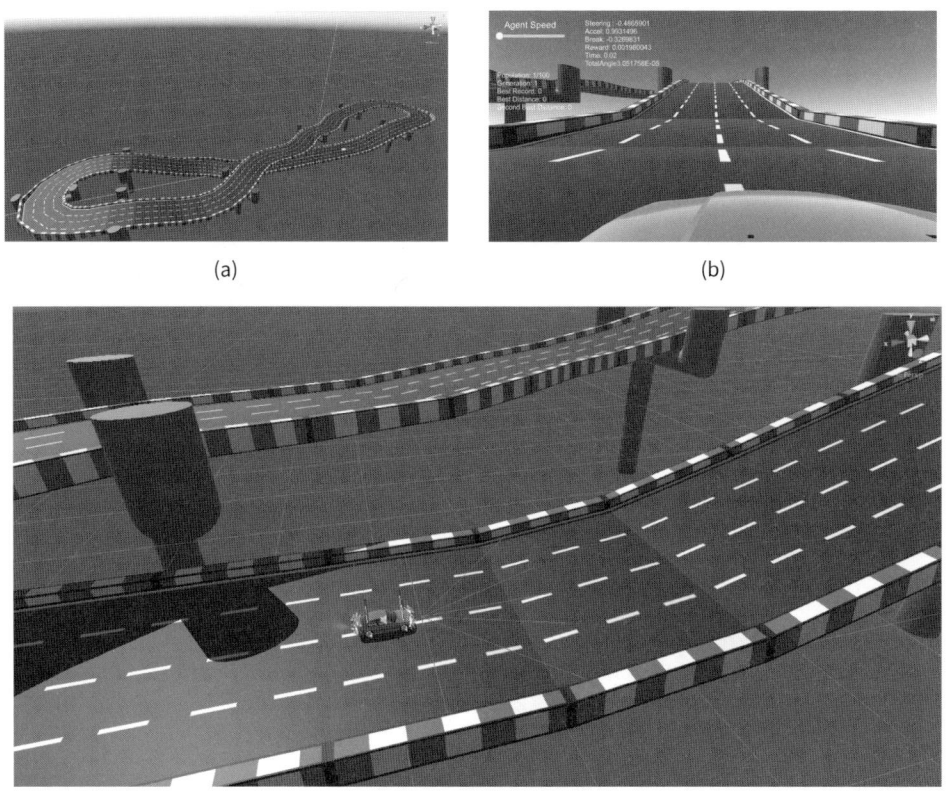

図 2.1 ● レーシングカーの学習

せずに高速でコースを 1 周するのは容易ではありません.

　では，自動運転の学習を体験してみましょう．ここでは初心者向けに実行ファイルが提供されています．このファイルを実行すると**図 2.2** のような画面が見られます．とりあえず「学習スタート」を押してみてください．すると，AI 学習による自動運転が始まります（**図 2.3**）．右のウィンドウに表示されるサーキット上に自動車の進行状況（どこまでどのように進んでいくか）が表示されています．さらに自動車を追跡する視点からの画像も見られます．この自動車は AI の指示によって自動運転しています．AI は車に搭載されている**センサ**（前にあるいくつかの距離センサ）からの値をもとに，アクセル，ハンドル，ブレーキを操作します.

　ここでは AI 学習の詳細を気にしなくて構いません[5]．壁に衝突するたびに訓練がリセットされ，車はスタート地点（白黒の縞模様部分）に戻されます．時間がたつにつれ，次第に走行距離（壁に衝突するまでに進んだ距離）が長くなることを観察してください．これが次第に自動運転が賢くなっていく（学習していく）ことを意味しています.

　図 2.3 左の表示部分では，AI 学習のためのパラメータを設定することができます．スライドバーを動かすことでパラメータの値を増減します.

5)　実際には，次章で説明する Q 学習に基づいている.

図 2.2 ● 自動運転学習の初期画面

図 2.3 ● 自動運転学習の実行中のようす

「実行速度」のスライドバーを右に動かすと学習を早送りすることができます．一番左にすると一時停止できます．学習中にも学習のパラメータは変更可能です．「最初からやり直す」ボタンを押すと初めから学習し直します．

　入力可能なパラメータは以下の通りです．

- 学習率
- 割引率
- ϵ-**greedy** の ϵ

　設定可能なパラメータの詳細については次章で詳しく説明しますので，ここでは何も考えずにパラメータ値を変更してください．そして再び実行してみてください．パラメータの値に

よって学習がうまくいくときとそうでないときがあるのがわかると思います.「学習がうまくいく」とは，より早く走行距離（壁に衝突するまでに進んだ距離）が長くなることを意味します.

■ **2.2**　Unity Scene の概要

本節では，自動運転学習における Unity の詳細について説明します. この節は次章以降で AI プロジェクトを解説する際に，再び振り返って参照することになるでしょう. そのため初読では一通りの内容を把握するだけでも十分です.

図 2.4 に Unity の画面を示します.

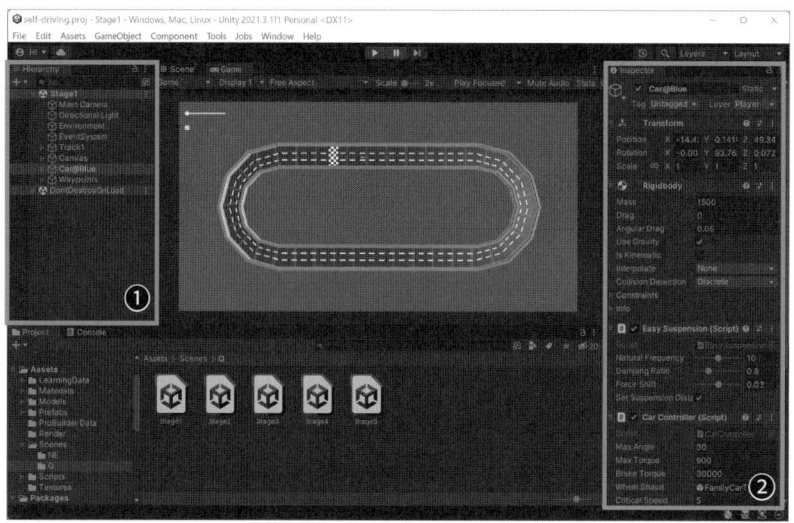

図 2.4 ● Unity の画面

Unity の Hierarchy（図 2.4 ①）から車の GameObject である Car@Blue を選択すると，現在の車の位置・向き・スケールを表す Transform，車の動作や衝突判定を決める Rigidbody，そして RCC_CarController，CarAgent などのコンポーネントが Inspector（図 2.4 ②）に表示されます. RCC_CarController は現在のアクセル・ハンドル・ブレーキの値に基づいた車の移動処理が実装されているスクリプトコンポーネントで，CarAgent は本プログラム用に作成したスクリプトコンポーネントです. CarAgent では環境についての情報（各種センサなどの値）を取得したり，RCC_CarController に車のアクセルなどの値を渡します. CarAgent については後に詳しく解説します.

車の子オブジェクトに Sensor があります. これが車の目となるセンサの GameObject です. センサは障害物までの距離を測定します.

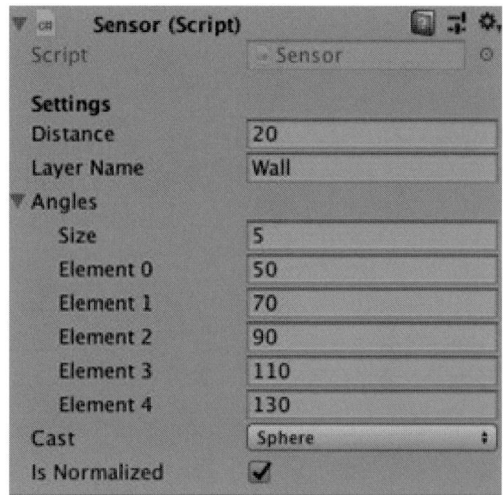

図 2.5 ● Sensor コンポーネント

　Sensor の GameObject はスクリプトコンポーネント RayPerception と Sensor を持っています．Unity では光線をある方向に伸ばして，当たった先のオブジェクトの情報を取得する RayCast / SphereCast 関数が用意されています．RayPerception コンポーネントではこれを用いて車から障害物までの距離を取得しています．Sensor コンポーネントではセンサの各種設定を以下のように簡単に変更できるようになっています（**図 2.5**）.

- Distance：センサの反応する最大距離.
- Layer Name：センサと衝突判定をする Layer の名前．図 2.5 ではコースの壁の Layer である Wall を指定している.
- Angles：センサの角度．センサを追加したい場合には，Size を増やして追加された Element の角度を変更する.
- isNormalized：False ならセンサは Unity の座標系における障害物までの距離を返す．True なら 0（センサの目の前に障害物があるとき）から 1（距離の最大値までの間に障害物がないとき）の間の値を返す.

　コース上には，ある間隔で緑色のチェックポイントが設置されています．これらのチェックポイントに衝突判定はありません．ただし，車がチェックポイントを通過したときに車のコールバック関数が呼び出されます．このチェックポイントにはコースの進行順路を表す番号が振られていて，車が前に進んでいるのか逆走しているのかを判定するために用います.

　プログラム概要について説明しましょう．次章で説明する強化学習，ニューロ進化のどちらを用いる場合でも，プログラムは**図 2.6** のようになっています．プログラムは Environment，Agent，Brain の三つの抽象クラスを継承したクラスからなります.

　Agent は AI によって動かす対象を表し，環境を観測することで必要な情報を取得します．自動運転を行う本プログラムでは Agent を継承する CarAgent クラスが実装されています.

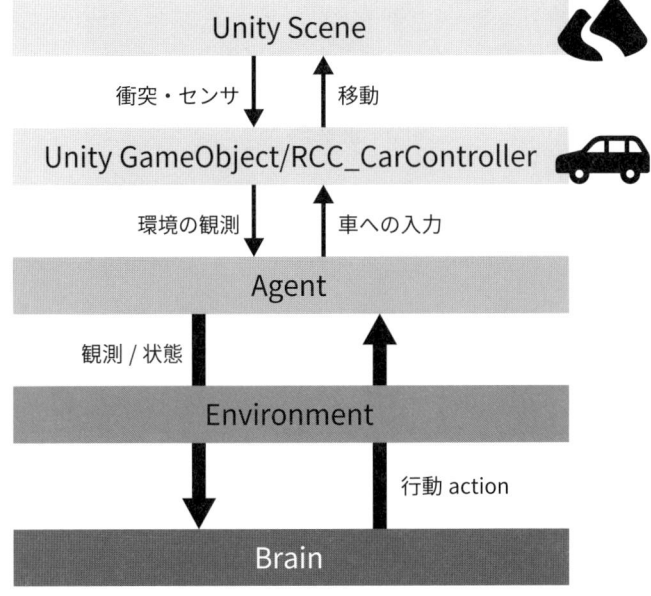

図2.6 ● プロジェクトの構成図

CarAgentのインスタンスはUnityにおける車のGameObjectへの参照を持ち，実際に車を動かすための入力（アクセル・ハンドルの値）をCarControllerに渡します．

　Brainは Agentの状態を入力として受け取り，行動を出力します．また，学習のために，自身を更新する機能を持っています．後で見るように，**強化学習**を実装するBrainはQBrain，**ニューロ進化**に用いるニューラルネットワークを実装するBrainはNNBrainとなっています．

　Environmentは，AgentとBrainを管理し，一定間隔でAgentとBrainを更新します．強化学習を管理するEnvironmentはQEnvironment，ニューロ進化を管理するEnvironmentはNEEnvironmentとなっています．

　本プログラムを応用して自動運転以外のタスクを行う場合，Agentクラスを継承する新しいクラスを実装する必要があります．BrainおよびEnvironmentはAgentの種類によりません．つまりAIで解くタスクによらないため，そのまま用いることができます．また，本プログラムで扱うAIの手法は強化学習とニューロ進化ですが，他の手法を実装する場合にはBrainクラスを継承する新しいクラスとEnvironmentクラスを継承する新しいクラスを実装すればよいでしょう．

　以下では，より詳細なコードを解説していきます．まずは車の操作と状況の取得を行うCarAgent.csを見てみましょう（プログラム2.1）．

　一定時間おきに呼び出されるエージェントの行動はAgentActionによって実装されています．はじめに，前回の関数の呼び出しから移動した距離LocalDistanceを通算移動距離TotalDistanceに加算します（プログラム2.1の5行目）．

　CarControllerオブジェクト，Controllerに対して，SteerInput（ハンドル），BrakeIn

put（ブレーキ），GasInput（アクセル）の三つを入力します（23〜25行目）．steeringは
左にハンドルを切るのが−1.0，右にハンドルを切るのが+1.0で，その間の値を与え
ます．GasInputには0.0から1.0の値を入力できますが，ここでは0.5からとしました．
BrakeInputにも0.0から1.0の値を入力できますが，0.0から0.5の範囲としています（19〜
21行目）．この三つの値を持つvectorActionは次章で解説するBrainクラスのオブジェクト
によって与えられます．

　車が止まり続けたり，同じ箇所で回り続けたりすることを防ぐために，同じ箇所で一定
時間が経過した場合は車の運転を終了します．LocalStepはフレームごとに1ずつ増えて，
チェックポイントを通過するたびにリセットされます．この数値が一定以上になる，つまり
一定時間以内に次のチェックポイントにたどり着かない場合は運転を終了します（13行目）．
また，クリア時には車が回り続けるため，車が動き始めてからのフレーム数CurrentStepが
CurrentStepMaxより大きくなったら報酬を設定し，DoneWithReward関数を呼び出して運転
を終了させています（7〜11行目）．

プログラム 2.1 ● CarAgent.cs 内の AgentAction

```
 1  public override void AgentAction(double[] vectorAction) {
 2  // 一定時間おきに呼び出されるエージェント行動の関数
 3      CurrentStep++;
 4      LocalStep++;
 5      TotalDistance += (transform.position - LastPosition).magnitude;
 6
 7      if(IsLearning) {
 8          if(CurrentStep > CurrentStepMax) {
 9              DoneWithReward(TotalDistance);
10              return;
11          }
12
13          if(LocalStep > LocalStepMax) {
14              DoneWithReward(-1.0f / TotalDistance);
15              return;
16          }
17      }
18
19      var steering = Mathf.Clamp((float)vectorAction[0], -1.0f, 1.0f);
20      var gasInput = Mathf.Clamp((float)vectorAction[1], 0.5f, 1.0f);
21      var braking = Mathf.Clamp((float)vectorAction[2], 0.0f, 0.5f);
22
23      Controller.SteerInput = steering;
24      Controller.GasInput = gasInput;
25      Controller.BrakeInput = braking;
26      LastPosition = transform.position;
27  }
```

　上手に運転できるように学習するには適切な**報酬**を与える必要があります．良いことをしたときには大きい報酬を与えます．その実装を以下にみてみましょう．

　CarAgent は抽象クラス Agent を継承します．Agent クラスは報酬を表すメンバー Reward を持ち，SetReward，AddReward 関数でこれを設定します．車がオブジェクトに衝突したとき，Unity によりコールバック関数 OnCollisionEnter が呼び出されます．DoneWithReward 関数により，報酬を-1.0f / TotalDistance として運転を終了します（プログラム 2.2 の 4，5 行目）．衝突することは好ましくないので負の報酬（ペナルティ）をエージェントに与えます．移動距離が大きいほど，与えるペナルティを小さくします．この報酬を与えたあと運転を終了します．同様の処理を，逆走したとき（OnTriggerEnter 関数参照），LocalStep が一定以上になったとき（AgentAction 関数参照）でも行っています．

　OnTriggerEnter 関数はチェックポイント通過時に呼び出される関数です．運転中に逆走し以前に通過したチェックポイントに戻ったときに，エージェントに負の報酬を与えます．

プログラム 2.2 ● CarAgent.cs 内の OnCollisionEnter と OnTriggerEnter

```
1   /// 衝突時に呼び出されるコールバック
2   public void OnCollisionEnter(Collision collision) {
3   // 車がオブジェクトに衝突したときに呼ばれる関数
4       if(collision.gameObject.tag == "wall") {
5           DoneWithReward(-1.0f / TotalDistance);
6       }
7   }
8
9   public void OnTriggerEnter(Collider other) {
10  // チェックポイント通過時に呼ばれる関数
11      var waypoint = other.GetComponent<Waypoint>();
12      if(waypoint == null) {
13          return;
14      }
15
16      if(WaypointIndex >= waypoint.Index) {
17          SetReward(-1.0f / 40.0f);
18          return;
19      }
20
21      WaypointIndex = waypoint.Index;
22      if(waypoint.IsLast) {
23          WaypointIndex = 0;
24      }
25      LocalStep = 0;
26  }
```

　プログラム 2.3 の CollectObservations 関数では，環境や車についての情報を取得し，現在の環境におけるエージェントの状態を決定します．壁にぶつからずに運転するために車のセ

ンサの値を読み取ります．さらに，自身のローカル座標系における x 方向，z 方向の速度（y 方向は車に対して上下方向の速度であるため不要）を配列 results に加えています．この配列 results によって現在の状態が定義されます．

プログラム 2.3 ● CarAgent.cs 内の CollectObservations

```
1   Public override List<double> CollectObservations() {
2       // センサの距離をリストに追加する
3       var results = new List<double>();
4       Array.ForEach(Sensors, sensor => {
5           results.AddRange(sensor.Hits());
6       });
7       int n;
8       // 車の速度をリストに追加する
9       Vector3 local_v = CarRb.transform.InverseTransformDirection(CarRb.velocity);
10      results.Add(local_v.x / 5.0f);
11      results.Add(local_v.z / 5.0f);
12      return results;
13  }
```

なお，次章で見る **Q 学習**では離散的な状態を扱います．その場合には現在の状態を一つの int 型変数として返す CarAgent.GetState を用います．このためには，各センサの返す値（0 以上 1 以下の float 型）を 0 以上 StateDivide（以降，s_d と表記）未満の int 型に離散化します（プログラム 2.4 の 10〜12 行目）．各センサの離散化した値をすべて一つの離散変数 r にまとめます（プログラム 2.4 の 14 行目）．全部で k 個あるセンサのうち，i 個目のセンサの離散化した数値を x_i とすると，以下のようになります．

$$r = x_0 + x_1 \cdot s_d + x_2 \cdot s_d^2 + \cdots + x_{k-1} \cdot s_d^{k-1} \tag{2.1}$$

全 k 個のセンサを考慮した場合の状態数は $n_s = s_d^k$ となります．

さらに，車の速度の絶対値を状態として加えます（プログラム 2.4 の 18〜21 行目）．車の速度を三つの値に離散化して状態に加えるとき，全状態数は以前の 3 倍になります．s_d（プログラム内では StateDivide）を大きくするなどして離散化の精度を上げれば，より車の状態を正確に表現できるようになります．ただし状態数も大きくなってしまうでしょう．次章で説明する強化学習では，状態数が大きくなるほど学習が困難になるという点に気をつける必要があります．

プログラム 2.4 ● CarAgent.cs 内の GetState

```
1       public override int GetState() {
2   // 現在の状態を1つの int 型変数として返す関数
3           var stateDivide = 3;
4           var results = new List<double>();
5           var r = 0;
```

```
 6            Array.ForEach(Sensors, sensor => {
 7                results.AddRange(sensor.Hits());
 8            });
 9            for(int i = 0; i < results.Count; i++) {
10                var v = Mathf.FloorToInt(Mathf.Lerp(0, stateDivide - 1, (fl
   oat)results[i]));
11                if(results[i] >= 0.99f) {
12                    v = stateDivide - 1;
13                }
14                r += (int)(v * Mathf.Pow(stateDivide, i));
15            }
16            var numStates = (int)Mathf.Pow(stateDivide, results.Count);
17            int n;
18            if(CarRb.velocity.magnitude < 10) { n = 0; }
19            else if(CarRb.velocity.magnitude < 15) { n = 1; }
20            else { n = 2; }
21            r += numStates * n;
22            return r;
23        }
```

　これらの環境の観測と報酬があれば，車を運転するようなAIを学習させることができます．

　このプロジェクトでは，さまざまな環境（コース）での学習を行うことができます．コースとしては，簡単なStage1から超難関なStage5までの5種類が用意されています（**図2.7**）．それぞれのコースで実行するには，Assets ＞ Scenes ＞ NE もしくはQの下にあるStageを選んでクリックし，実行ボタンを押します．それにより，NE（ニューロ進化）もしくはQ（強化学習）での実行を観察することができます．

　次の章では自動運転のAIとして強化学習およびニューロ進化のしくみを解説します．

Stage 1　単純なコース

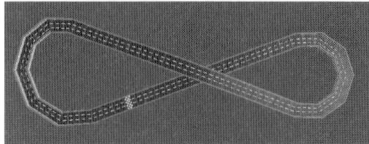

Stage 2　8 の字コース（ゆるやかな斜面）

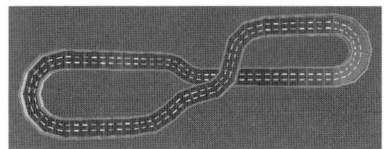
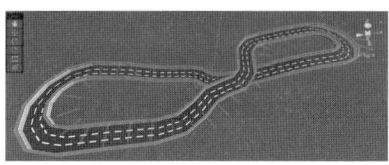

Stage 3　8 の字コース（急激な斜面）

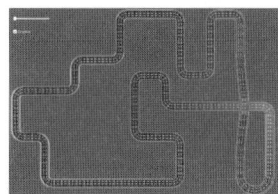
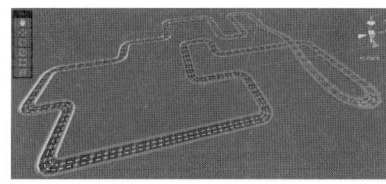

Stage 4　より複雑なコース

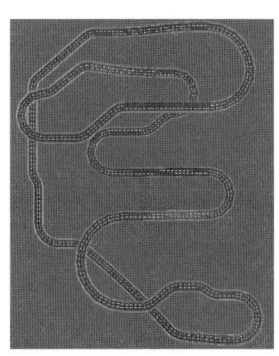
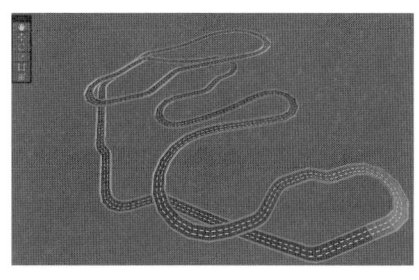

Stage 5　難関なコース

図 2.7 ● 自動運転のさまざまなコース

■ 演習問題

演習問題 2.1 ★

2.1 節では AI による自動運転を体験しました．そこで説明したように学習用のパラメータを変更することで，学習が成功したり失敗したりします．どのような数値がうまくいくのかを探してみてください．たとえば図 2.2 の「**焼きなまし**」をチェックすると ϵ の値が線形に減少するようになっています．これは学習にどのような影響を及ぼすでしょうか？　その他のパラメータも実行時に変更してみるとどうなるでしょうか？

パラメータをさまざまに調整してソフトウェアやブラックボックス（この場合は自動運転の学習プロジェクト）の振る舞いを解析し，その動作原理（ここでは学習のしくみ）を理解することを**リバース・エンジニアリング**と呼びます．これは工学のみならず，AI や AL でも広く応用されている手法です．

では，自動運転のプロジェクトでリバース・エンジニアリングを試みてみましょう．パラメータ値の変更は学習の成功・失敗にどのように影響を及ぼすでしょうか？　この観測により，どのような学習を行っているのかを推定してみましょう．

演習問題 2.2 ★★

強化学習やニューロ進化の学習においてはエージェントの行動・結果の好ましさを適切に反映したような報酬・適合度の与え方が重要です．

運転終了時には車の単純な移動距離に応じた報酬・適合度を与えています．これではコース上で同じだけ進んでも，ジグザグ状に運転するなど，より長い道のりを通ったほうが，良い報酬・適合度を得られてしまいます．通過したチェックポイントの数などを，どのように用いた報酬・適合度を与えるのがよいのかを考えてみましょう．

また，上のような単純な報酬では曲がりくねったコースでは常にゆっくり運転するよう学習してしまいます．車をより速く運転させるためには，どのような報酬を与えればよいでしょうか？

演習問題 2.3 ★★★

車が正しく壁を検出するにはセンサの配置が重要です．Sensor コンポーネントの設定から，センサの数を増やしたり角度を変えたりすることで，どのように性能を改善できるかを実験してみましょう．難しいコースでの性能の違いを観察するとよいでしょう．

第 3 章

自動運転学習のしくみ
強化学習とニューロ進化

> 強化学習は，数学的には難しい非線形の確率最適化問
> 題である．脳がこれに似た仕組みを採用して学習を
> 行うということは，大変興味深い．（甘利俊一 [2]）

■ **3.1** 強化学習とは

　1903 年にイワン・パブロフ[1]は，マドリードの会議で犬の**条件反射**の実験を発表しました．実は，この発見は偶然によるものでした [29]．パブロフは食物に対する犬の唾液分泌の反射を調べるために，唾液腺の一つを漏斗につなげて唾液の分泌量を測れるようにしました．するとその犬は，餌が用意される音を聞いたり，装置につながれたりしたらすぐに餌がもらえると期待して，唾液を分泌するようになりました（**図 3.1**）．

　これをもとにして，報酬や罰に応じて自発的にある行動を行うよう学習することを**オペラント条件づけ**といいます．動物に芸を教え込むことや，バラス・スキナーの**スキナー箱**[2]がその例です．

　スキナーの一派は予測のつかないランダムなスケジュールで報酬を与えることが，きわめて有効なことを見出しています．スキナーの興味深い実験として，スキナー箱にハトを入れて一定間隔で餌を与えました．すると餌が出てくる直前にしていたことが何であれ，その行動によって餌が現れたと思い込んだようなハトがいることに気が付きました．ハトはその思い込みのせいで，その動作を習慣的に繰り返します．たとえば，反時計回りに歩き回ったり，隅に頭を突き出したり，首を振るなどをしました．これは，人間の行動に類似した「迷信」を実現しているように思われます [29]．

---

1)　Ivan Petrovich Pavlov (1849–1936)：ロシア・ソビエト連邦の生理学者．1904 年にロシア人として初のノーベル生理学・医学賞を受賞．
2)　ラットやハトなどのオペラント行動の研究に用いる実験装置．ラットでのレバー押し，ハトでのキー突きといった反応に随伴して，給仕装置が作動し餌が出る．すると最初は偶然に押したり突いたりしていたのが，繰り返すうちにその行動を続けるようになる．こうして行動の条件づけを行うことができる．

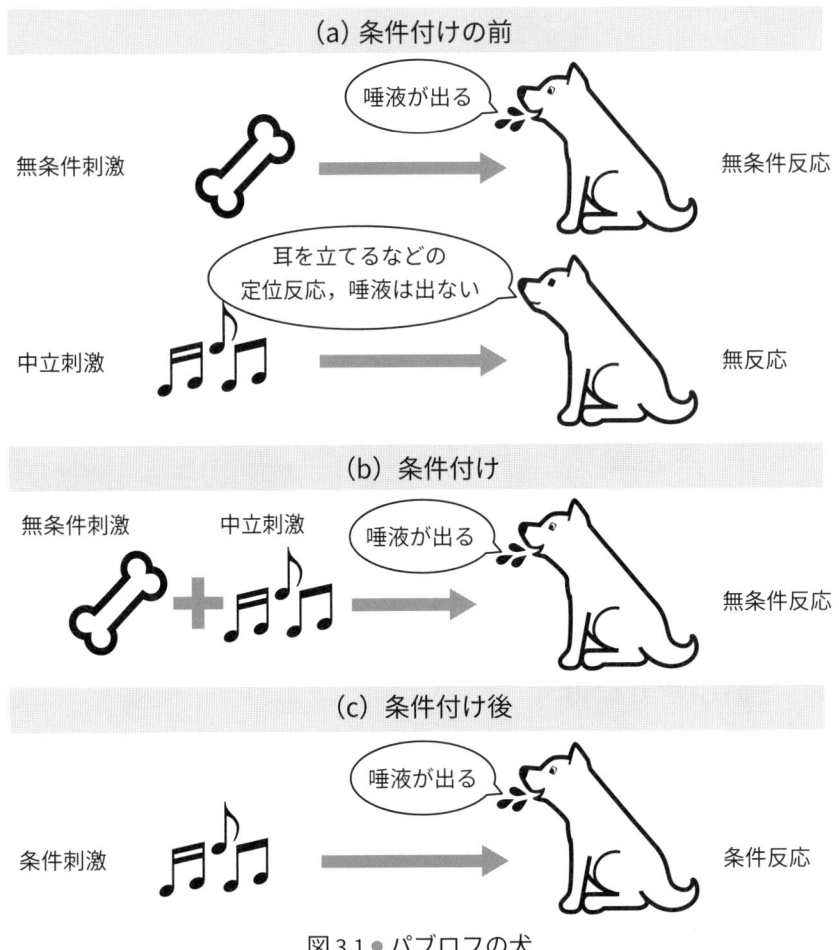

図 3.1 ● パブロフの犬

　現実の脳がこのような学習を実現しているメカニズムは徐々に明らかになっています．とくに，大脳基底核には，行動が期待以上にうまくいって報酬をもらえるときに，ドーパミンを放出する神経細胞があります．逆にうまくいかないと放出は少なくなります．ドーパミンが報酬そのものに対してではなく，報酬の予想を上回るときに得られることは重要です．予想通りに報酬がもらえてもドーパミンは出なくなります．

　そのため，これを手掛かりに学習が進むにつれ，状態の評価が改善されます．つまり，ドーパミンが出る直前に行っていた行動の評価を次々に強化し，ドーパミンの出るタイミングは次第に初期の行動に移っていくのです．ドーパミン，セロトニン，ノルアドレナリンなどの化学物質が学習と関連しているという研究もなされています [1]．

　このような背景に基づき，環境から与えられる情報をもとにして，状況に応じた適切な行動を学習する AI 手法が**強化学習**です．タスクに対する正解行動を与えなくても，環境との学習

プロセスを通じて正しい行動法を獲得します[3].

　強化学習では学習を行う主体を**エージェント**と呼びます．このエージェントが環境との相互作用を通じて学習を行います．エージェントは環境の状態を認識し，その状態に基づき行動を起こします（**図 3.2**）．行動を起こした結果として新たな環境の状態を認識し，タスクの達成などに応じて報酬を得ます．エージェントは現状態から最適と考えられる行動を選択するルールを学習によって獲得します．

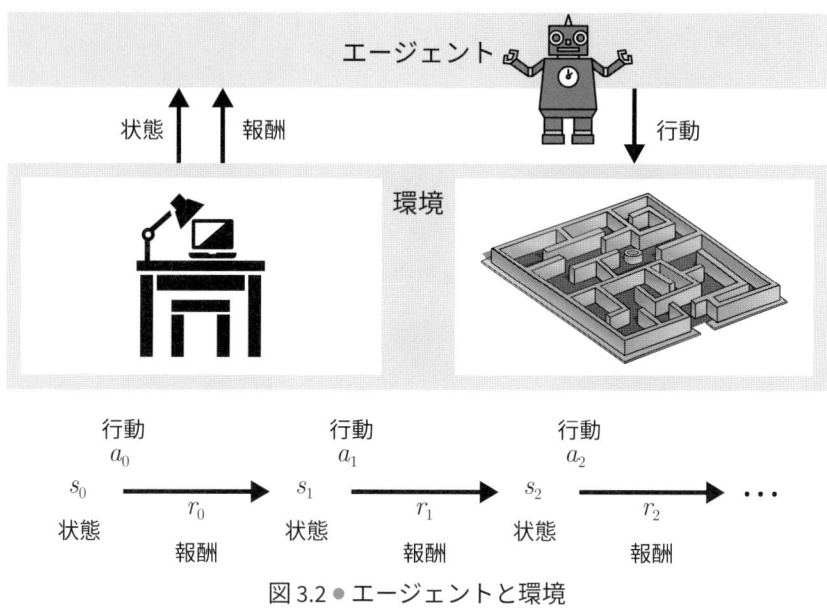

図 3.2 ● エージェントと環境

　強化学習の例として **Q 学習**について説明しましょう．これは，状態 s と行動 a の組に対する行動価値 $Q(s,a)$（これを **Q 値**と呼ぶ）を見積もる手法です．時刻 t における状態 s_t で行動 a_t をとった結果，新たな状態 s_{t+1} に移り報酬 r_{t+1} を受け取ったとすると，Q 値の更新式は，

$$Q(s_t, a_t) \Longleftarrow Q(s_t, a_t) + \alpha[r_{t+1} + \gamma \max_{a_{t+1}} Q(s_{t+1}, a_{t+1}) - Q(s_t, a_t)] \tag{3.1}$$

となります．ここで α は学習の早さを決める**学習率**（$0 < \alpha \leq 1$）であり，大きいほど更新時の影響が強くなります．また γ は**割引率**（$0 \leq \gamma \leq 1$）です．γ が大きいほど，次の状態での行動が効くことになります[4]．この式は良い報酬につながる行動を選ぶようにするため，環境 s_t における行動 a_t の評価値 $Q(s_t, a_t)$ よりも，a_t による次の環境状態での最良行動の評価値 $\max_a Q(s_{t+1}, a)$ のほうが大きければ $Q(s_t, a_t)$ を大きくします．逆に小さければ $Q(s_t, a_t)$ も小さくします．つまり，ある状態の**行動価値**をそれによる次の状態における最良の行動価値に近づけるのです．

---

3)　ただし，強化学習に関しては人間の学習や教育についての黒歴史や批判的研究も多い．例えば『愛を科学で測った男—異端の心理学者ハリー・ハーロウとサル実験の真実』[23] は必読である．
4)　学習率 α と割引率 γ の推奨値については 195 ページ（第 2 章の演習問題 2.1 の解答例）を参照．

　強化学習では，与えられた問題の初期状態からタスクの完了または失敗による終了状態まで
の一連の試行を**エピソード**と呼びます．Q 学習ではこのエピソードを繰り返し行い，エピソー
ド中で式 (3.1) の更新を適用して学習が進みます．疑似コードを用いると Q 学習のアルゴリズ
ムは次のように表されます．

$Q(s, a)$ を任意に初期化;

repeat （全エピソードについて）{

　s を初期化;

　while s が終端状態ではない{

　　Q から導かれる方策に従い s での行動 a を選択する;

　　行動 a を取り，報酬と次状態 r, s' を観測する;

　　すべての a' に対して

　　　$Q(s', a')$ の Q テーブルを検索し，最大値 $\max_{a'} Q(s', a')$ を探す;

　　$Q(s, a) \Longleftarrow Q(s, a) + \alpha[r + \gamma \max_{a'} Q(s', a') - Q(s, a)]$;

　　$s \Longleftarrow s'$;

　　}

　}

　式 (3.1) に従うと，最終的に $\max_a Q(s_t, a)$ は最適な行動に収束することが証明されてい
ます．

　学習の途中では，各状態で Q 値を最大にする行動が最適と考えられるので，エージェント
はその行動を選択するのがよいでしょう．現在の状態で Q 値が最大となるような行動を取れ
ば，得られる報酬も最大化されます．しかし，最初から常に Q 値が最大となる行動を選んで
いると，さまざまな行動の価値を確かめないまま，同じ行動を繰り返してしまいます．このよ
うな方法（**欲張り法**）では，学習が偏り**局所解**に陥る可能性があります．したがって，まだ見
ぬより良い解があるかもしれないので，新しいものにときどき挑戦するのがよいのです．その
ための戦略として以下のものが利用されます．

- ϵ-**greedy 法**
  確率 $1 - \epsilon$ で最良の行動 $a_t^* = \arg\max_{a_t} Q(s, a_t)$ を選択し，ϵ でランダムな行動を選択する．
- **ボルツマン探索**
  時刻 t に行動 a が選ばれる確率 $P(a_t)$ は以下の式に従う．ただし T は焼きなましの温度で

ある．分母はすべての可能な行動 b の和をとる．

$$P(a_t) = \frac{e^{\frac{Q(s,a_t)}{T}}}{\sum_b e^{\frac{s,Q(b)}{T}}} \qquad (3.2)$$

ϵ–greedy 法での ϵ の値は徐々に減らすのがよいとされます．これにより，最初は探査的な行動を行いながら（大域的な探索），学習の後半では Q テーブルを活用し（局所的な探索），報酬を最大化します．同様に，ボルツマン探索における温度 T も最初は大きくして探索が進行するにつれて小さくするのが推奨されます．このような手法は**焼きなまし法**と呼ばれています．

式 (3.2) から，確率 $P(a_t)$ は温度 T が高いと他候補の小さな違いに鈍感になり，逆に温度 T が低いと敏感になることがわかります．そして温度 $T \to 0$ の極限では Q 値の最小値を与える行動の実現確率が 1.0 になり，他行動の実現確率はすべて 0 になります．このことをうまく利用すると，最適な行動をするように Q 値を収束させることができます．つまり，はじめは高い温度から出発して平衡状態に到達させ，そのあとで平衡状態を崩さないように徐々に温度を下げていき，最終的に温度 0 の極限に到達させる方法です．この方法は，金属材料などを加熱し，徐々に冷却して内部の欠陥を取り除く「焼きなまし」に似ていることから「**シミュレーションによる焼きなまし**（Simulated Annealing, SA）」と呼ばれています．焼きなましで重要なのが温度を下げるスケジュールです．あまりに速く温度を下げると極小点に取り残されるからです．ギーマンら（S. Geman and D. Geman）は，ボルツマン分布における一定の条件下で必ず最適値が達成できることを証明しました [44].

■ **3.2 ニューラルネットワークの進化**

進化論的手法（第 5 章で詳しく説明します）とニューラルネットワーク（第 4 章で説明）を統合するアプローチはニューロ・エボルーション（**ニューロ進化**）と呼ばれ，盛んに研究されています．その主要な特徴は，最適なネットワークを遺伝的に探索することです．それにより通常のニューラルネットワークの探索に伴う手間（試行錯誤によるネットワークを構築など）を省くことができます．

ニューラルネットワークで用いられる**バックプロパゲーション**による学習（第 4 章参照）は最急降下法に基づくため，しばしば局所解に陥ることが指摘されています．この欠点を補うために，進化論的手法で結合加重を学習する方法が提案されています．つまりネットワークの結合加重を遺伝子型（進化計算の遺伝的オペレータの対象となるデータ構造のこと．詳細は第 5 章の図 5.1 で説明）として表現し，進化計算を用いて探索します．この場合の適合度は，（遺伝子型の表す）ニューラルネットワークの出力の誤差やタスクの成功率から求めます．結合加重の表現方法（遺伝子型表現）としては，バイナリ文字列（バイナリ・コーディング）や実数値ベクトルが考えられます．

また，ニューラルネットワークの学習ではネットワーク構造を前もって与える必要があります．それに対してニューロ進化ではタスクに応じた適切なネットワーク構造・サイズ（ノード

の数）を適応的に学習することが可能です．ネットワーク構造を進化させるための遺伝子型表現としては以下の2通りが提案されています．

1. **直接コーディング法**
   ネットワーク構造の結合状態を直接表現する．
2. **間接コーディング法**
   ネットワークを生成する何らかの生成規則を遺伝子型としてコーディングする．より生物学的なモデルに近い．

例えば直接コーディングでは，N 個のノード（$n_1, n_2, \ldots, n_N$）からなるネットワークの場合，$N \times N$ の隣接行列を用います．ただし各要素は0か1の値をとり，i 行 j 列が0（1）であるなら n_i から n_j への結合がある（ない）とします．

間接コーディング法として注目されているのは，発生（発達）系のエンコーディングです．これは**発生生物学**の知見を利用するもので，進化計算のアルゴリズムを動かすために自然な発生を抽象化したモデルとなっています．その範囲は，低レベルの細胞化学から高レベルの文法書換えシステムにまで及びます．

なおニューロ進化の考え方と発展については，4.6節で詳しく説明します．

■ **3.3** ニューロ進化による自動運転

ニューロ進化による自動運転では，**センサ**入力と動作出力を定義することで，適切な運転制御を学習します．ここでの入力は，7個の距離センサ（車体の右側を0°として0°，45°，70°，90°，110°，135°，180°の7本，90°が正面，図2.1 (c) の赤線がセンサ方向を示す）およびジャイロセンサ（加速度センサ）と速度センサの合計9個のセンサです．また出力は車のアクセル，ブレーキ，ステアリング[5]の値です．ニューラルネットワークは，入力層（9ノード），中間層（12ノード），出力層（3ノード）の3層の全結合の構造となっています（**図3.3**）．これらの層間の重み（$9 \times 12 + 12 \times 3 = 144$ 個）が進化対象の遺伝子型となります．

適合度は，車が壁にぶつかるまでに走った距離とします．例えば図2.1 (a) のコースを1周走ると適合度は約700です．ニューロ進化のパラメータとしては，集団数100，突然変異率5％，交叉率100％としました．

---

5) 出力値は −1 から +1 の値を取り，左方向がマイナス，右方向がプラスである．値が大きいほど急ハンドルとなる．

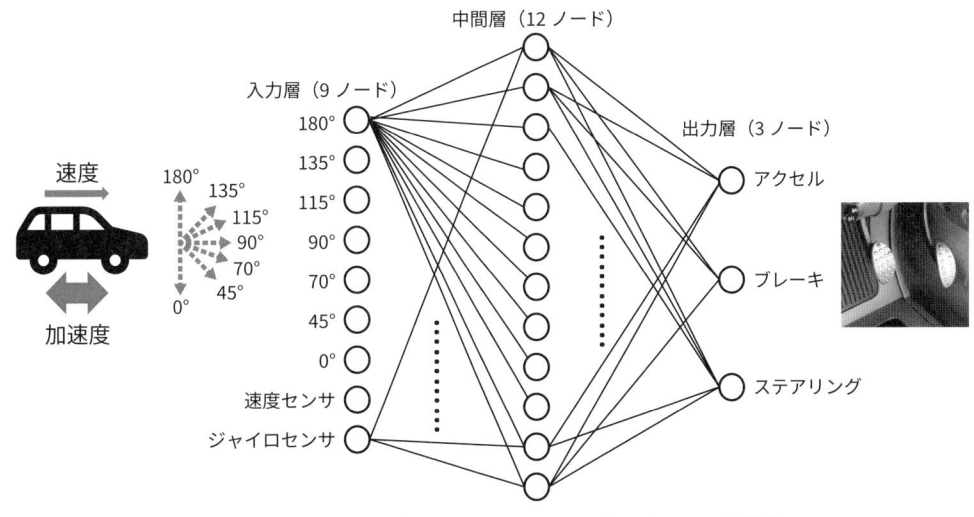

図 3.3 ● レーシングカーのニューラルネットワーク構造

　ニューロ進化のようすが**図 3.4**に示されています．図からわかるように 19 世代程度で 1 周が可能になっています．ここでは適当にパラメータ値とセンサを選んでニューロ進化を実行しました．適切なセンサやパラメータ，ネットワーク構造を選択すれば，より探索性能が向上し，さらに複雑なコースでのレーシングも可能になるでしょう．

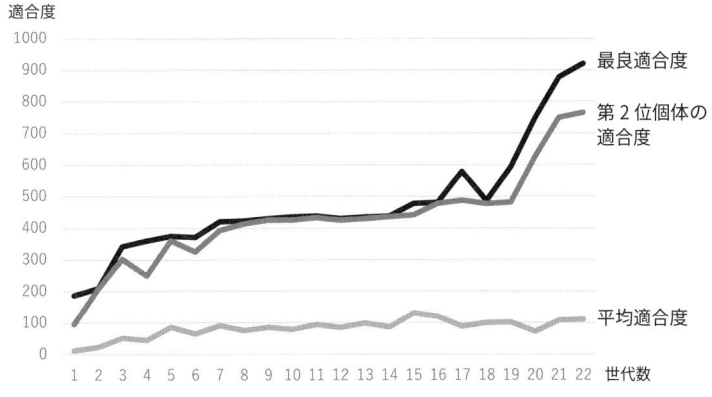

図 3.4 ● ニューロ進化のようす

　ニューロ進化は通常のニューラルネットワークの学習とは異なり，誤差逆伝播（第 4 章参照）を行っていないことに注意してください．そのため適合度さえ定義すれば進化的探索を遂行できます．レーシングカーのような制御問題においては各時点で逆伝播されるべき誤差を定義することは容易ではありません．一方，ニューロ進化には達成度の指標（走れた距離など）からを定義できるという利点があります．また，Q 学習は単純なコースでは成功しましたが，図 2.1 (a) のような複雑なコースでコーナリングでの失敗が目立ちました．これは Q 学習におけ

る状態定義の難しさに起因するものです．

3.4 学習環境の設定

本節では Unity プロジェクト（self-driving.zip）における学習環境の設定方法について説明します．

Unity の画面は以下の各パートから構成されています（**図3.5**）．

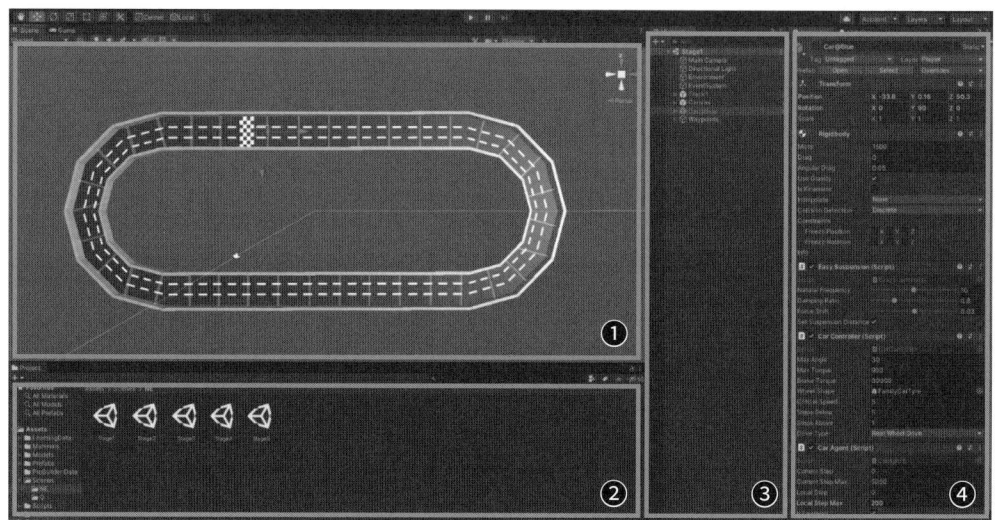

図3.5 ● 学習環境の設定方法

①Scene（シーン）：オブジェクトの座標などの設定
　ドラッグ＆ドロップで動かす場合などはここで操作する．
②Project（プロジェクト）：ファイルの配置設定
　OS上のファイル配置などはここで操作する．
③Hierarchy（ヒエラルキー）：オブジェクトの階層構造設定
　Inspectorに表示するオブジェクトの選択などを操作する．
④Inspector（インスペクター）：オブジェクトの詳細設定
　各種オブジェクトのパラメータ設定をする．

自動運転の設定手順は以下のようになります．

1. Projectから学習用の Sceneを開く（**図3.6**）．

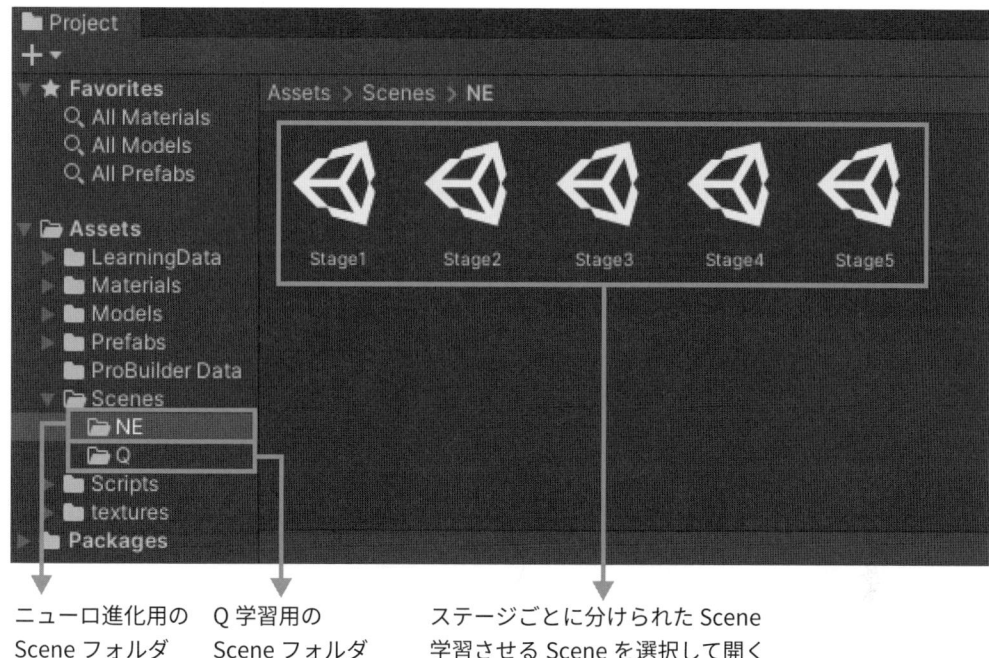

ニューロ進化用の　Q 学習用の　　　　ステージごとに分けられた Scene
Scene フォルダ　　Scene フォルダ　　学習させる Scene を選択して開く

図 3.6 ● Project から Scene を開く

2. Inspector から Agent の設定を以下の手順で行う.

　(a) Hierarchy で Car@Blue をクリックする（**図 3.7**）.

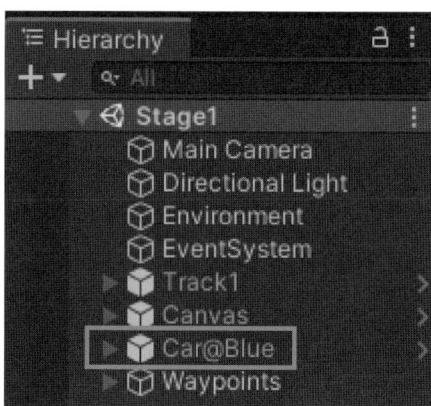

図 3.7 ● Hierarchy で Car@Blue をクリック

(b) Inspectorで次の項目の設定を行う（**図3.8**）.

Current Step Max	学習時の最大ステップ数
Local Step Max	学習時の最大ローカルステップ数
	チェックポイントでリセットされる.
Allow Plus Reward	プラス報酬の有効設定
	Q学習ではチェックをはずす.
	ニューロ進化ではチェックをつける.
Is Learning	チェックをつける.

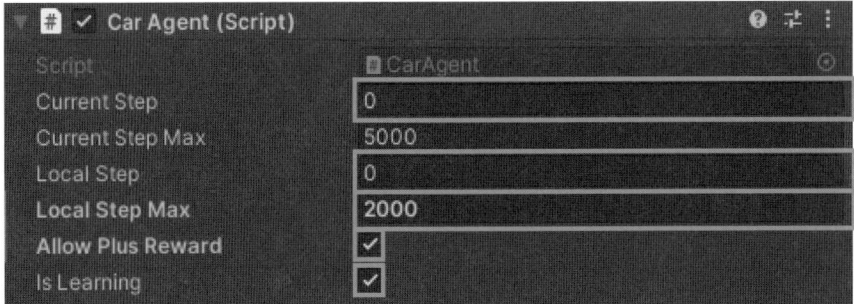

図 3.8 ● Inspector での設定

3. Inspector から Sensor の設定を以下の手順で行う.

　(a) Hierarchy で Car@Blue > Sensors > Sensor をクリックする（**図3.9**）.

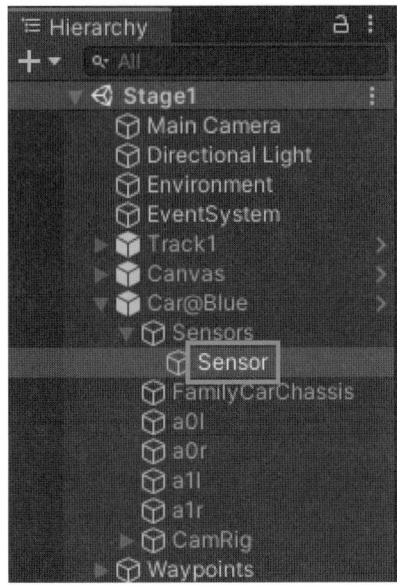

図 3.9 ● Hierarchy で Car@Blue > Sensors > Sensor をクリック

　(b) Inspector で次の項目を確認する（**図3.10**）.

Distance	センサの最大距離
Layer Name	センサがヒットするレイヤー名
Size	センサの数
Element	センサ角度. センサの数だけ角度を指定する
Cast	センサタイプ.
	Sphere は球, Line は線で判定を行う.
	センサの当たりやすさが異なる
Is Normalized	正規化の指定
	例：Distance が 20 の場合, 0〜20 が 0〜1 に変換される

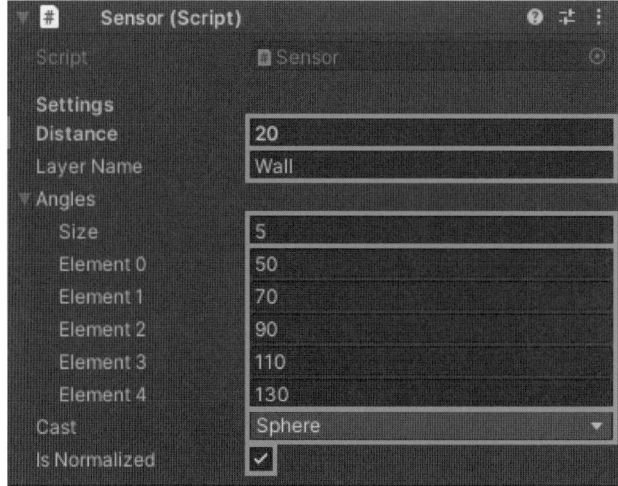

図 3.10 ● Inspector を確認する

4. Inspectorから QEnvironment の設定を以下の手順で行う（Q学習のとき）.
   (a) HierarchyでEnvironmentをクリックする（**図3.11**）.

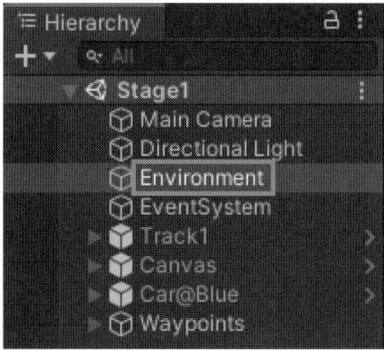

図 3.11 ● Hierarchy で Environment をクリック（Q学習のとき）

   (b) Inspectorで次の項目を確認する（**図3.12**）.

G Object	Agent の参照設定.
	Car@Blueをドラッグ＆ドロップする
Action Size	CarAgent の行動数.
State Size	CarAgent の状態数.

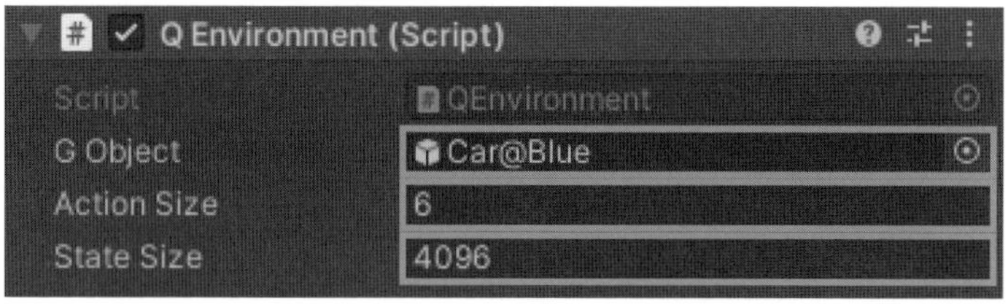

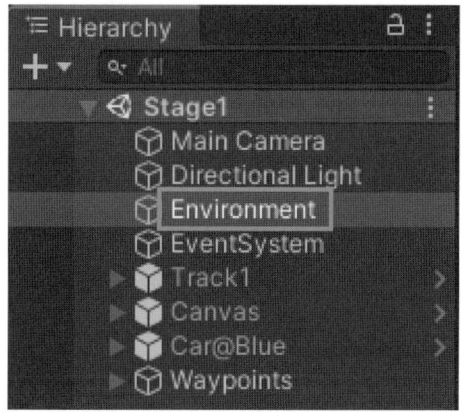

図 3.12 ● Inspector を確認する（Q 学習のとき）

5. Inspector から NEEnvironment の設定を以下の手順で行う（ニューロ進化のとき）.

(a) Hierarchy で Environment をクリックする（**図 3.13**）.

図 3.13 ● Hierarchy で Environment をクリック（ニューロ進化のとき）

(b) Inspector で次の項目を確認する（**図 3.14**）.

Total Population	集団数（集団サイズ）
Tournament Selection	トーナメントサイズ
Elite Selection	エリートサイズ
Input Size	入力層のニューロン数
Hidden Size	隠れ層のニューロン数
Hidden Layers	隠れ層の層数
Output Size	出力層のニューロン数
N Agents	同時に学習を行う Agent 数
G Objetct	Agent の参照設定.
	Car@Blue をドラッグ＆ドロップする

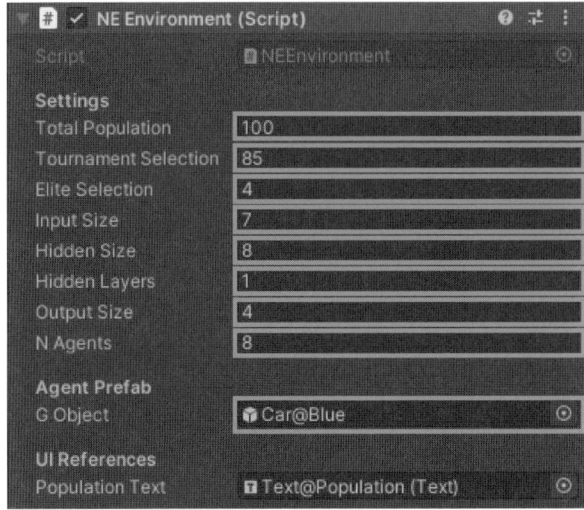

図 3.14 ● Inspector を確認する（ニューロ進化のとき）

学習中の状況は**図 3.15** の画面で確認できます．それぞれ次のように表示されます．

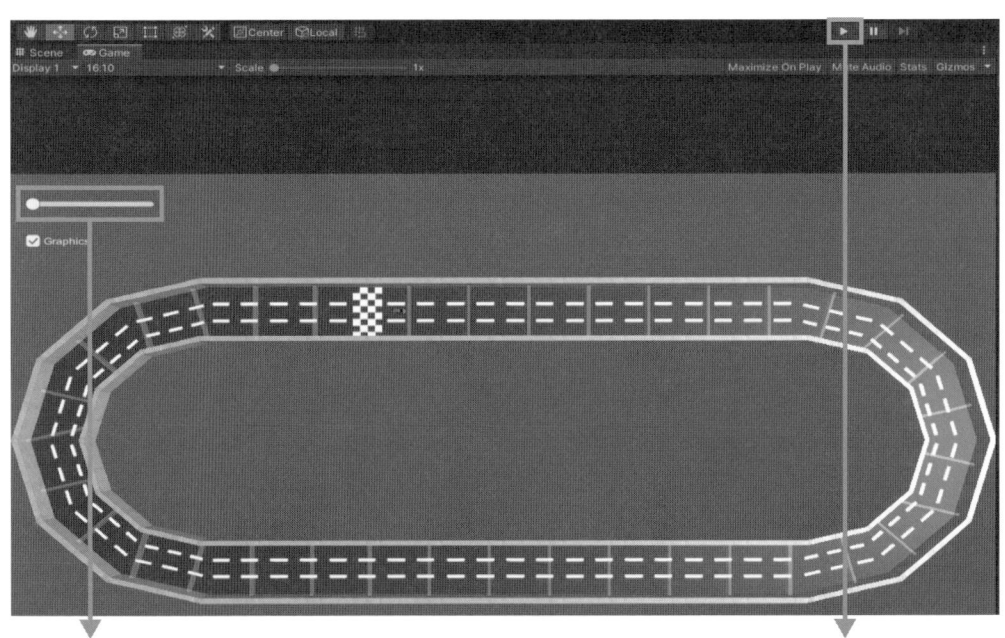

［実行速度変更スライダー］
右にいくほど学習速度が高くなるが，処理負荷も上がる

［再生ボタン］
学習を開始する

図 3.15 ● 学習中の状況表示

・Q学習では，画面左下に学習状況を示す以下の数値が表示される．

> | |
> |---|
> | Episode　現在のエピソード数 |

・ニューロ進化の学習では，画面左下に以下のような学習状況を示す数値が表示される．

Population	実行済みの個体／現世代の総個体数（100）
Generation	現在の世代数
Best Record	全世代で最も成績が良かったAgentの報酬（適合度）
Best this gen	現世代で最も成績が良かったAgentの報酬（適合度）
Average	1世代前の平均報酬値（平均適合度）

学習結果は**図3.16**のように保存できます．デフォルトでは自動保存されます．

ニューロ進化の保存フォルダ
1世代が終わるごとにScene名と同じ名前で保存されていく

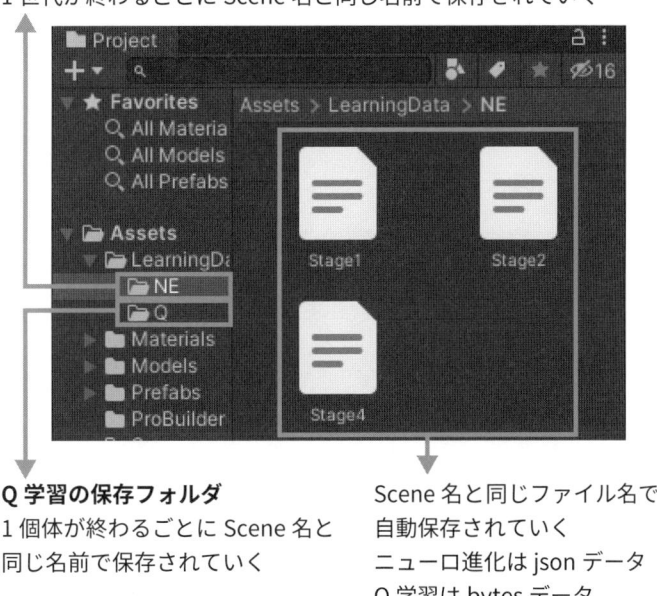

Q学習の保存フォルダ
1個体が終わるごとにScene名と
同じ名前で保存されていく

Scene名と同じファイル名で
自動保存されていく
ニューロ進化はjsonデータ
Q学習はbytesデータ

図3.16 ● 学習結果の状況表示

学習結果を実行するには，以下の手順に従います．

1. Scene を選択する（**図3.17**）．

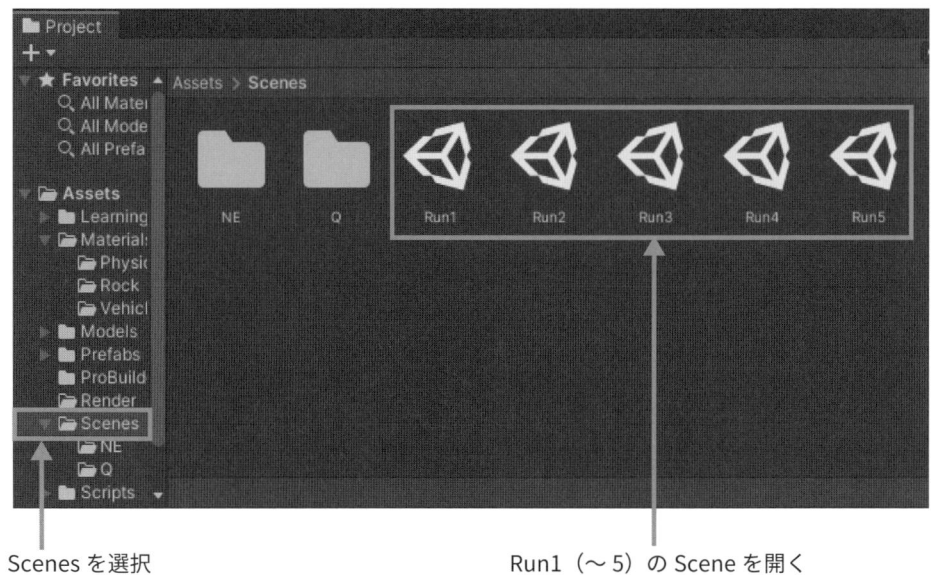

Scenes を選択　　　　　　　　Run1（〜5）の Scene を開く

図 3.17 ● Scene の選択（学習結果の実行）

2. Car@Blue を選択する（**図3.18**）．

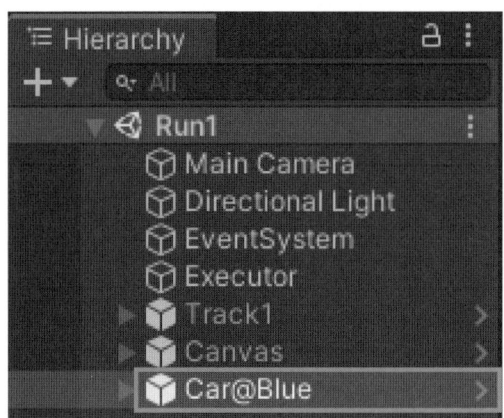

図 3.18 ● Car@Blue の選択（学習結果の実行）

3. Inspectorで Is Learning のチェックをはずす（**図3.19**）.

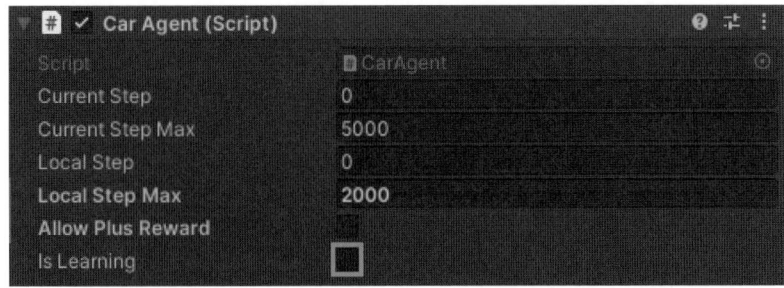

図3.19 ● Is Learning のチェックをはずす（学習結果の実行）

4. Excecutor をクリックする（**図3.20**）.

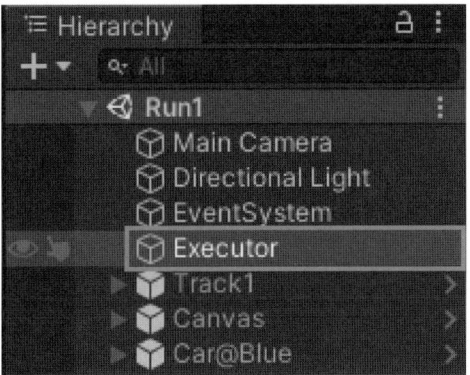

図3.20 ● Executor をクリックする（学習結果の実行）

5. Inspectorで以下の項目の設定を行う（**図3.21**）.

Reset On Done	衝突時などにリセットする場合はチェックをつける
Size	実行する Agent の数（走らせる台数）を設定
Agent	実行する Agent を設定
	2台以上走らせる場合は，必ず違う Agent を設定する
Learning	学習データの設定
	Assets/LearningData/NE（Q）に保存される
Brain Type	学習タイプの設定
	学習データに合わせ，NE（ニューロ進化）かQ（Q学習）を選択する

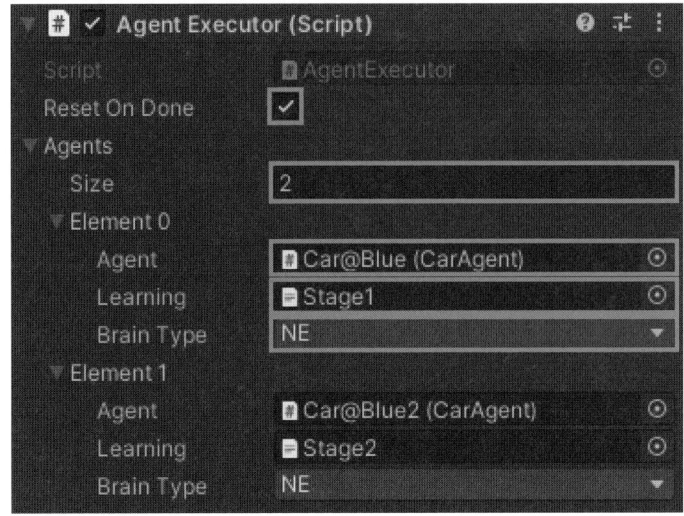

図 3.21 ● Inspector での設定（学習結果の実行）

▎**3.5**　**強化学習による自動運転**

Q学習の実装をコードで見てみましょう（**図 3.22**）．Q学習のための主なコードは QBrain.csにあります．

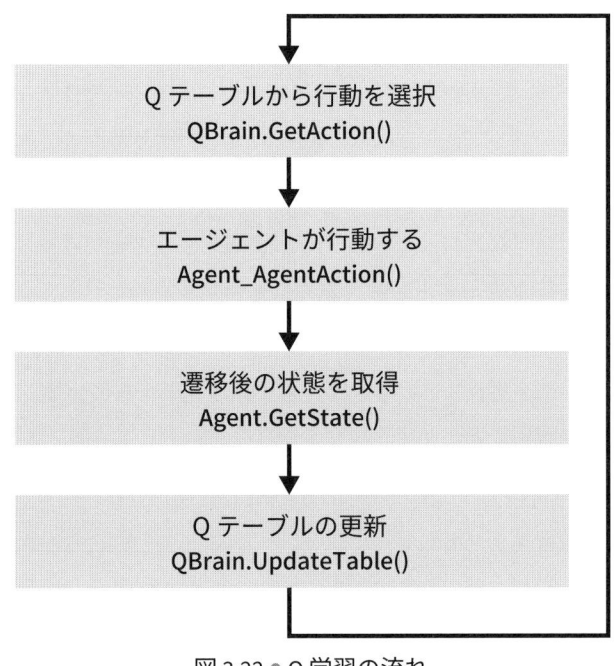

図 3.22 ● Q 学習の流れ

はじめに，QBrain.CreateTable関数で$Q(s,a)$を表す二次元配列QTableを初期化します．サイズは（状態数 × 行動数）となります．

プログラム 3.1 ● QBrain.cs 内の CreateTable

```
1  public void CreateTable() {
2  // QTable を初期化する関数
3      QTable = new float[StateSize][];
4      for(int i = 0; i < StateSize; i++) {
5          QTable[i] = new float[ActionSize];
6      }
7  }
```

学習時には一定間隔でQEnvironment.csのAgentUpdate関数が実行されます．この関数の中でエージェントの学習・行動に関係する関数が呼び出されます．

プログラム 3.2 ● QEnvironment.cs 内の AgentUpdate

```
1   private void AgentUpdate(Agent a, QBrain b) {
2   // エージェントの学習・行動に関係する関数
3       int actionNo = b.GetAction(PrevState);
4       var action = a.ActionNumberToVectorAction(actionNo);
5       a.AgentAction(action);
6       var newState = a.GetState();
7       b.UpdateTable(PrevState, newState, actionNo, a.Reward, a.IsDone);
8       a.SetReward(0);
9       PrevState = newState;
10  }
```

前章のプログラム 2.1 で見たとおり，Agent.AgentAction関数は車のアクセルやハンドルなどの値を決める関数です．また，Agent.GetState関数はセンサの値や車の速度を離散化して状態を返す関数です（プログラム 2.4 参照）．

Q学習を実装しているQBrain.GetAction関数とQBrain.Update関数を見てみましょう．

GetAction関数ではQテーブルの値を参照し行動を決めます．ここでは，一定確率ϵでランダムな行動を取るϵ-greedy法を用いています（プログラム 3.3 の 5〜10 行目）．焼きなまし法で説明したように，ϵの値を徐々に減らすことで（プログラム 3.3 の 12〜14 行目），最初は探査的な行動を行いながら，学習の後半ではQテーブルを活用し報酬を最大化します．

プログラム 3.3 ● QBrain.cs 内の GetAction

```
1  public int GetAction(int state) {
2  // Q テーブルの値を参照し行動を決める関数
3      int action;
4
5      if(Epsilon <= UnityEngine.Random.Range(0.0f, 1.0f)) {
6          action = QTable[state].ToList().IndexOf(QTable[state].Max());
```

```
 7          }
 8      else {
 9          action = UnityEngine.Random.Range(0, ActionSize);
10      }
11
12      if(Epsilon > EpsilonMin) {
13          Epsilon -= ((1f - EpsilonMin) / AnnealingSteps);
14      }
15
16      return action;
17  }
```

UpdateTable 関数では行動（a_t）による状態の遷移（$s_t \rightarrow s_{t+1}$）と環境から与えられた報酬を受け取り，式（3.1）に基づいて Q 値の更新を行います．行動を行って終了状態になった（自動運転では壁にぶつかった）場合には（プログラム 3.4 の 7 行目），これ以降で得られる報酬は 0 なので，$\gamma Q(s_{t+1}, a')$ を 0 とみなして更新します．

プログラム 3.4 ● QBrain.cs 内の UpdateTable

```
 1  public void UpdateTable(int lastState, int nextState, int action, float
      reward, bool done) {
 2  // 状態の遷移と報酬を受け取り Q 値の更新を行う関数
 3      if(action == -1) {
 4          return;
 5      }
 6
 7      if(done) {
 8          QTable[lastState][action] += Alpha * (reward - QTable[lastStat
    e][action]);
 9          return;
10      }
11
12      if(nextState != lastState) {
13          QTable[lastState][action] += Alpha * (reward + Gamma * QTable[n
    extState].Max() - QTable[lastState][action]);
14      }
15      else {
16          QTable[lastState][action] += Alpha * (reward - QTable[lastStat
    e][action]);
17      }
18  }
```

　実際に学習を実行してみましょう．最も簡単なコースである Stage1 は 5 分ほどの学習でクリアできますが，Stage2 のようなコースはなかなかクリアできません（図 2.7 参照）．Stage2 で特に難しいのは二つ目のヘアピンカーブです．下り坂で速度が上がった直後に急カーブがあるため，曲がり切るのは困難です．

この原因の一つとして，Q テーブルを用いた Q 学習では離散的な行動と状態しか扱えないことが挙げられます．ハンドルを左右に切る行動，ブレーキを踏む行動，そのまま直進する行動の内から一つを車は毎フレーム選ぶことができます（`Agent.ActionNumberToVector Action` 関数を参照）．また，状態もセンサの距離や車の速度が 3 段階に離散化されています（`Agent.GetState` 関数を参照）．これでは急カーブに求められるハンドルの微妙な調整を行うためには不十分であると考えられます．

状態と行動を細かく設定することでより巧妙な操作ができるようになりますが，学習は困難になってしまいます．Q テーブルを学習させるためには Q テーブルの各エントリー，つまり状態と行動の組合せの Q 値を適切に更新する必要があります．しかし，状態と行動の組合せ数が大きければ，学習はより難しくなります．

■ **3.6 ニューロ進化による自動運転**

本プログラムの遺伝的アルゴリズムと呼ばれる進化計算手法（詳しくは第 5 章で説明）は**図 3.23** のような流れになります．現在の世代について環境における適合度を取得し，上位の数個体についてエリート選択を行い，次世代にそのまま残します．各個体の適合度に応じた選択をして，選択された個体について突然変異を行い，次世代の個体を生成します．ニューラルネットワークのパラメータに対するニューロ進化では突然変異のみでも十分に学習できることが知られているため，本プロジェクトでは交叉は実装されていません．

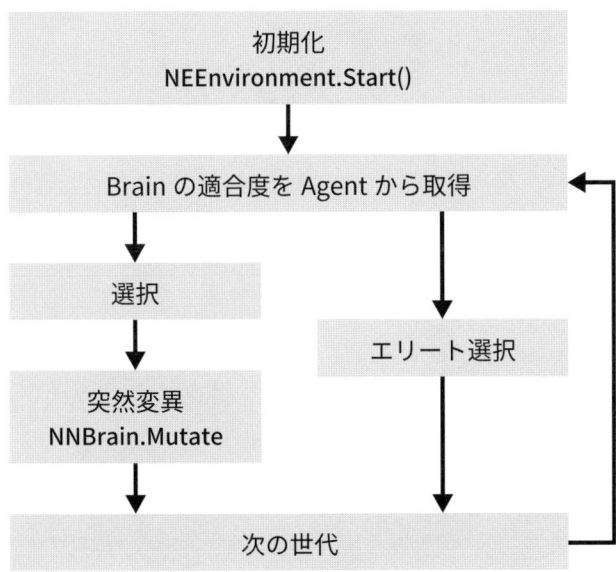

図 3.23 ● ニューロ進化の流れ

　掛け算などの操作を行う行列のクラス Matrix.cs を用意しました．さらに，状態からとるべき行動を求める Brain にはニューラルネットワークを実装する NNBrain.cs を用います．とくに，ニューラルネットワークの順伝播は NBrain.cs の NNBrain.Predict 関数で実装されています．なお，ニューラルネットワークの詳細については第4章（とくにプログラム4.8）を参照してください．

　遺伝的アルゴリズムを用いて，この NNBrain を学習させるコードが NEEnvironment.cs です．NEEnvironment オブジェクトは Unity Scene に一つあり，NNBrain と Agent を管理します．

　以下の FixedUpdate 関数は一定時間おきに Unity に呼び出される関数です．ここで Agent の更新を行い，終了したエージェントを現世代のエージェントの集合 AgentsSet から取り除きます．

プログラム 3.5 ● NEEnvironment.cs 内の FixedUpdate

```
 1  void FixedUpdate() {
 2  // Agent の更新を行い，終了したエージェントを取り除く．
 3      foreach(var pair in AgentsSet.Where(p => !p.agent.IsDone)) {
 4          AgentUpdate(pair.agent, pair.brain);
 5      }
 6
 7      AgentsSet.RemoveAll(p => {
 8          if(p.agent.IsDone) {
 9              p.agent.Stop();
10              p.agent.gameObject.SetActive(false);
11              float r = p.agent.Reward;
12              BestRecord = Mathf.Max(r, BestRecord);
13              GenBestRecord = Mathf.Max(r, GenBestRecord);
14              p.brain.Reward = r;
15              SumReward += r;
16          }
17          return p.agent.IsDone;
18      });
19
20      if(CurrentBrains.Count == 0 && AgentsSet.Count == 0) {
21          SetNextGeneration();
22      }
23      else {
24          SetNextAgents();
25      }
26  }
```

　NEEnvironment.cs 内の GenPopulation 関数で新しい世代の個体群を生成します．まず，エリート選択を行います（プログラム3.6の6行目以降）．個体群を優秀なものから並ぶようソートし，EliteSelection 個（**エリートサイズ**）だけ次の世代に加えます．これらのエリー

ト個体には突然変異を行いません．親となる個体の選択にはトーナメント選択を用います（13
〜16行目）．**トーナメント方式**では個体群全体から一定数（**トーナメントサイズ**）の個体をラ
ンダムに選び，その中で適合度が上位の個体を選択します．このコードでは現世代からランダ
ムに tournamentSelection の個数（トーナメントサイズ）を選び，その中で最も優秀な個体
2個を選択しています．選択された二つの個体に対して NNBrain.Mutate により突然変異を行
い，新しい世代の個体群（children）に加えます（15〜16行目）．このような「トーナメン
ト」を次世代の生成に必要な回数だけ行います（12行目からのループ）．

プログラム 3.6 ● NEEnvironment.cs 内の GenPopulation

```
1   private void GenPopulation() {
2   // 新しい世代の個体群を生成する関数
3       var children = new List<NNBrain>();
4       var bestBrains = Brains.ToList();
5
6       // Elite selection
7       bestBrains.Sort(CompareBrains);
8       if(EliteSelection > 0) {
9           children.AddRange(bestBrains.Take(EliteSelection));
10      }
11
12      while(children.Count < TotalPopulation) {
13          var tournamentMembers = Brains.AsEnumerable().OrderBy(x => Gui
    d.NewGuid()).Take(tournamentSelection).ToList();
14          tournamentMembers.Sort(CompareBrains);
15          children.Add(tournamentMembers[0].Mutate(Generation));
16          children.Add(tournamentMembers[1].Mutate(Generation));
17      }
18      Brains = children;
19      Generation++;
20  }
```

　個体の選択に用いる適合度として，エージェントの得た報酬 Agent.Reward を用います．こ
れは強化学習で Q テーブルの更新に用いた報酬と同じです．運転終了とともに与えられた報
酬が適合度として用いられます．運転終了時には移動距離が長いほど良い報酬が与えられま
す．つまり，遺伝的アルゴリズムで用いる適合度は車の移動距離に対応します．

　NNBrain.MutateLayer では行列 m に正規乱数を加えます．この正規乱数の重みは，世代数
generation によって減衰します．探索が進むにつれて突然変異の幅を小さくすることで，探
索の収束を促します（プログラム3.7参照）．

　NNBrain.Mutate では，これをすべての層の重み行列とバイアス行列について実行し，突然
変異後の個体を返します（プログラム3.8参照）．

プログラム 3.7 ● NNBrain.cs 内の MutateLayer

```
1  private Matrix MutateLayer(Matrix m, int generation) {
2  // 行列 m に突然変異を起こす　正規乱数を加える
3  // 正規乱数は世代数により減衰する
4      var newM = m.Copy();
5      float mutRate = MutRate(generation) + 0.1f;
6      var mutSize = MutRate(generation) * 0.2f + 0.02f;
7      for(int r = 0; r < m.Row; r++) {
8          for(int c = 0; c < m.Column; c++) {
9              var mut = UnityEngine.Random.value;
10             if(mut < mutRate * 0.05) {
11                 var X = UnityEngine.Random.value;
12                 var Y = UnityEngine.Random.value;
13                 var Z1 = (float)Math.Sqrt(-2 * Math.Log(X)) * (float)Ma
   th.Cos(2 * Math.PI * Y);
14                 newM[r, c] = Z1;
15             }
16             else if(mut < mutRate) {
17                 var X = UnityEngine.Random.value;
18                 var Y = UnityEngine.Random.value;
19                 var Z1 = (float)Math.Sqrt(-2 * Math.Log(X)) * (float)Ma
   th.Cos(2 * Math.PI * Y);
20                 newM[r, c] = m[r, c] + Z1 * mutSize;
21             }
22         }
23     }
24     return newM;
25 }
```

プログラム 3.8 ● NNBrain.cs 内の Mutate

```
1  public NNBrain Mutate(int generation) {
2  // すべての層の重み行列とバイアス行列に突然変異を適用する
3      var c = new NNBrain(this);
4      for(int i = 0; i < c.HiddenLayers + 1; i++) {
5          c.Biases[i] = MutateLayer(Biases[i], generation);
6          c.Weights[i] = MutateLayer(Weights[i], generation);
7      }
8      return c;
9  }
```

　ニューロ進化での自動運転学習を実行してみましょう．Q 学習ではクリアできなかった Stage2 も 2〜5 分程度の訓練でクリアできます（図 2.7 参照）．さらに長くカーブの多い難しい Stage3 や Stage4 も 15 分程度の訓練でクリアできるような個体が見つかります．連続的な状態・行動を扱えるため，急カーブでも滑らかな操作が可能になるためだと考えられます．

■ **3.7** 障害物を避けて運転しよう

　前章までに自動運転の学習について説明しました．Unity プロジェクトを実行することで，ある程度の環境での的確な運転を体験できるでしょう．

　本節では障害物があるより難しいコースでの自動運転を学習してみましょう．このプロジェクトではあらかじめ以下のような Challenge のレベルが設定されています．

Challenge 1　コース上に数個の岩が設置されるので，その岩に当たらずにコースを1周できるように進化・学習させる（岩の位置は固定）（**図3.24**）

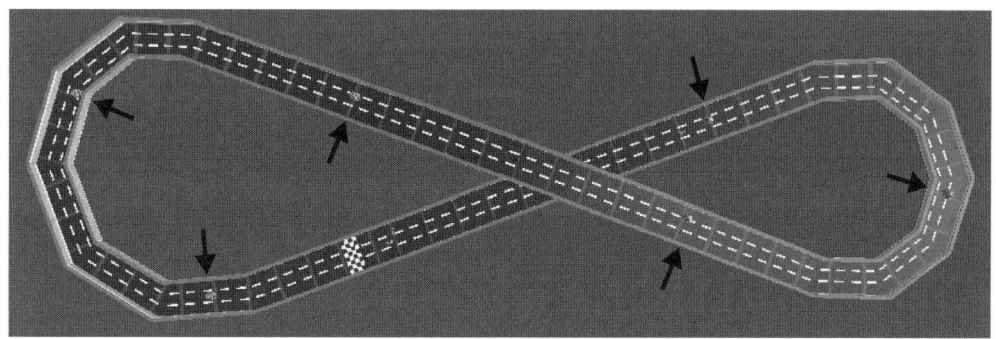

(a) コース概観：岩（矢印）の位置は固定

(b) コースの拡大：障害物に衝突寸前の自動車

図3.24 ● Challenge 1 のコース概観

Challenge 2　Challenge 1と同じくコース上に数個の岩が設置されるので，その岩に当た
　　　　　　　らずにコースを1周できるように進化・学習させる（岩の位置は固定ではな
　　　　　　　くランダム）（**図3.25**）

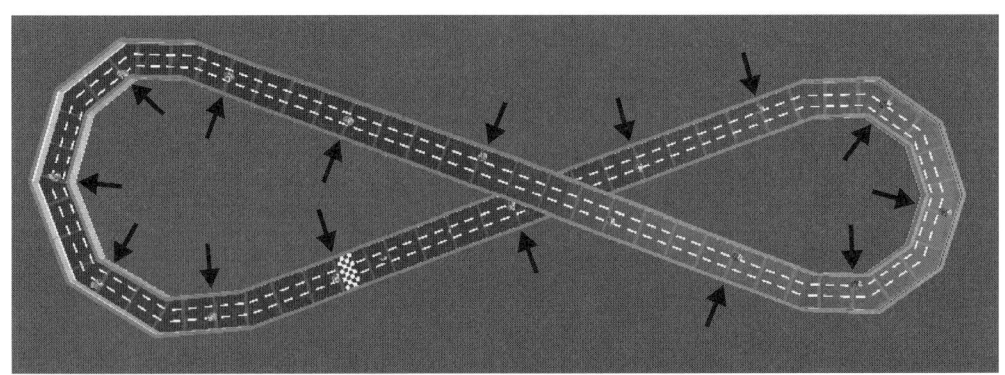

(a) コース概観：岩（矢印）の位置はランダム

(b) コースの拡大：複数の障害物と自動車

図3.25 ● Challenge 2 のコース概観

Challenge 3　坂の上から岩が転がり落ちてくるので，その岩に当たらずにコースを1周できるように進化・学習させる（**図3.26**）

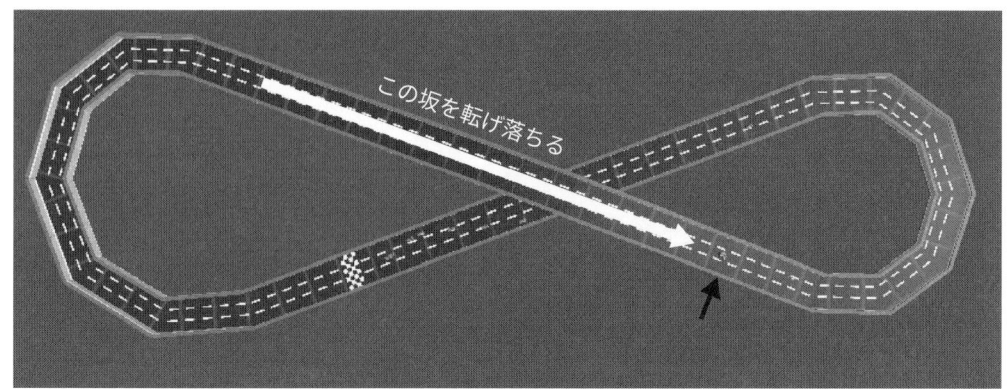

(a) コース概観: 坂を転げ落ちる岩

(b) コースの拡大：坂を転げ落ちる障害物と自動車

図 3.26 ● Challenge 3 のコース概観

Challenge 4 コース上に一定間隔で岩が置かれていて近づくと転がり落ちてくる．岩の
大きさや速度はランダム（**図3.27**）

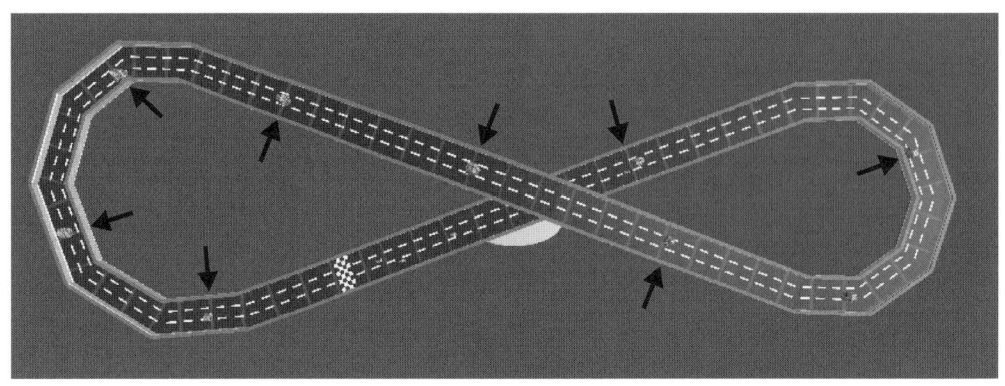

(a) コース概観：複数の障害物が落ちてくる

(b) コースの拡大：障害物に衝突寸前の自動車

図 3.27 ● Challenge 4 のコース概観

シーンファイルは/Assets/Scenes/NE_Challenge/Challenge*.unityにあります．各シー
ンを開き再生を押すとニューロ進化による学習が始まります．

なお図 3.24 (b)〜3.27 (b) で表示されるようなズーム表示は，Scene ビューを選択して以下
のように視点を移動することで得られます．

- 視点の回転：マウスの右ボタンでドラッグ
- 視点の平行移動：マウス左（中）ボタンでドラッグ
- ズーム：カーソルキーの上下

主なソースコードは以下のようになっています．

- /Assets/Scripts/Car/CarAgent.cs
  車をスタート地点にセットし，Brainにセンサなど環境の値を渡す．Brainからの指示
  が来るのでそれに従って車を運転する．衝突を検知すると報酬値を返し，車をリセット
  する．
- /Assets/Scripts/Car/CarController.cs
  車の入力に対する動作が記述されている．例えば，steeringの値を受け取りタイヤを回
  転させるなど．

■ **3.8**　**自動運転で競走してみよう**

　レーシングカーの自動運転プログラムを作成して，競走させてみましょう．本節で説明する
プロジェクトでは競走のためのレース場を提供しています．**図 3.28** にその概観を示します．
図の中心部分にはコースのシーンとレースに参加している 2 台の車の追跡像が表示されていま
す．コースには図 2.7 の Stage 1〜4 までと前節の Challenge 1，2 が用意されています．

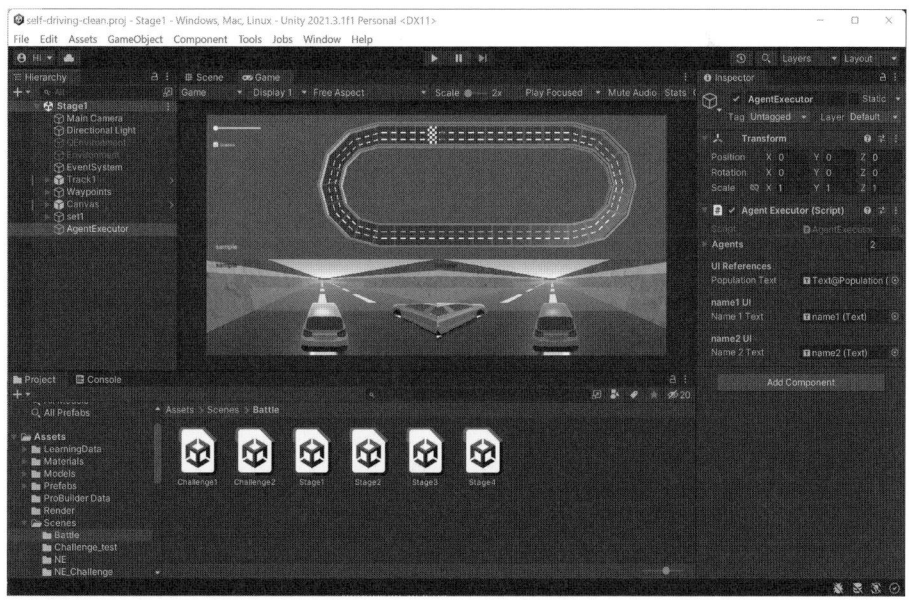

図 3.28 ● 自動車レースのプロジェクト概観

このプロジェクトでは，以下のようにして 2 台のレーシングカーを対決させます．

1. 車の制御を行うためのコードを書く．
2. Scenes/Battle から任意の Scene を持ってきて Hierarchy に配置する．
3. Hierarchy の AgentExecutor オブジェクトを Inspector から編集する（図 3.28 の右部分）．学習結果のファイルを用いる場合，Agents->Element0/1 の Learning の欄に学習済みファイル<Learning.json>を配置する．また，自分の名前を Name 欄に記入する．
4. シーンを実行し，競争を観察する．

　車制御のためのコードを書く際には，どのような学習アルゴリズムを用いるかによって異なる処理が必要になります．以下では代表的な例について説明します．

- ニューロ進化／Q 学習を用いる場合
  まず Scenes の NE フォルダや Q フォルダ以下にある環境を用いてニューロ進化／Q 学習の学習を行い，学習済みのファイルを出力する．出力ファイルは LearningData 以下に格納される．なお，すでに学習済みのファイルがいくつか提供されているので，とりあえずそれを用いて動かしてみてほしい．ニューロ進化／Q 学習は，もともとこのプロジェクトで実装されているので，特別なコード実装は必要ない．AgentExecutor.cs の Start 関数内をコメントに従って編集してみよう（プログラム 3.9 参照）．
- ルールベースの学習を用いる場合
  ルールベースの制御を用いる場合，XBrain.cs を編集する必要がある．XBrain.cs の GetAction 関数をコメントに従って編集してみよう（プログラム 3.10 参照）．
- 全く新しい学習アルゴリズムを用いる場合
  自らの環境で学習を行い，その学習結果をまとめた出力ファイル<Learning.json>を得る必要がある．なお json 形式である必要性はなく，ファイル形式は何でも構わない．その上で，<Learning.json>を読み込む Load 関数と，読み込んだ学習結果をもとに Action を出力する GetAction 関数を編集する必要がある．

プログラム 3.9 ● AgentExecutor.cs 内の Start

```
1    private void Start() {
2        if(Agents == null || Agents.Count == 0) {
3            return;
4        }
5        name1Text.text=Agents[0].name;
6        name2Text.text=Agents[1].name;
7
8        /*
9            <変更ポイント>
10            自分のオリジナルの AI を用いたい場合はこうする
11            Agents[0/1].brain = QBrain.Load(Agents[0/1].learning);
```

```
12          Agents[0/1].run=RunX;
13
14          デフォルトではどちらもニューロ進化の Agent が設定されている
15
16      */
17      Agents[0].brain = NNBrain.Load(Agents[0].learning);
18      Agents[0].run=RunNE;
19      Agents[1].brain = NNBrain.Load(Agents[1].learning);
20      Agents[1].run=RunNE;
21  }
```

プログラム 3.10 ● XBrain.cs 内の GetAction

```
1   public double[] GetAction(List<double> observation) {
2       var action = new double[3];
3
4       /*
5           CarAgent.cs 内の OriginalObservation 関数内で
6               取得した環境情報をもとに Agent の行動を決定
7           SteetInput (ハンドル)
8           GasInput (アクセル)
9           BrakeInput (ブレーキ)
10          の3種類を AI によって決定し，値を返す
11
12          <オリジナルな処理>
13      */
14      // if 文で書いた簡単なロジック．自由に変更して欲しい．//
15      action[0]=0.0f;  action[1]=0.5f;  action[2]=0.0f;
16
17      if(observation[2]<1){
18          action[0]=1.0f;  action[1]=0.5f;  action[2]=0.5f;
19      }else if(observation[1]<1){
20          action[0]=0.5f;  action[1]=0.5f;  action[2]=0.5f;
21      }
22
23      return action;
24  }
```

　コースの変更をするには，Scenes/Battle から競争をさせたい Scene を選び，再度上述の動かし方のプロセスを行います．

　車の制御の大まかな流れは以下のようになっています．

1. CarAgent.cs の OriginalObservations 関数で車のセンサ入力情報を取得する．
2. XBrain 関数の GetAction 関数の引数として OriginalObservation 関数の出力が与えられる．その入力をもとに車の制御出力を決定する．

3. GetAction 関数の出力をもとにして CarAgent.cs の AgentAction 関数が実際に車のパラメータを変更し，車を動かす．

4. ニューロ進化／Q 学習は入力に CollectObservations 関数／GetState 関数を用いる．これは OriginalObservation 関数と基本的に同一である．

　次に，センサ入力と Action 出力の仕様を説明します．
　センサ入力に関連する OriginalObservation 関数における results は次のような仕様となっています．

- 長さ 5 の array
- 車の進行方向に対して左側から右側のセンサへと順番に値が格納されている．
- センサの値とは，センサの方向における壁までの距離である（0 から 1 の値に正規化されている）．一定の距離を超えると 1.0 が格納される．

　Action 出力は長さ 3 の double array で，

- SteetInput（ハンドル）
- GasInput（アクセル）
- BrakeInput（ブレーキ）

の値を順に返す必要があります．
　なお，直接，車のポジションを書き換えるような処理は禁止されています．あくまでも Action 出力の仕様に従ってください．
　コースには図 2.7 の Stage 1 から 4 までと前節の Challenge1，2 が用意されています．
　自動運転の制御プログラムを作成して，さまざまなコースでレースの対戦を行ってみましょう．1 周をゴールすると**図 3.29** のように勝者に対して「WIN」と表示され，それぞれのゴールタイムが記録されます．

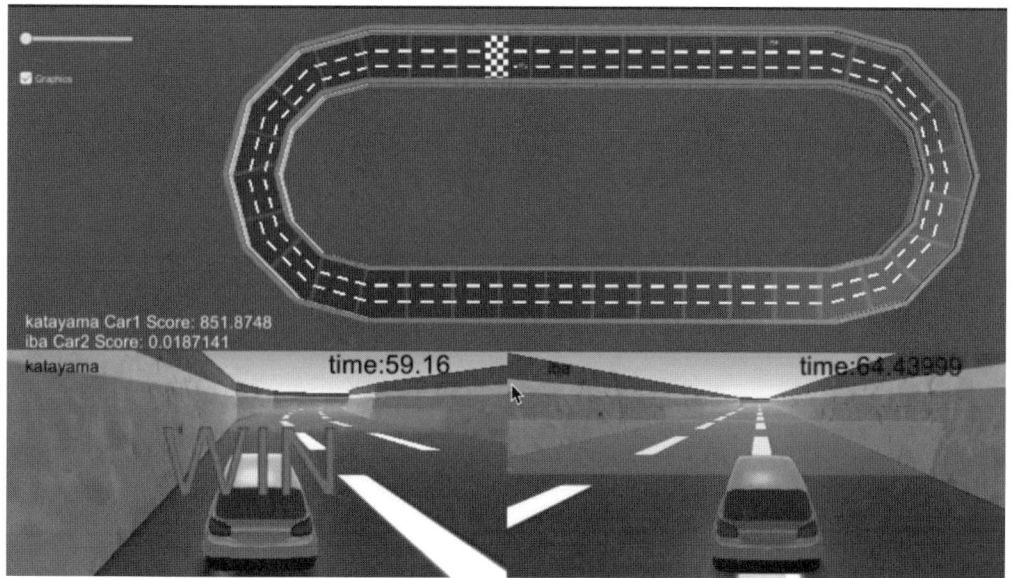

図 3.29 ● 自動車レースのゴール画面：どちらが勝つか？

演習問題

演習問題 3.1　　　　　　　　　　　　　　　　　　　　　　　　　　　　　★

　Q 学習では，学習率 α（プログラム内では Alpha）と探査的な行動をとる確率 ϵ（プログラム内では Epsilon）を調整することで，学習の挙動を変えられます．これらの変数の値を変更することで，学習にどのような影響があるかを観察してみましょう．

演習問題 3.2　　　　　　　　　　　　　　　　　　　　　　　　　　　　　★

　ニューロ進化では，突然変異率（プログラム内では mutRate）を下げると学習の速度は落ちますが，良い解が得られやすくなります．一方，突然変異率が高すぎると，良い解に収束できないとされています．また，問題が複雑（遺伝子長が長い）な場合は集団サイズ（プログラム内では TotalPopulation）を大きくする必要があります．ただし，集団サイズが大きいと計算時間が増えてしまいます．このような学習の挙動を決める変数を調整することで，学習にどのような影響があるかを見てみましょう．

演習問題 3.3　　　　　　　　　　　　　　　　　　　　　　　　　　　　★★

　3.7 節の Challenge のサンプルコード（障害物を避ける学習）に対しては，Q 学習では一部のコースを，ニューロ進化ではほとんどのコースを走れるようになっています．

では，より的確にコースを完走するように学習を行ってみましょう．このためには，センサ（入力）やコントローラ（出力）を拡張する必要があるかもしれません．

演習問題 3.4 ★★★

　ニューロ進化や Q 学習などの AI を駆使して自動運の制御プログラムを作成し，3.8 節の自動車レースをさまざまなコースで行ってみましょう．サンプルとなっているプログラムや他人が開発したプログラムと対戦すると面白いでしょう．どのような学習や制御方式が有効なのかを考察してください．

第 4 章

ニューラルネットワーク

脳は中央で立てられた計画よりも地元のうわさ話に
もとづいて作用する. (マイケル・S・ガザニガ [27])

4.1 ニューロンと学習機械

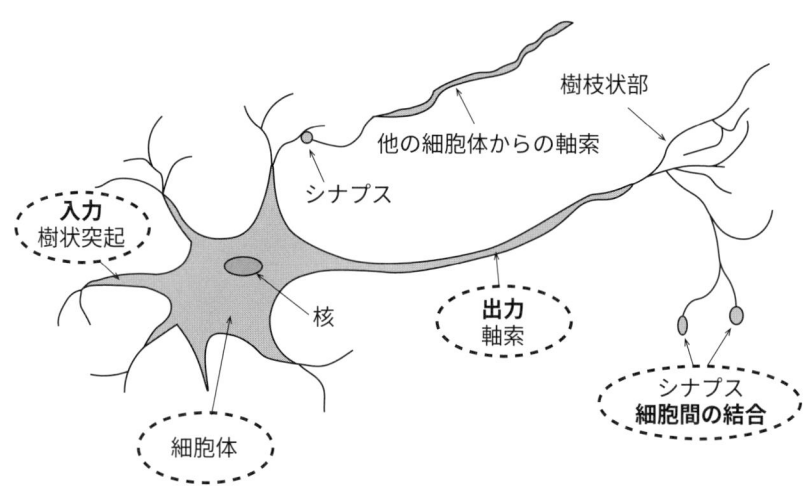

図 4.1 ● 神経ニューロン

　神経系を構成する細胞は**神経細胞**（**ニューロン**，neuron）と呼ばれています．**図 4.1** は神経
回路網のニューロンを示しています．人間の脳には 140 億個のニューロンがあり，それぞれの
ニューロンは 8000 個のシナプス（他のニューロンとの接合部）を持つとされています．細胞
体の大きさは 10〜50 μm 程度です．神経細胞に入力刺激が入ってきた場合に，活動電位を発
生させ，他の神経細胞に情報を伝達します．この活動は **McCulloch–Pitts モデル**としてモ
デル化されています（**図 4.2**）．これは，自分につながっているニューロンから受け取った電

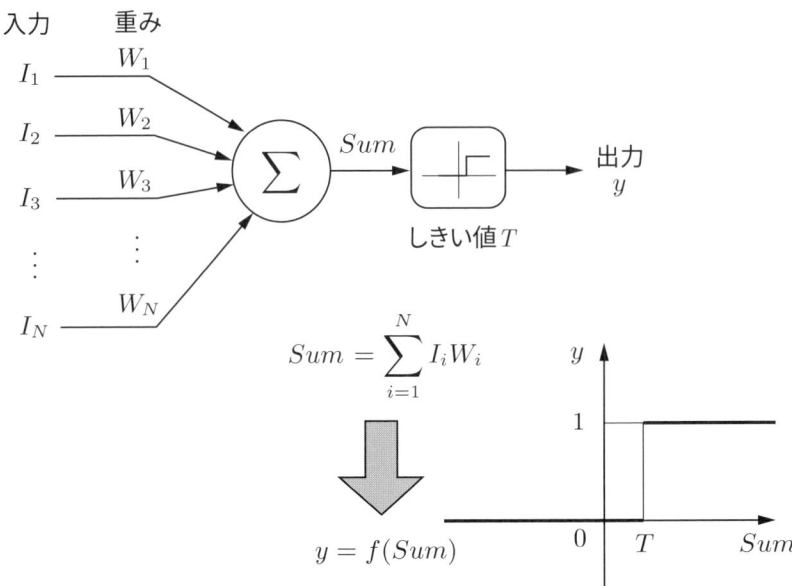

入力　　重み

$$Sum = \sum_{i=1}^{N} I_i W_i$$

$$y = f(Sum)$$

図 4.2 ● McCulloch–Pitts モデル

気信号の総和が，あるしきい値を超えると，他のニューロンへ電気信号を発する（これを**発火**と呼びます）というモデルです．図 4.2 では，ニューロン素子への N 個の入力 $l_1, l_2, \ldots, l_N$ に対しておのおのの**重み**が $W_1, W_2, \ldots, W_N$ となっています．この素子は，得られた入力（重み付き和 Sum）がしきい値 T より大きい場合に 1，そうでない場合 0 を出力します．

　1950 年代に Frank Rosenblatt は McCulloch–Pitts ニューロンを用いて，**パーセプトロン**と呼ばれる学習機械を提案しました．これは学習能力のあるニューロン素子を構成要素とする多層の層状回路です．1970 年ごろ，David Marr と James Albus は小脳はパーセプトロンであるという仮説を提案しました．1980 年代に神経生理学者の伊藤正男らが**平行繊維–プルキンエ細胞間のシナプスの長期抑圧**（Long-Term Depression, **LTD**）を発見したことで，この仮説が裏付けられています．

　なお，単純パーセプトロン[1]はその後，

- 線形分離可能でない概念は学習できない[2]．
- 連結・非連結の判定ができない．

などの限界がミンスキーらにより証明され [62][3]，その結果ニューラルネットワークの最初の隆盛（1 度目の春）は終末を迎えるのでした．なお，2 度目の春は次節で説明するバックプロパゲーションによる学習が考案された時期以降に相当します．

---

1) 中間層のないパーセプトロン．入力層からの入力の重み付き和が出力層から出力される．線形分離可能な分類問題に対しては，重みを正しく学習するアルゴリズムが知られている．
2) 線形分離可能とは，n 次元空間上の二つの集合を $n-1$ 次元の超平面で分離できることである．
3) 1 ページの脚注参照．

■ **4.2** ニューラルネットワーク

ニューラルネットワークのノードは神経回路網の素子（ニューロン）をモデルにしています（図 4.2 の McCulloch–Pitts モデル参照）．この素子は**図 4.3** のように表される線形のしきい値による判別関数です．ここでは，j 番目の素子への N 個の入力 $S_{1j}, S_{2j}, \ldots, S_{Nj}$ に対しておのおのの重みが $w_{1j}, w_{2j}, \ldots, w_{Nj}$ となっています．また，ニューラル素子ではしばしば**バイアス値** I_j が用いられ，この値が常に入力に加わっています．この素子は，得られた入力（重み付き和 + バイアス値）がしきい値 T_j より大きい場合に 1，そうでない場合 0 を出力します．つまり，

$$出力値_j = \begin{cases} 1 & U_j > 0 \text{のとき} \\ 0 & U_j \leq 0 \text{のとき} \end{cases} \tag{4.1}$$

$$U_j = \sum_{i=1}^{N} S_{ij} w_{ij} + I_j - T_j \tag{4.2}$$

となります．

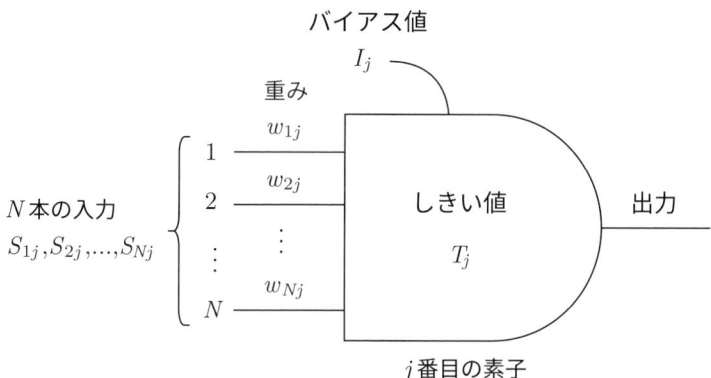

図 4.3 ● ニューラル素子

より形式的には

$$出力値_j = f(U_j) \tag{4.3}$$

とし，関数 f としては次のようなものを用います．

1. **ステップ関数**

$$f(x) = \begin{cases} 1 & x > 0 \text{のとき} \\ 0 & x \leq 0 \text{のとき} \end{cases} \tag{4.4}$$

2. **シグモイド関数**

$$f(x) = \frac{1}{2}\left\{1 + \tanh \frac{x}{2}\right\} = \frac{1}{1 + \exp(-x)} \tag{4.5}$$

シグモイド（sigmoid）関数は，$x \to +\infty$ で値 1.0 に近づき，$x \to -\infty$ で値 0.0 に近づきます．**図 4.4** に，この関数が示す S 字型の応答特徴を示します．この関数はニューロンのモデルにしばしば登場します．

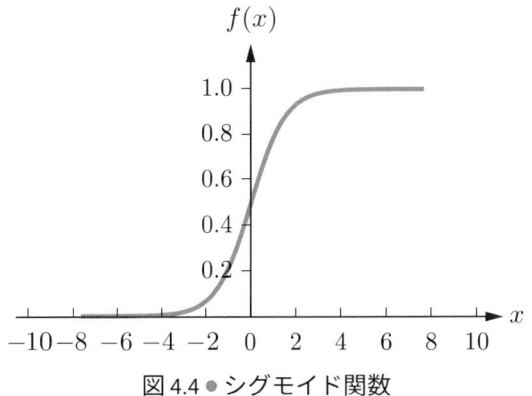

図 4.4 ● シグモイド関数

　ユニット間の情報（信号）の流れは一方通行で，入力層のユニットへの入力が決まれば，順番に隣接する層のユニットへ情報が伝播していきます．

　以下では，これらのニューラルネットワークの探索と学習を見ていきましょう．

4.3　階層型ネットワーク

階層型の多層ネットワークは，

- 入力層
- 中間層（隠れ層）
- 出力層

からなります．入力からの情報は，入力層 ⇒ 中間層 ⇒ 出力層の順に伝達されて出力値が得られます（**図 4.5**）．各層でのニューラル素子の動作は**図 4.4** で説明した原理に基づいています．1986 年代の半ば，Rumelhart らは出力層での誤差を利用して中間層の細胞の特性を変化させる**バックプロパゲーション**（Back Propagation, BP, **誤差逆伝播法**）学習アルゴリズムを提案しました．

　例えば**図 4.6** のような 3 層のネットワークを考えます．第 m 層の細胞数を n_m 個，細胞への入力を u_i^m，出力を x_i^m，第 m 層への**結合行列**を $W^m = \{w_{ij}^m\}$ と表します．ここで w_{ij}^m は第 $m-1$ 層の素子 j から第 m 層の素子 i への結合係数（重み）です．このとき各素子の動作は，

$$u_i^m = \sum_{j=1}^{n_{m-1}} w_{ij}^m x_j^{m-1} \tag{4.6}$$

$$x_i^m = f(u_i^m) \qquad (m = 2, 3,\ i = 1, \ldots, n_m) \tag{4.7}$$

入力層　　　　　　中間層　　　　　　出力層

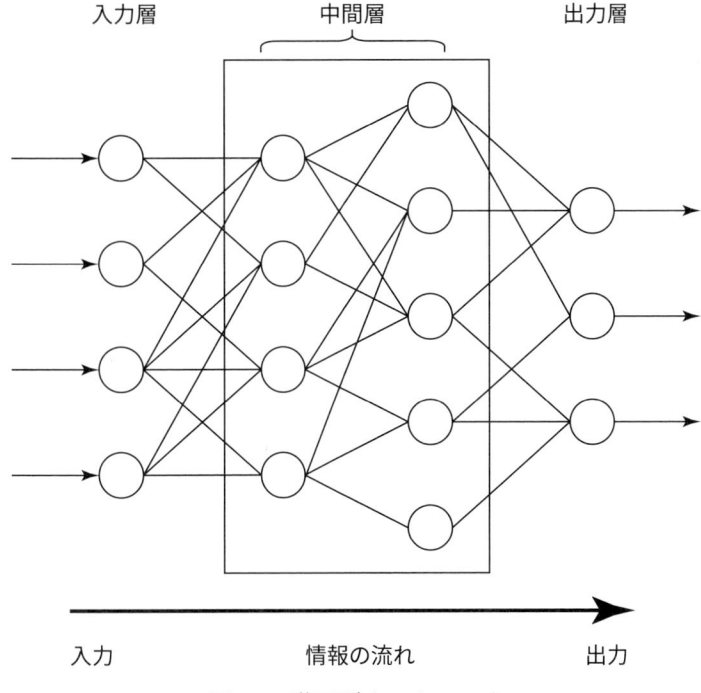

入力　　　　　　　情報の流れ　　　　　出力

図 4.5 ● 階層型ネットワーク

で与えられます．f は出力を計算する関数で，ステップ関数やシグモイド関数が用いられます（式 (4.4) と式 (4.5) を参照）．

学習の目標は入力 $(x_1^1, \ldots, x_{n_1}^1)$ が与えられたときの最終層の出力 $(x_1^3, \ldots, x_{n_3}^3)$ を教師信号 $(d_1, \ldots, d_{n_3})$ に近づけることです．そこで出力の 2 乗誤差

$$E = \frac{1}{2} \sum_{i=1}^{n_3} (x_i^3 - d_i)^2 \tag{4.8}$$

を最急降下法により最小化します．E の最終層の出力に関する微分は

$$\frac{\partial E}{\partial x_i^3} = x_i^3 - d_i \tag{4.9}$$

となり，その細胞での出力誤差に一致します．

さらに，中間層の細胞の出力に関する 2 乗誤差の勾配は，次の式をもとにすると，

$$\frac{\partial E}{\partial x_i^2} = \sum_{k=1}^{n_3} \frac{\partial E}{\partial x_k^3} \frac{\partial x_k^3}{\partial u_k^3} \frac{\partial u_k^3}{\partial x_i^2} = \sum_{k=1}^{n_3} \frac{\partial E}{\partial x_k^3} f'(u_k^3) w_k^3 \tag{4.10}$$

これにより，出力層と中間層の重みに関する二乗誤差の**最急降下法**は次の式で表されます（$m = 2, 3$）．

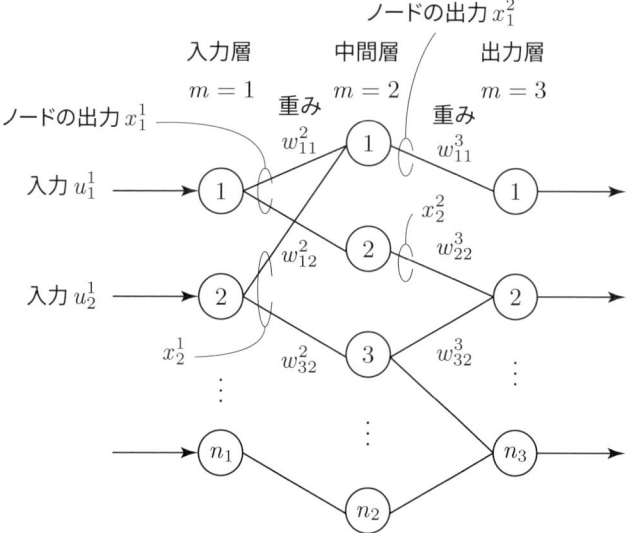

図4.6 ● 3層ネットワーク

$$\Delta w_{ij}^m = -\mu \cdot \frac{\partial E}{\partial w_{ij}^m} \tag{4.11}$$

$$= -\mu \cdot \frac{\partial E}{\partial x_i^m} \cdot \frac{\partial x_i^m}{\partial u_i^m} \cdot \frac{\partial u_i^m}{\partial w_{ij}^m} \tag{4.12}$$

$$= -\mu \cdot \frac{\partial E}{\partial x_i^m} \cdot f'(u_i^m) \cdot x_j^{m-1} \tag{4.13}$$

ここで μ は学習のスピードを決める係数です.

　この原理は4層以上のネットワークにも同じように適用できます. 出力関数としてシグモイド関数を使うとその微分は $f'(x) = f(x) \cdot \{1 - f(x)\}$ と簡単に計算できることから, 学習則は次のようになります.

$$\Delta w_{ij}^m = -\mu \cdot \frac{\partial E}{\partial x_i^m} \cdot u_i^m \cdot (1 - u_i^m) \cdot x_j^{m-1} \tag{4.14}$$

この方法は, 出力の誤差が結合を通じて逆向きに伝播していくので, バックプロパゲーションと呼ばれます.

　ではここでバックプロパゲーションを用いた学習を実験してみましょう. 4ビットの奇数パリティ関数を考えます. この真理値表を書くと**表4.1** のようになります[4]. これは入力のビット（$D0, D1, D2, D3$）のうちで1の数が偶数のときに出力（x）が0, 奇数のときに1となる関数です. 3層ニューラルネットワークを用いてパリティ関数の学習を実験します. 各層の素子数は, 入力層が4（$D0, D1, D2, D3$ に対応する）, 中間層が4, 出力層が1（x に対応）です. 学習係数 $\mu = 0.25$ としました. 学習は次のように行います.

---

4) この関数は非線形分離なので単純パーセプトロンでは学習できない.

表4.1 ● 4ビットパリティの真理値表

$D0$	0	0	1	1	0	0	1	1	0	0	1	1	0	0	1	1
$D1$	0	1	0	1	0	1	0	1	0	1	0	1	0	1	0	1
$D2$	0	0	0	0	1	1	1	1	0	0	0	0	1	1	1	1
$D3$	0	0	0	0	0	0	0	0	1	1	1	1	1	1	1	1
x	0	1	1	0	1	0	0	1	1	0	0	1	0	1	1	0

━━━ パリティ問題を解くニューラルネットワークのアルゴリズム ━━━

Step 1　ネットワークの重みをランダムに初期化する（0から1の範囲とする）.

Step 2　$Epoch := 0$ とする.

Step 3　$Trial := 0$ とする.

Step 4　ランダムに訓練データをとりだす. その入力をもとに出力値を計算する.

Step 5　式 (4.13) に基づいて重みを調整する.

Step 6　$Trial := Trial + 1$ とする.

Step 7　$Trial < MaxTrail$ なら **Step** 4 に戻る.

Step 8　$Epoch := Epoch + 1$ とする.

Step 9　$Epoch < MaxEpoch$ なら **Step** 3 に戻る.

以下の実験では，$MaxTrail = 40$, $MaxEpoch = 4\,000$ としています. **Step** 4 では，$D0$, $D1$, $D2$, $D3$ の4通りの組合せの入力データから一つをランダムに取り出します.

　表 4.2 に実験の結果を示します. 各行は表 4.1 の左列から順に対応します. 例えば，表 4.2 の1行目の正解 "0" の入力は，表 4.1 の1列目の $D0 = 0$, $D1 = 0$, $D2 = 0$, $D3 = 0$, 2行目の正解 "1" の入力は $D0 = 0$, $D1 = 1$, $D2 = 0$, $D3 = 0$ となっています. 最後の行は繰り返し回数当たりの誤差です. はじめのころの誤差は 2.049707（初期状態）や 1.611694（繰り返し 500 回）程度でした. このときの各入力に対するネットワークの出力が表に示されています. 探索が進むにつれ，次第に出力の誤差がなくなっていきます. その結果，繰り返し回数が 10 000 回に近づくと誤差は 0.007608 になりました. 理想的な出力値に，かなり近づいていることがわかります.

4.4 学習課題を解いてみよう：倒立振子の制御問題

　倒立振子とは振り子を逆立ちさせた不安定な構造物です. ただし，糸ではなく棒の振り子を考えます. 例えば，手のひらで傘を立てる遊びを考えます（**図 4.7** (a)）. 倒れないようにするには手のひら（振り子の支点）を適切に移動しなくてはなりません（図 4.7 (b)）. つまり倒立振子は**フィードバック制御**の基本となっていて，ロボットの動作制御などにも応用されます

表 4.2 ● パリティ関数の出力

正解	繰り返し回数					
	初期状態	500	1 000	2 000	5 000	9 900
0	0.608974	0.388173	0.025357	0.000575	0.000002	0.000000
1	0.599478	0.627003	0.962144	0.986645	0.99497	0.997434
1	0.579000	0.616676	0.973742	0.989783	0.995627	0.997618
0	0.572216	0.540261	0.113612	0.108815	0.033906	0.022185
1	0.536226	0.481576	0.944211	0.838575	0.935526	0.962814
0	0.531666	0.362129	0.085566	0.107388	0.043047	0.031226
0	0.514085	0.365059	0.077148	0.11874	0.045228	0.030877
1	0.520626	0.420393	0.767835	0.754767	0.923113	0.957996
1	0.633332	0.422883	0.941394	0.83492	0.938982	0.963872
0	0.622203	0.321389	0.084678	0.101433	0.047017	0.032422
0	0.602347	0.314429	0.074905	0.11262	0.049566	0.032041
1	0.58722	0.513031	0.773623	0.760543	0.929492	0.959345
0	0.563647	0.292029	0.064918	0.000108	0.000000	0.000000
1	0.555369	0.52737	0.842804	0.89728	0.957966	0.977907
1	0.538733	0.529766	0.835138	0.905609	0.959959	0.977651
0	0.537293	0.56878	0.800497	0.340581	0.093067	0.060112
2乗誤差	2.049707	1.611694	0.425161	0.183486	0.020277	0.007608

（図 4.7 (c)(d)）．

　以下ではニューラルネットワークを用いて，3 次元倒立振子の制御を学習してみましょう．
この Unity プロジェクト（`Pendulum.zip`）では，ニューラルネットワークの入力を倒立振子
の状態，出力を台車に加える力とします．そして，誤差逆伝播法により学習させることで，
3 次元倒立振子の制御を行います．

　誤差逆伝播法によりニューラルネットワークの学習を行うためには，手本となる出力である
教師データが必要です．この Unity プロジェクトでは，実際にとった行動と，その行動の結果
として得られた台車の状態から，本来とるべきだった行動（教師データ）を生成します．教師
データの生成には，以下の式を用います（k は係数）．

- x, z 方向：教師データ = 実際の行動 + k_1 × 角度の誤差 + k_2 × 位置の誤差
- y 方向：教師データ = 実際の行動 − k_2 × 位置の誤差 − k_3 × 速度の誤差

x, z 方向と y 方向とでは，位置の誤差の項の符号が逆になっています．y 方向では，たとえば
下にずれていた場合，上向きに力を加えます．それに対し x, z 方向では，例えば右にずれてい
た場合，右向きに力を加えます．この理由は，まず右に力を加えると棒が左に傾き，その後，
傾きを修正するために左向きに力を加えることで，棒を真っ直ぐに安定させつつ，台車を左に
移動させることができるからです．

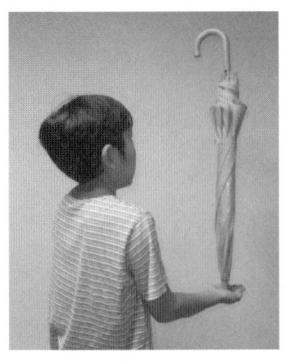

(a) 傘の倒立

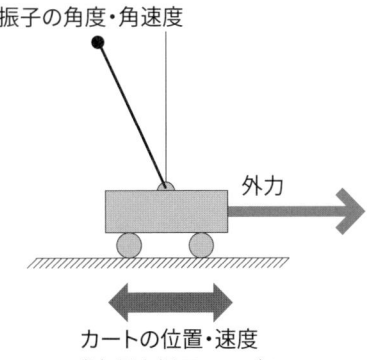

(b) 倒立振子のモデル

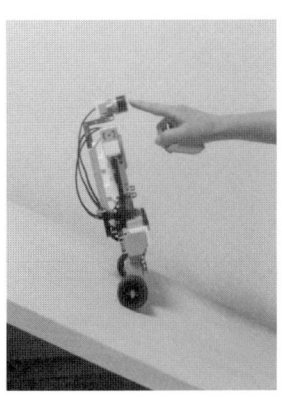

(c) ジャイロロボットを揺らす

(d) 研究室で開発中の
Segway型ヒューマノイドロボット

図 4.7 ● 倒立振子

　この Unity プロジェクトでは Stage1 と Stage2 の二つのシーンが用意されています.

　Stage1 のタスクの目標は，3次元空間上を自由に動く台車に力を加え，台車を所定の範囲内で移動させることで，棒を倒さないようにすることです（**図 4.8** (a)）.

　各エピソードは

- 所定のステップ数が経過した
- 台車が所定の範囲の外に出た
- 台車が所定の角度以上に傾いた

のいずれかの条件を満たしたときに終了となります.

　画面の左上には

- エピソード開始からのステップ数
- 台車の位置

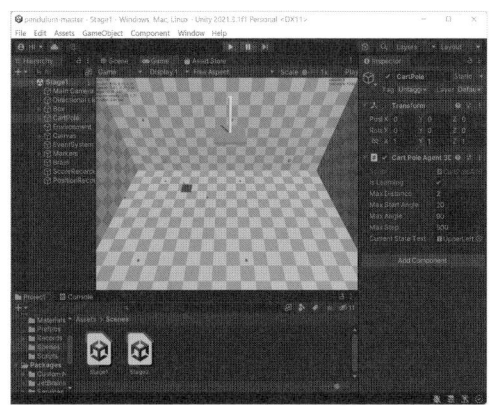
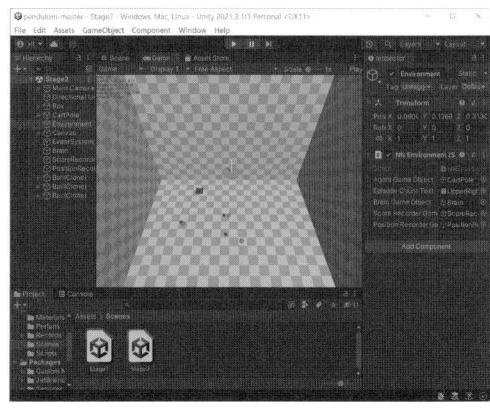

(a) Stage 1　　　　　　　　　　　　　　　　　(b) Stage 2

図 4.8 ● 3D 倒立振子の Unity プロジェクト

- 台車の速度
- 棒の角度
- 棒の角速度
- スコア（エピソード開始からの時間）

が表示されます.

　画面の右上には

- 何番目のエピソードか
- 全エピソードの最良スコア

が表示されます.

　Stage2 は，基本的には Stage1 と同じです．ただし，小球を生成，発射する機能が追加されています．画面上をクリックすると，視点の位置に小球が生成され，クリックした位置に向かって発射されます（図 4.8 (b)）．台車の付近をクリックすることで，小球を台車に衝突させ，台車の**外乱特性**を調べることができます．実際に小球を台車に衝突させると，小球が下の板の部分に衝突した場合には，棒を立てたまま保つことができることが多いでしょう．しかし，棒の部分に衝突した場合，たいていは棒が倒れてしまいます．さまざまな実験をして，どのくらい耐性があるかを試してください.

　プロジェクトを構成するスクリプトは，以下のようになっています.

- Agent.cs
  抽象的な Agent クラス．Agent の状態の取得や，Agent の行動を行う．主に継承して用いる.
- NNBrain.cs
  抽象的なニューラルネットワークの Brain クラス．状態を入力すると，行動が出力され

る．主に継承して用いる．

- NNEnvironment.cs
  ニューラルネットワークの環境クラス．さまざまなオブジェクトの管理，更新を行う．これを読むとプログラムの全体的な流れを掴みやすい．

- CartPoleAgent.cs
  Agentを継承したクラス．環境の状態を観測し，CartControllerを通じて行動を行う．

- CartController.cs
  CartPoleAgentから行動を受け取り，Cartオブジェクトに力を加える．

- NNBrain3D.cs
  NNBrainを継承したクラス．事前学習や，教師データの生成が実装されている．

- ScoreRecorder.cs
  スコアの保存を行うクラス．(エピソード数，エピソードのスコア，全エピソードの最良スコア) の形式で，CSVファイルに保存する．

- PositionRecorder3D.cs
  位置の保存を行うクラス．(エピソード数，x座標，y座標 z座標) の形式で，CSVファイルに保存する．

- BallGenerator.cs
  Stage2において，ボールの生成を行うクラス．

- BallController.cs
  Stage2において，ボールの表示，破壊を行うクラス．

- NN.cs
  ニューラルネットワークを実装したクラス．

- Matrix.cs
  行列計算を実装したクラス．NN.csで用いられる．

- Const.cs
  定数を定義したクラス．

以下では，台車が3次元で動くStage1のコードについて説明します．

Agentは一定時間おきにGetObservation関数を呼び出し，制御対象の状態を観測して現在の状態CurrentStateを更新します．CurrentStateの内容は，台車の座標・速度と棒の角度・角速度です．ゲームオーバーの判定もGetObservation関数内で行います．ゲームオーバー時にIsDone変数をTrueにして，NNEnvironmentにゲームオーバーを知らせます．ゲームオーバーの条件は，棒が上限角度（maxAngle）以上傾くか，台車が上限距離（maxDistance）の範囲外に出てしまうか，現在のステップ数（CurrentStep）が上限ステップ数（maxStep）を超えてしまうかです．

プログラム 4.1 ● CartPoleAgent3D.cs 内の GetObservation

```
1   // 現在の CartPole の状態を観測
2      // CurrentState を更新する
3      private void GetObservation(){
4          // CurrentState の更新
5          currentState[CO.StateX]        = cartRb.position.x - startPosi
    tions[0].x; // startPositions[0]: CartRb の初期位置
6          currentState[CO.StateY]        = cartRb.position.y - startPosi
    tions[0].y;
7          currentState[CO.StateZ]        = cartRb.position.z - startPosi
    tions[0].z;
8          currentState[CO.StateVelX]     = (currentState[CO.StateX] - la
    stPositionX) / Time.deltaTime;
9          currentState[CO.StateVelY]     = (currentState[CO.StateY] - la
    stPositionY) / Time.deltaTime;
10         currentState[CO.StateVelZ]     = (currentState[CO.StateZ] - la
    stPositionZ) / Time.deltaTime;
11         (currentState[CO.StateAngX], currentState[CO.StateAngZ]) = GetA
    ngle();
12         currentState[CO.StateAngVelX]  = (currentState[CO.StateAngX] -
     lastAngleX)   / Time.deltaTime;
13         currentState[CO.StateAngVelZ]  = (currentState[CO.StateAngZ] -
     lastAngleZ)   / Time.deltaTime;
14
15         // 終了条件をみたしているかチェック
16         if(currentState[CO.StateX]    < -maxDistance || maxDistance < c
    urrentState[CO.StateX])   IsDone = true;
17         if(currentState[CO.StateY]    < -maxDistance || maxDistance < c
    urrentState[CO.StateY])   IsDone = true;
18         if(currentState[CO.StateZ]    < -maxDistance || maxDistance < c
    urrentState[CO.StateZ])   IsDone = true;
19         if(currentState[CO.StateAngX] < -maxAngle    || maxAngle    < c
    urrentState[CO.StateAngX]) IsDone = true;
20         if(currentState[CO.StateAngZ] < -maxAngle    || maxAngle    < c
    urrentState[CO.StateAngZ]) IsDone = true;
21         if(currentStep > maxStep) IsDone = true;
22
23         // 直前の状態の更新
24         lastPositionX = (float)currentState[CO.StateX];
25         lastPositionY = (float)currentState[CO.StateX];
26         lastPositionZ = (float)currentState[CO.StateZ];
27         lastAngleX   = (float)currentState[CO.StateAngX];
28         lastAngleZ   = (float)currentState[CO.StateAngZ];
29
30     }
```

NNEnvironment は GetState 関数を呼び出すことで Agent の状態を読み出すことができま

す．このとき，GetState 関数は CurrentState をそのまま返すのではなく，NormalizeState 関数を使って正規化された CurrentState を返します．正規化とは，数値が一定の範囲（この場合では −1 から +1 の範囲）に収まるようにして各値のスケールをそろえる操作です．正規化処理によってニューラルネットワークへの入力のスケールを揃えたほうが，効率良く学習を行えることが知られています．スケールがばらばらだと，数字の大きなデータの重要性を高く捉えてしまい，学習を妨げやすいからです．このプログラムの NormalizeState 関数では，台車の座標と棒の角度を，それぞれ距離・角度の絶対値の上限（maxDistance，maxAngle）で割ることで −1 から +1 の範囲に収めます．速度と角速度も同じように距離・角度の絶対値の上限で割ります．しかしながら，速度と角速度の値は必ずしも −1 から +1 の範囲には収まらないことに注意してください．

プログラム 4.2 ● CartPoleAgent3D.cs 内の NormalizeState

```
1      // CartPole の状態を [-1,1] の範囲に収まるように正規化する
2      // ただし，位置と角度と同じスケールなので，速度と角速度は必ずしも
       [-1,1] の範囲には収まらない
3      // 入力：CartPole の状態 double の配列
4      // 出力：[-1,1] の範囲に収まるように正規化した配列 double の配列
5      private double[] NormalizeState(double[] state){
6          double[] normalized = new double[10];
7          normalized[CO.StateX]      = state[CO.StateX]      / maxDistance;
8          normalized[CO.StateY]      = state[CO.StateY]      / maxDistance;
9          normalized[CO.StateZ]      = state[CO.StateZ]      / maxDistance;
10         normalized[CO.StateVelX]   = state[CO.StateVelX]   / maxDista
       nce;
11         normalized[CO.StateVelY]   = state[CO.StateVelY]   / maxDista
       nce;
12         normalized[CO.StateVelZ]   = state[CO.StateVelZ]   / maxDista
       nce;
13         normalized[CO.StateAngX]   = state[CO.StateAngX]   / maxAngle;
14         normalized[CO.StateAngZ]   = state[CO.StateAngZ]   / maxAngle;
15         normalized[CO.StateAngVelX] = state[CO.StateAngVelX] / maxAngl
       e;
16         normalized[CO.StateAngVelZ] = state[CO.StateAngVelZ] / maxAngl
       e;
17         return normalized;
18     }
```

　台車を直接操作するコントローラー CartController に指令された行動を，AgentAction 関数で伝えることによって行動を遂行します．Stage1 では一定時間おきに力を加えて台車を動かすことができます．また，台車に加える力の大きさを −1 から +1 の実数値で指定します．

　NNBrain.cs はニューラルネットワークとそれを学習するための Learn 関数を含みます．ニューラルネットワークの入力は GetState 関数で得られた台車と棒の状態です．出力は AgentAction 関数で指令する行動です．台車と棒の状態の入力に対してとるべき行動を得る

には，NN クラスで実装される順伝播を用います（NNBrain.GetAction 関数）．

プログラム 4.3 ● NNBrain.cs 内の Learn

```
1    // ニューラルネットワークの学習
2    public void Learn(double[] prevAction, double[] state){
3        double[] trainData = MakeTrainData(prevAction, state);
4        nn.BackPropagate(trainData);
5    }
```

　教師データの生成は MakeTrainData 関数で行います．実際にとった行動と，その結果の台車と棒の状態から，とるべき行動を推定し，教師データとします．教師データの生成方法として単純なのは，棒が右に傾いていたら台車を右に押すのが足りていなかったと考え，実際にとった行動よりも右に押す力を大きくしたものを教師データとするものです．これを式で表すと，次のようになります．

$$F_{true} = F_{prev} + k \cdot \theta \tag{4.15}$$

F_{true} がとるべきであった行動（力の大きさ）であり，F_{prev} は実際にとった行動，θ は棒の角度，k は調節可能な係数です．台車を押す力は -1 から $+1$ の実数としているので，F_{true} を -1 から $+1$ の値に丸めて教師データとします．

　以上を実装したのが NNBrain1D.cs の TrainDataFunc1 関数です．しかし，この関数では棒を倒さないようにすることは学習できますが，台車が移動可能範囲外に出てゲームオーバーになることは防げません．そこで，このプロジェクトでは，教師データの生成に TrainDataFunc1 関数ではなく，TrainDataFunc3 関数を使っています．

　TrainDataFunc3 は TrainDataFunc1 と同様の関数ですが，入力として棒の角度の情報だけでなく台車の座標・速度の情報も使います．これにより，棒を倒さないようにしつつ，台車を移動可能範囲の中央あたりにとどまらせることを学習できるようになります．ただし x, z 方向の速度があると学習が安定しないため，これらは考慮していません．

プログラム 4.4 ● NNBrain3D.cs 内の TrainDataFunc1

```
1    // 棒の角度が垂直になるようにする
2    private double[] TrainDataFunc1(double[] prevAction, double[] state){
3        // 角度
4        double targetAngleX = 0.0;
5        double targetAngleZ = 0.0;
6        double errorAngleX = state[CO.StateAngX] - targetAngleX;
7        double errorAngleZ = state[CO.StateAngZ] - targetAngleZ;
8
9        // 教師信号の生成
10       double[] trainData = new double[3];
11       trainData[CO.ACTION_X] = prevAction[CO.ACTION_X] + trainParamK1 * errorAngleX;
```

```
12            trainData[CO.ACTION_Y] = prevAction[CO.ACTION_Y];
13            trainData[CO.ACTION_Z] = prevAction[CO.ACTION_Z] + trainParamK1
   * errorAngleZ;
14            trainData[CO.ACTION_X] = Mathf.Clamp((float)trainData[CO.ACTION
   _X], -1.0f, 1.0f);
15            trainData[CO.ACTION_Y] = Mathf.Clamp((float)trainData[CO.ACTION
   _Y], -1.0f, 1.0f);
16            trainData[CO.ACTION_Z] = Mathf.Clamp((float)trainData[CO.ACTION
   _Z], -1.0f, 1.0f);
17            return trainData;
18        }
```

　台車を実際に動かしてニューラルネットワークを訓練させる前に，制御対象についての直感的な知識を使った事前学習を行います．これにより，本番の学習の初期段階でも棒が倒れる方向に台車を押すなどの好ましくない挙動はほとんどしなくなり，学習が効率的に行われます．この倒立振子の問題では，棒が右に傾いていたら台車を右に押し，左に傾くなら左に押せばいいことが直感的にわかっています．そこで，ランダムに生成した台車と棒の状態をニューラルネットワークの入力として，出力が入力の角度（を -0.5 から $+0.5$ の範囲に丸めたもの）と等しくなるように事前学習させています．教師データを -0.5 から $+0.5$ の範囲に丸めているのは，台車を大きすぎる力で押すと棒が倒れてしまうという経験的知識からです．なお，x, z 方向については角度を用いて，y 方向については座標を用いて，事前学習が行われています．

プログラム 4.5 ● NNBrain3D.cs 内の PreTrain

```
1  // 事前学習
2     // x，z 方向は棒の倒れている向きに，y 方向は y 座標が0となる向きに
3     // カートを押すようにランダムな入力を用いて学習する
4     public override void PreTrain(){
5         for(int i = 0; i < preTrainNum; i++){
6             double[] inputs = new double[10];
7             for(int j = 0; j < 10; j++) inputs[j] = Random.Range(-1.0f,
   1.0f);
8             // 値を [-0.5, 0.5] の範囲に制限(あまり大きな力を加えると
   棒が倒れるため)
9             double[] outputs = new double[3] {
10                Mathf.Clamp((float)( inputs[CO.StateAngX]), -0.5f, 0.5
   f),
11                Mathf.Clamp((float)(-inputs[CO.StateY])    , -0.5f, 0.5
   f),
12                Mathf.Clamp((float)( inputs[CO.StateAngZ]), -0.5f, 0.5
   f)
13            };
14            nn.BackPropagate(inputs, outputs);
15        }
16    }
```

NNEnvironment.csでは，一定時間おきにAgentUpdate関数を呼び出すことで，状態の観測，ニューラルネットワークの学習，行動の決定と実行を繰り返します．

プログラム 4.6 ● NNEnvironment.cs 内の AgentUpdate

```
1     // エージェントの1ステップ
2     // エージェントの状態（座標など）の取得，ニューラルネットワーク
  の学習，とるアクションの決定
3     private void AgentUpdate(){
4         // エージェントの状態（座標など）の取得
5         double[] currentState = learningAgent.GetState();
6
7         // 前回とったアクションとその結果（現在の状態）を用いて
  ニューラルネットワークを学習する
8         // isLearning が false なら学習はしない
9         if(learningAgent.IsLearning){
10            nnBrain.Learn(prevAction, currentState);
11        }
12
13        // 現在の状態をニューラルネットワークに入力して
  とるアクションを決定する
14        double[] action = nnBrain.GetAction(currentState);
15        // Debug.Log($"{currentState[0]}, {action[0]}");
16        learningAgent.AgentAction(action);
17
18        // 状態とアクションの記録
19        prevState = currentState;
20        Array.Copy(action, prevAction, action.Length);
21    }
```

Unity の画面上では，hierarchy ウィンドウでオブジェクトを選択すると，Inspector ウィンドウを通じて，オブジェクトにアタッチされた script のパラメータを編集することができます．より詳しくは以下のようになっています．

- CartPole オブジェクトを選択すると，CartPoleAgent.cs の次のパラメータを編集することができる（図4.8 (a) の右参照）．
    - IsLearning：学習を行うか
    - MaxDistance：x, y, z 座標の絶対値の上限
    - MaxStartAngle：初期状態における棒の傾きの大きさの上限
    - MaxStep：ステップ数の上限
- CartPole オブジェクトの子オブジェクト Cart を選択すると，CartController.cs の次のパラメータを編集することができる．
    - MaxForce：台車（下の板の部分）に加える力の大きさの上限
- Environment オブジェクトを選択すると，NNBrain3D.cs の次のパラメータを編集するこ

とができる（図 4.8 (b) の右参照）.

- HiddenSize：ニューラルネットワークの隠れ層のサイズ
- HiddenLayers：ニューラルネットワークの隠れ層の数
- LearningRate：学習率
- EnablePreTrain：事前学習を行うか
- PreTrainNum：事前学習を行う回数
- TrainParamK1：教師データの作成に用いるパラメータ（棒の角度情報の重み）
- TrainParamK2：教師データの作成に用いるパラメータ（台車の位置情報の重み）
- TrainParamK3：教師データの作成に用いるパラメータ（台車の速度情報の重み）

- ScoreRecorder オブジェクトを選択すると，ScoreRecorder.cs の次のパラメータを編集することができる.
  - RecordScore：スコアを保存するか
  - ScoreDir：スコアの保存先のディレクトリ
- PositionRecorder オブジェクトを選択すると，PositionRecorder3D.cs の次のパラメータを編集することができる.
  - RecordPosition：台車の位置を保存するか
  - PositionDir：台車の位置の保存先のディレクトリ
- Stage2 に限り，MainCamera オブジェクトの子オブジェクト BallGenerator を選択すると，BallGenerator.cs の次のパラメータを編集することができる.
  - NormForce：ボールに加える力の大きさ

なお，このプロジェクトでは以下の機能も実装されています.

- 各エピソードのスコアを CSV ファイルに記録する機能（ScoreRecorder.cs）
- 台車の位置を CSV ファイルに記録する機能（PositionRecorder3D.cs）

この機能を用いて状況の観測ができるので，学習アルゴリズムの改良に役立つでしょう.

■ **4.5　ディープラーニング**

　一時期バックプロパゲーションなどで隆盛を極めた感のあるニューラルネットワークですが，1990 年代の半ばを過ぎると閉塞感が漂いはじめ，2 度目の春も終わりを迎えました．主な原因は以下のものでした.

- バックプロパゲーションは隠れ層の層数が大きくなると効率的でなく，**過学習を抑えられ**ない
- 層数やノード数のパラメータをどのように設定すればいいかの指標がない

その結果として理論的な研究が先走りすぎて，真に有用な応用例が見つからなくなってしまい

ました.

　それに対してのブレークスルーが，今世紀の初頭ころから発表されました．それが層が深くても学習可能な**深層学習（ディープラーニング）**です．その精力的な研究グループがCIFAR[5]であり，中心人物はジェフリー・ヒントン（G. E. Hinton）です[6].　彼は2度目の春からずっとニューラルネットワークの研究をやり続けています．冬の時代もありましたが，決してわき目もふらず，捲土重来を期していた，その信念には敬服します．

　最近のディープラーニングの隆盛（ニューラルネットワークの3度目の春）は，明らかに時機が味方しました．それは，

- **ビッグデータ**の登場
- **GPU**などの高速な計算資源の利用可能性

です．こうして，過学習を起こさせないだけの膨大な計算量とデータを確保することができるようになりました.

4.6　ニューロ・ダーウィニズムとニューロ進化

　ニューロ・ダーウィニズム（Neural Darwinism）は，エーデルマン[7]が提唱したニューロ進化に関する関する考え方です [42].　その基本的な考え方は，ニューロン（神経細胞）に対する「Grow, then prune（育てよ．そして刈り込め）」というものです．より詳しく言えば，つぎのようになります（**図4.9**）.

　ニューロ・ダーウィニズム（Neural Darwinism）
- 多すぎるニューロンを作り，そのあとで使わないものを刈る.
- 基本方針は，使うか捨てるかである（use it or lose it）.

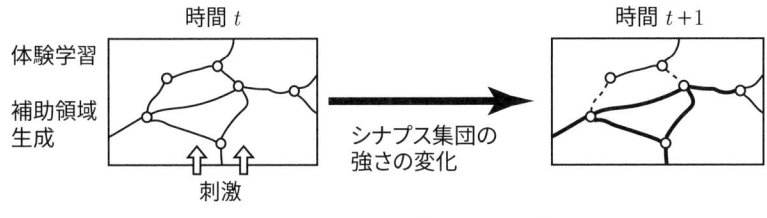

図4.9 ● ニューロ・ダーウィニズム

　この説によるニューロンの生き残りは，進化論における**適者生存**（survival of the fittest）に近いものです．実際に，大人よりも乳児において脳細胞は30〜60％以上多いことが知られ

---

5)　Canadian Institute for Advanced Research
6)　現在はGoogleにも在籍している.
7)　Gerald Edelman (1929-2014)：抗体分子の一次，二次構造の解明により，1972年にノーベル生理学・医学賞を受賞.

ています．動的なシナプスの活動が永続的な接続を強化し，記憶として蓄積させられるまで神経活動のパターンをコード化します．

　ニューロ・ダーウィニズムでは，学習の過程が神経系内部で起こる選択過程として説明されます．この理論が強調するのは，刺激と習慣が脳内の特定領域における接続を増やす方法です．つまり，あるタスクを練習することで，その特定のタスクに使われたニューラルネットワークが強化されます．学習に関する「**タスク特異性**」の考えはニューロ・ダーウィニズムにおいて重要です．すべてのスキルはタスク特異的であり，スキルの学習は特異的になされると考えられています．

　ニューロ・ダーウィニズムに基づく発生系における現象で，多くの神経構造が解明されています．たとえば，げっ歯類ではヒゲのならびに対応した配列と同じパターンを持つ**バレル構造**[8]が見つかっています [67]（**図 4.10**）．

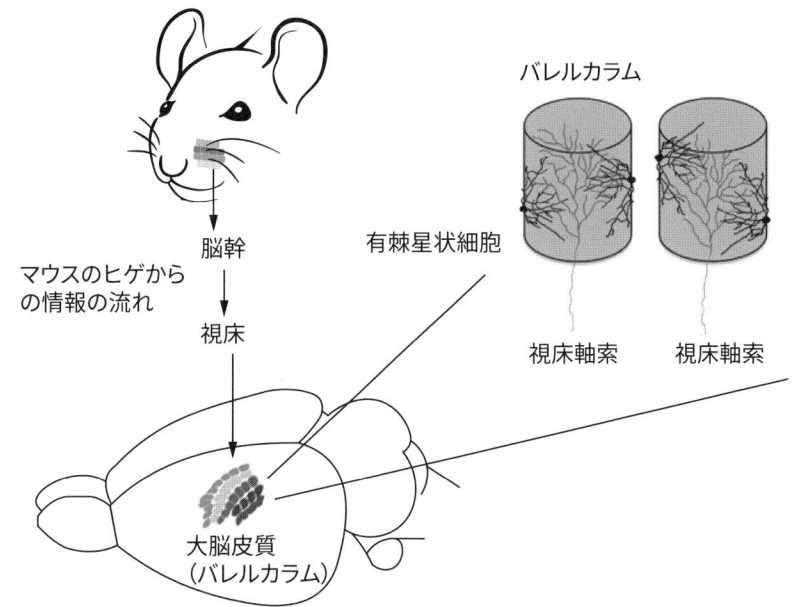

図 4.10 ● ヒゲのならびに対応した神経構造

　エーデルマンは，人間のゲノムは脳の全体構造をコード化するには小さすぎると述べています．つまり，すべてのニューロンの接続関係を記述するには，**ゲノム**の情報量では余りにも不十分なのです．このことから，遺伝子にコード化されているのは脳の構造ではなく，遺伝子発現により調節されてモデル化される脳の発達過程だとわかります．

　ニューロ・ダーウィニズムの考え方を用いて，ニューラルネットワークの学習と進化計算を統合したフレームワークが，第 3 章で説明した**進化型ニューラルネットワーク**（Evolutionary

---

8)　大脳において似た性質の神経細胞の集まる円柱状の領域．ネズミの感覚野ではヒゲの 1 本 1 本に対するコラムが存在するとされている．

Artificial NN，**EANN**）（29ページ参照）です．このアプローチはニューロ・エボルーション（**ニューロ進化**）と呼ばれています．進化型ニューラルネットワークの主要な特徴は，最適なネットワークを遺伝的に探索することです．それにより通常のニューラルネットワークの探索に伴う手間（試行錯誤によるネットワークを構築など）を省くことができます．さらに最近では，ディープニューロ進化と呼ばれる研究が盛んになされています．

　ディープラーニングでしばしば用いられる**畳み込みニューラルネットワーク**（Convolutional Neural Network，**CNN**）の特徴は，各種の機能を持つ層を組み合わせて，ブロックを積み重ねるようにネットワークを構築できることです．これまでの研究では，ネットワークの構造は人の手で経験的にデザインされてきました．その成功例としては，GoogLeNet[70] の inception module，ResNet[49] で導入された residual learning などがあります．しかしながら，どのようにネットワークを構成すれば，学習能力の高いネットワークが得られるかという点に関してはよくわかっていません．実際に，高度な学習能力を持つネットワークは層が深く複雑で，膨大な数のパラメータを含んでいます．特定のデータセットに対して最適な学習能力を発揮させるためには，試行錯誤や専門家の知識による職人芸的な調整が必要となっています．

　そのため，**メタヒューリスティックス**[9]や**進化計算**を用いて自動的にディープラーニングのネットワーク構造をデザインする方法が盛んに研究されており，この手法を**ディープニューロ進化**と呼んでいます．ディープニューロ進化の利点は，ネットワークの構造に関する事前情報がほとんどなくても，単純なネットワークから徐々に複雑なネットワークへと探索を進められることです．さまざまな要素技術の組合せの中から，特定の画像認識において学習能力の高いネットワークの構造を自動的に獲得します．たとえば，PSO[10]を用いて CNN のニューロ進化を実現したり，LSTM（Long Short Term Memory）を ACO[11]で最適設計する手法が提案され，ゲーム AI や飛行機の振動予測などの問題で有効性が確かめられています [43, 48, 55]．

■ **4.7**　**エアーホッケーで AI と対戦してみよう**

　エアーホッケーでは，スマッシャーと呼ばれる器具を用いて盤上のパックを打ち合い，パックを相手のゴールに入れて得点を競い合います．本節では，AI にスマッシャーをコントロールさせてみましょう（**図 4.11**）．以下で説明する Unity プロジェクト（`AirHockey.zip`）では，自分の位置，パックの位置，敵の位置を入力とし，自分の動作（速度ベクトル）を出力としたニューラルネットワークを微分進化（5.3 節参照）で学習させます．

　このプログラムでは個体それぞれが行動を決定するニューラルネットワークを持っています．また，ニューラルネットワークは実数の配列（遺伝子型）として保存されています．この

9）　生物や物理現象をもとに構成された探索手法・AI 技法のこと．進化計算，焼きなまし法，ニューラルネットワーク，強化学習なども広い意味ではメタヒューリスティックスである．これらは進化論，物理現象，脳の可塑性，行動主義などをもとにしている．

10）　Particle Swarm Optimization．7.5 節参照．

11）　Ant Colony Optimization．6.3 節参照．

遺伝子型のベクトルに対して微分進化を実行します（**図 4.12**）.

　微分進化の管理は DEEnvironment が行っています. まず, DEEnvironment が個体 1,
個体 2, 個体 3 をランダムに選びます. それぞれの遺伝子型を x_1, x_2, x_3 とします.
DEEnvironment は NNBrain に x_1, x_2, x_3 を送り, NNBrain が $x_{child} = x_1 + F(x_3 - x_2)$ を計
算します（式 (5.10) 参照）. これが子供の遺伝子型となります（**図 4.13**）.

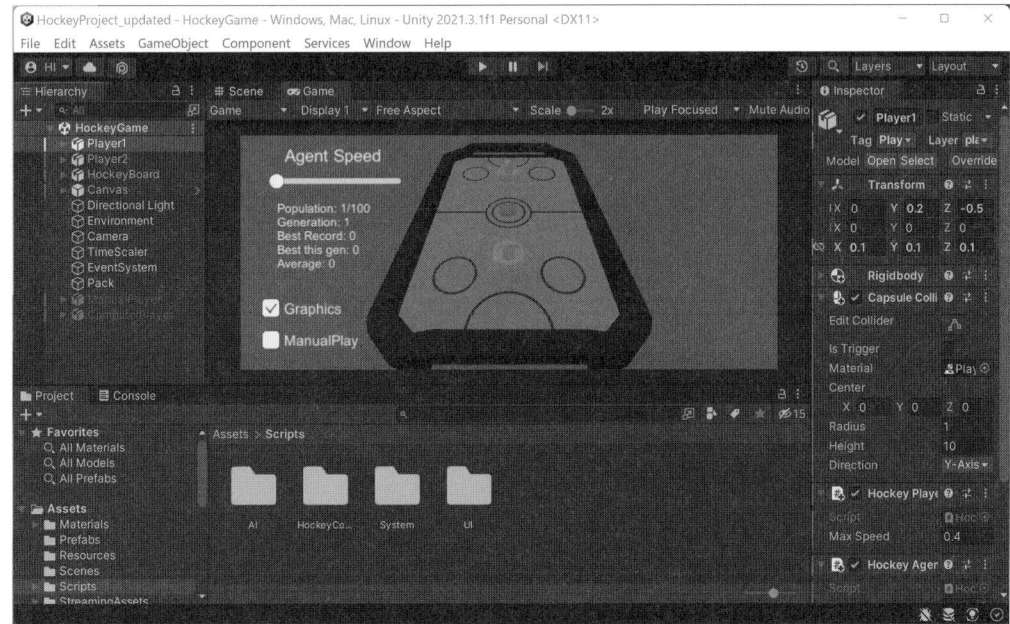

図 4.11 ● エアーホッケーの概観

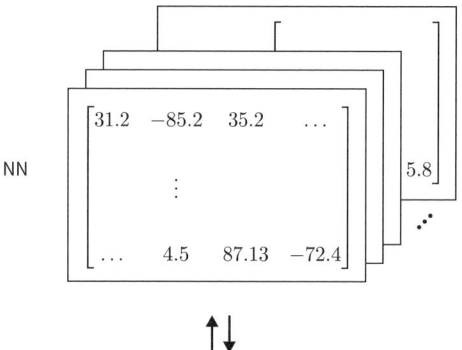

$$\text{NN}$$

遺伝子型 $\quad \boldsymbol{x}_1 = [31.2, -85.2, 35.2, \dots, 5.8]$

図4.12 ● エアーホッケーの遺伝子型

　なお，このプロジェクトでは交叉率 crossRate（104ページ参照）が定められており，その割合の子供が新しい遺伝子型を持ちます．その他の子供は，親の遺伝子型をそのまま引き継ぎます．これを繰り返し，デフォルトでは100個の子供を生成する設定になっています．

プログラム 4.7 ● DEEnvironment.cs 内の GenPopulation

```
1   /***********************************************/
2   /* DE(Differential Evolution) + EliteSelection */
3   /*        新しい世代を DE の手法で生成する          */
4   /***********************************************/
5      private void GenPopulation() {
6          var children = new List<NNBrain>();
7          for (int i = 0; i < TotalPopulation; i++) {
8              /*** 親と子とを比較し，報酬が高い方を残す ***/
9              /*** Keep Child-Indiv When It Is Better Than Parent ***/
10             if (parentBrains[i].Reward <= childBrains[i].Reward) {
11                 parentBrains[i] = childBrains[i];
12             }
13         }
14
15         /****** Sort Parents *****/
16         // 親を報酬が高い順にソートする
17         parentBrains = parentBrains.ToList();
18         parentBrains.Sort(CompareBrains);
```

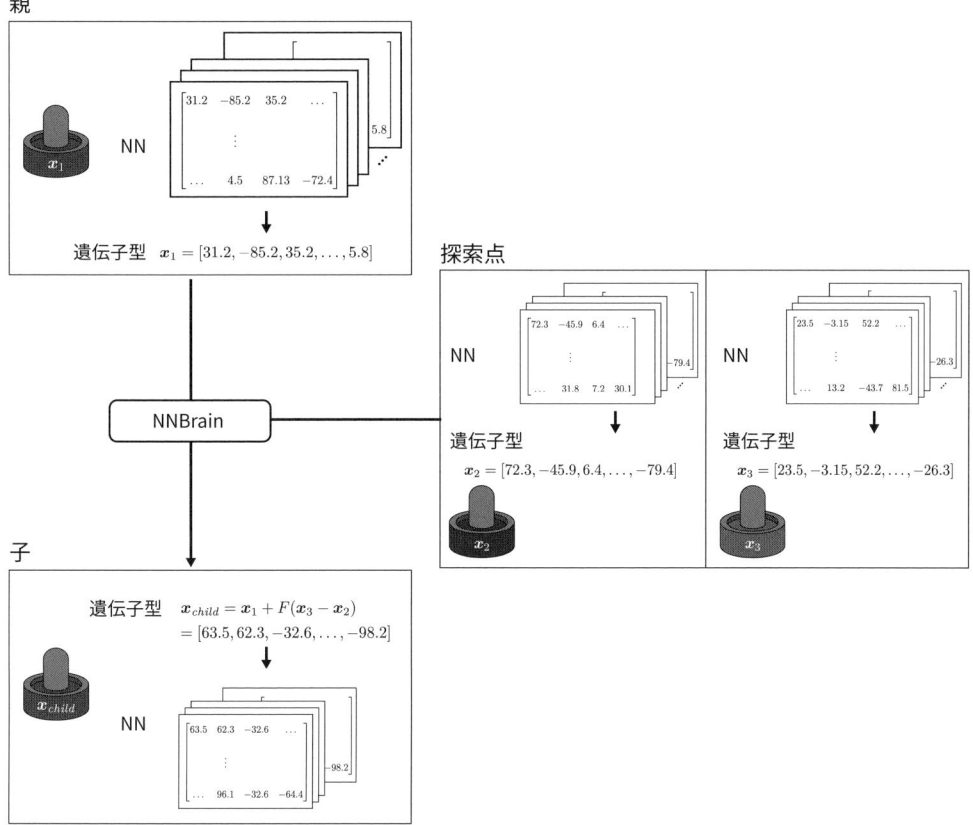

図 4.13 ● 交叉のようす

```
19        //File.WriteAllText("BestBrain.json", JsonUtility.ToJson(parent
   Brains[0]));
20        parentBrains[0].Save("./Assets/BestBrain.txt");
21
22        /***** EliteSelection *****/
23        // 最も成績が良かった親の子は親と同じ
   ニューラルネットワークを持つ
24        int ElitePop = 1;
25        for (int i = 0; i < ElitePop; i++) {
26            children.Add(parentBrains[i]);
27        }
28
29        /****************************/
30        /***** Main DE Operation *****/
31        /*****    微分進化計算    *****/
32        /****************************/
33        for (int i = 0; i < TotalPopulation-ElitePop; i++) {
34            // 親となる個体を選ぶ
35            int ind1 = UnityEngine.Random.Range(0, TotalPopulation);
```

```
36              // 探索点となる二つの個体を選ぶ
37              int ind2 = UnityEngine.Random.Range(0, TotalPopulation);
38              int ind3 = UnityEngine.Random.Range(0, TotalPopulation);
39              // x_child = x1 + F ( x3 - x2 ) を計算する
40              NNBrain child = parentBrains[i].DE(parentBrains[ind1], pare
   ntBrains[ind2], parentBrains[ind3], mutationScalingFactor, crossRate);
41              // x_child を DNA として持たせる
42              children.Add(child);
43          }
44          childBrains = children;
45          for (int i = 0; i < TotalPopulation; i++) {
46              childBrains[i].Reward = 0;
47          }
48
49          Generation++;
50      }
```

エアーホッケーの対戦は次のように進行します.

DEEnvironment は HockeyAgent を呼んでボードの状態やプレイヤの位置などの情報を取得し, その情報を NNBrain に送ります. NNBrain は個体のニューラルネットワークの情報を有し, 受け取ったボードの状態と個体のニューラルネットワークを使ってプレイヤが次に取るべき行動 action を計算して返します. このプログラムでは, action はプレイヤの速度ベクトルとして伝えられます.

プログラム 4.8 ● NNBrain.cs 内の Predict

```
1   // ボードの状態を input としてニューラルネットワークに入力し,
   出力となる行動を計算する
2   public double[] Predict(double[] inputs) {
3       var output = new Matrix(inputs);
4       var result = new double[OutputSize];
5       for(int i = 0; i < HiddenLayers + 1; i++) {
6           output = output.Mul(Weights[i]);
7           var b = Biases[i];
8           if(i != HiddenLayers) {
9               for(int c = 0; c < b.Colmun; c++) {
10                  output[0, c] = Tanh(output[0, c] + b[0, c]);
11              }
12          }
13          else {
14              for(int c = 0; c < b.Colmun; c++) {
15                  output[0, c] = output[0, c] + b[0, c];
16              }
17          }
18      }
19      for(int c = 0; c < OutputSize; c++) {
```

```
20              result[c] = output[0, c];
21          }
22          return result;
23      }
```

　ニューラルネットワークの**順伝播**のための NNBrain.Predict 関数の動作は次のようになっています．まず，double 型の配列 inputs から行列を作り，第 0 層から第 1 層への重み行列 Weights[0] との積をとります．バイアスベクトル Bias[0] を各成分に足して，活性化関数に通します．ここでは活性化関数に tanh を用いています．この操作を出力層に至るまで繰り返します．ただし，出力層を計算するときは，活性化関数を通しません．

　DEEnvironment は返ってきた action を HockeyAgent に送り，その行動を取るように指示します．HockeyAgent は受け取った action を HockeyPlayer に送り，実際に Unity 上でプレイヤの位置を移動させます．

　HockeyAgent はボードの状態をもとに個体に対して報酬を求めます．報酬の値は以下のように計算されます（**図 4.14**）．

- 1 フレームごとに，パックの正面にいるほど報酬を与える
- ゴールを決めると大きな報酬（1000）を与える
- ゴールが決められると大きな報酬（1000）を引く
- パックを相手の陣地に押し出すと報酬を与える

この操作を繰り返すことで対戦が進行します．時間切れになると対戦が止まり，二つの個体の報酬値（適合度）が決まります．これを繰り返し，すべての個体についての適合度を求めます．

プログラム 4.9 ● HockeyController.cs 内の AgentAction

```
1      // action を受け取り，プレイヤを動かし，報酬をセットする
2      public override void AgentAction(double[] action) {
3          // 時間切れなら何もしない
4          if (TimeUp) { return; }
5          // コントローラーに Action を渡す
6          action[1] *= ModeSign;
7          PlayerController.Move(action);
8
9          // 時間を更新
10         BattleTime += Time.fixedDeltaTime;
11
12         // パックの正面にいればいるほど報酬を追加
13         AddReward(1-Mathf.Abs(Pack.transform.position.x - transform.pos
    ition.x));
14
15         // ゴールを決めるとプラスの報酬
16         if ((ModeSign == 1 && Pack.transform.position.z > 1.03f) || (Mo
    deSign == -1 && Pack.transform.position.z < -1.03f) ) {
```

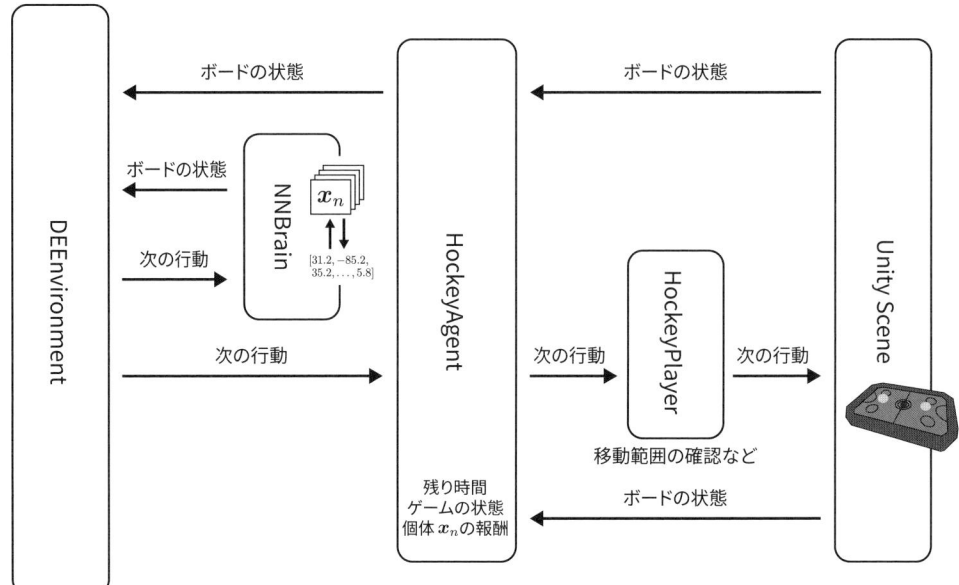

図 4.14 ● HockeyAgent における報酬

```
17              GoalCounter++;
18              AddReward(1000);
19              AgentReset();
20              TimeUp = true;
21              gameState = "GetPoint";
22              return;
23          }
24          // ゴールが決められるとマイナスの報酬
25          if ((ModeSign == 1 && Pack.transform.position.z < -1.03f) || (M
    odeSign == -1 && Pack.transform.position.z > 1.03f) ) {
26              GoalCounter++;
27              AddReward(-1000);
28              AgentReset();
29              TimeUp = true;
30              gameState = "LosePoint";
31              return;
32          }
33
34          // パックを押し出すことへの報酬
35          if (HitPack) {
36              AddReward(pack_rb.velocity.z * ModeSign * 10);
37              HitPackCounter--;
38          }
39          if (HitPackCounter == 0) {
40              HitPack = false;
41              HitPackCounter = 10;
```

```
42            }
43
44            // 時間切れ判定
45            if(BattleTime > maxBattleTime) {
46                GoalCounter++;
47                AgentReset();
48                TimeUp = true;
49                return;
50            }
51
52            // 試合終了判定
53            if (GoalCounter >= 7) {
54                AgentReset();
55                TimeUp = true;
56                Done();
57                GoalCounter = 0;
58                return;
59            }
60        }
```

　最後に，すべての個体について親と子の適合度を比較し，子供のほうが高い場合は子供の遺伝子型を，そうでない場合は親の遺伝子型を残します．

　プロジェクトの各モジュールの詳細は，以下のようになっています．

- /Assets/Scripts/AI/DEEnvironment.cs
  Agent と Brain を管理し，一定期間ごとに Agent と Brain を更新します．fixedUpdate() はフレームごとに呼ばれる関数です．

- /Assets/Scripts/HockeyController/HockeyAgent.cs
  ボードの状態を観測し，必要な情報（自分の位置，敵の位置，パックと自分の位置の差）を取得します．また，action を受け取って HockeyPlayer.cs に渡します．ゲームの残り時間も管理します．ボードの状態に従い個体の適合度を管理します．

- /Assets/Scripts/HockeyController/HockeyPlayer.cs
  action を受け取り，実際にパックを移動させます．受け取った action が陣地を出たり，制限速度を超えたりしたならば，動きを制限します．

- /Assets/Scripts/AI/NNBrain.cs
  ボードの状態を入力として受け取り，ニューラルネットワークを使って次に取るべき行動を計算します．

- /Assets/Scripts/HockeyPlayer/ManualPlayer.cs
  ManualPlay のときにのみ使われます．キーボードやマウスからの入力に従ってプレイヤを動かします．

- /Assets/Scripts/HockeyPlayer/ComputerPlayer.cs

  ManualPlay のときにのみ使われます．それまでに学習した NNBrain のうち最も成績の良かったニューラルネットワークを使ってプレイヤと対戦します．

Unity Editor 上での操作は次のように行います．

Scene を実行するために，Project タブの Assets ＞ Scenes から HockeyGame をダブルクリックして開きます（**図 4.15**）．次に，画面上部の再生ボタンを押すと学習が始まります．学習中には Game 画面に表示されるスライダでプログラムの実行速度を調整できます．コンピュータへの負荷を少なくしたい場合には，描画をオフにすることもできます（**図 4.16** 参照）．

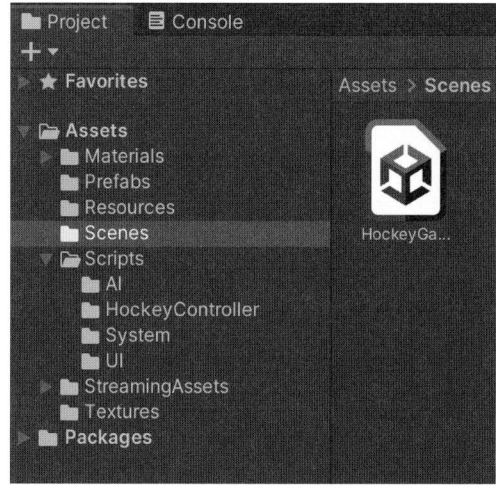

図 4.15 ● Scenes の HockeyGame

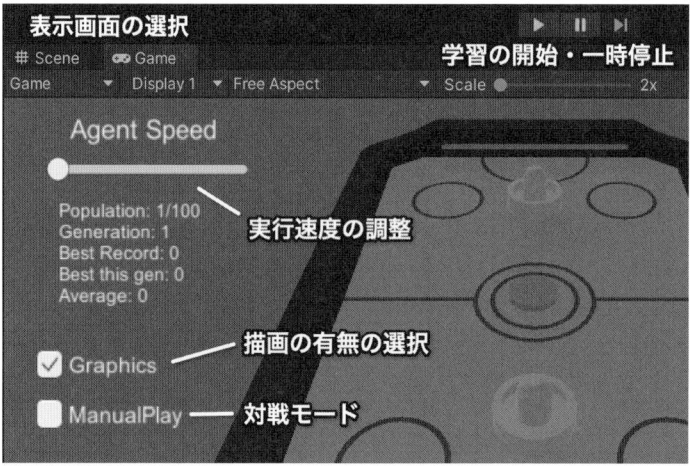

図 4.16 ● 実行時の表示画面

　ManualPlay がオフであれば Player1 と Player2 が対決しそれぞれが学習します．そのため Population が 2 ずつ増えます．ManualPlay をオンにすると，その時点の学習での最良のニューラルネットワークが制御する ComputerPlayer とキーボードなどで操作するプレイヤが対決するモードとなります．

　Hierarchy > Environment を選択すると，**図 4.17** の画面が表示されます．このときには**表 4.3** のパラメータが設定できます．また，Hierarchy > Player1，Player2 を選択すると，**図 4.18** の画面が表示され，**表 4.4** のパラメータが設定できます．

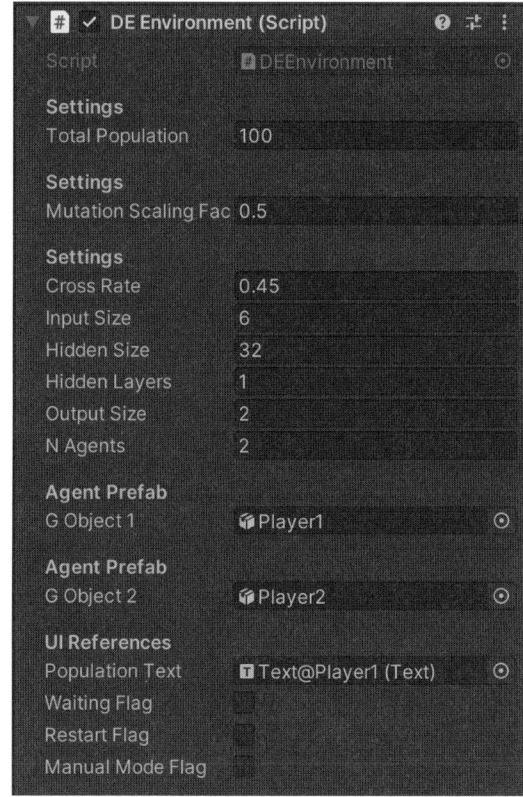

図 4.17 ● Environment のパラメータ

表 4.3 ● Environment のパラメータ

パラメータ	説明
Total Population	1 世代ごとの個体数
Mutation Scaling Factor	スケーリングファクタ F（式（5.10）参照）
CrossRate	交叉率
Input Size	入力層のサイズ（6） ・自分の x 座標 ・自分の z 座標 ・自分とパックの x 座標の差 ・自分とパックの z 座標の差 ・相手の x 座標 ・相手の z 座標
Hidden Size	隠れ層のサイズ
Hidden Layers	隠れ層の数
Output Size	出力層のサイズ（2） ・移動の速度ベクトルの x 成分 ・移動の速度ベクトルの z 成分
N Agents	2（同時に対戦するプレイヤ数，2 で固定）
Waiting Flag Restart Flag Manual Mode Flag	Agent によって試合の管理に利用される変数

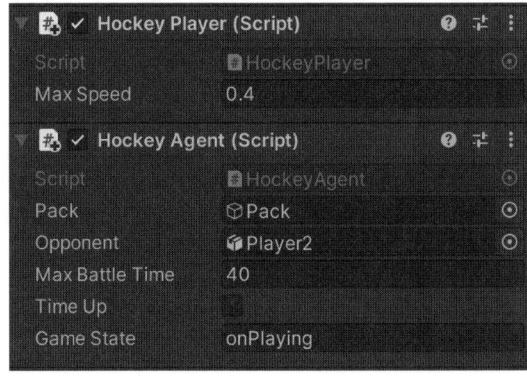

図 4.18 ● Player1，Player2 のパラメータ

表 4.4 ● Player1，Player2 のパラメータ

パラメータ	説明
Max Speed	プレイヤの動くことができる速さの上限
Max Battle Time	試合時間の上限

なお，実行時には以下の点に注意してください．

- 再生ボタンを押しても動かない
  Agent Speed が 0 になっている可能性がある．少し上げてみるとよい．
- 学習速度が遅い
  Agent Speed が高すぎると，計算が追いつかず逆に遅くなってしまうことがある．
- ManualPlay ボタンが押せない
  学習を始めてしばらく経ってから押してみる．
- ManualPlay でパックを動かせない
  使用できるのは矢印キーではなく，キーボードの WASD である．マウスでの操作は速度制限がないため簡単に勝利してしまうので，キーボードでの操作を推奨する．

■ 演習問題

演習問題 4.1 ★

　教師データの生成に使う TrainDataFunc3 関数では，調節可能な変数が三つ使われています．これらが 1，0.1，0.05 のときは棒を倒さないようにある程度学習できます．

```
[SerializeField] private double trainParamK1 = 1.0;
[SerializeField] private double trainParamK2 = 0.1;
[SerializeField] private double trainParamK3 = 0.05;
```

しかしここから大きく変更した値にすると棒が倒れてしまいます．どのようなパラメータ値のときにうまく学習できるのかを探してみましょう．

演習問題 4.2 ★★

　Stage1 と Stage2 の両環境ともに，すぐに棒を倒さないように学習できます．ただし，Stage2 では教師データの生成に角度以外の情報を使っていないため，台車の移動範囲は広くなってしまいます．できるだけ移動しないような教師データを生成する関数を設計してください．

演習問題 4.3　　　　　　　　　　　　　　　　　　　　★★

　倒立振子のプロジェクトでは事前学習をすることで，より迅速に棒を倒さないように学習できました．一方，事前学習なしでも最終的には棒を倒さないように学習できます．ただし，ニューラルネットワークの重みの初期値によっては，棒がすぐ倒れてしまって学習が進みづらいことがわかります．事前学習なしのプロジェクトを作成し，事前学習ありの学習結果と比べてみましょう．

演習問題 4.4　　　　　　　　　　　　　　　　　　　★★★

　エアーホッケーの学習を自分で作成し，すでに実装されている AI（ニューロ進化）や人間と対戦してみましょう．例えば，Q 学習やバックプロパゲーションによるニューラルネットワーク学習が考えられます．対戦によって性能（強さ）を比べてみましょう．NEEnvironment，NERuntime，QEnvironment，QBrain などは現在使われていませんが，この部分に実装した学習モジュールを記述するとよいでしょう．

演習問題 4.5　　　　　　　　　　　　　　　　　　　★★★

　第3章で説明した自動運転のタスクに対して，バックプロパゲーションによるニューラルネットワーク学習をする Unity プロジェクトを作成してください．他の手法（Q 学習とニューロ進化）と性能を比べてみましょう．対戦プロジェクトの一つとして競争させてみましょう．

第 5 章

進化するプログラム

進化は，ウェットウェア（生物という装置）に実装された確率的な山登りアルゴリズムだといえる．（イアン・スチュアート，『不確実性を飼いならす—予測不能な世界を読み解く科学』[4, p. 384]）

■ 5.1　進化ってなんだろう

　進化するために必要な条件は何かを考えてみましょう．当たり前のことですが，1 匹（1 人）では進化はできません．しばしば 1 匹の怪獣が次第に強暴に「進化」する映画や，大リーグで「進化」したとされる日本人選手のニュースがありますが，それは間違いです．正確には環境に適応していったというべきでしょう．つまり進化するには集団が必要です．そしてその集団は，

- 各メンバーは子孫を作ることができる（**自己増殖**）
- その子供は，親の特徴を受け継ぎ，一部を変化させている（**変容性**）
- 環境に適応したものが生き残りやすい（**適者生存**）

という特性を持っていなくてはなりません．これらの特性があると必ず進化するわけではありませんが，それを持たない集団が進化を達成することは難しいでしょう．例えば哲学者のダニエル・デネット[1]は，複製，変容（**突然変異**），競合（異なる適合度）の三つの要素があるところでは，進化が起こり得ると指摘しています [18]．

　進化論的手法は，生物の進化のメカニズムをまねてデータ構造を変形，合成，選択する工学的手法です．この方法により，最適化問題の解法や有益な構造の生成を目指します．

　このような考えに基づいて計算システム（進化型システム）を実現するのが**進化計算**

---

1)　Daniel Clement Dennett III (1942–)：アメリカ合衆国の哲学者，認知科学者．人工知能，心の哲学，進化論に関しての数々の著書があり，挑戦的で興味深い議論を行っている．『思考の技法』[19] は人工知能と人工生命を研究するための必読書．

（Evolutionary Computation, **EC**）の目的です．その代表例が，本章で説明する**遺伝的アルゴ
リズム**（Genetic Algorithm, **GA**）と**遺伝的プログラミング**（Genetic Programming, **GP**）
です．GA とは，主に最適化に EC を利用する手法です．GP については 5.6 節で説明します．
進化論的手法の基本的なアイディアはそれほど目新しいものではなく，家畜の育種方法や工学
的な設計などにおいて，さまざまに利用されています．

　フランスの文化人類学者であるクロード・レヴィ＝ストロース[2]は，『野生の思考』[10] のな
かで，「**ブリコラージュ**」と呼ばれる概念を提唱しました．これは，余り物や端切れを使って，
本来の目的とは関係なく役立つ道具をつくることで，人類が古くから持っていた知のあり方
です．ブリコラージュとは，寄せ集めて自分で作り，ものを修繕することを意味します．レ
ヴィ＝ストロースは，近代以降の西洋的なエンジニアリング思考を「栽培された思考」と呼
び，ブリコラージュが近代社会にも通用する普遍的な知性だとしました．本書で説明する進化
計算やメタヒューリスティックスは，ブリコラージュの例とも考えられます．

　進化計算で扱う情報は，**PTYPE** と **GTYPE** の二層構造からなっています．GTYPE（遺
伝子コードともいい，細胞内の染色体に相当する）は遺伝子型のアナロジーで，低レベルの局
所規則の集合です．これが後に述べる EC のオペレータの操作対象となっています．PTYPE
は表現型（発現型）であり，GTYPE の環境内での発達に伴う大域的な行動や構造の発現を表
します．環境に応じて PTYPE から適合度（fitness value）が決まり，そのため選択は PTYPE
に依存します（**図 5.1**）．なおしばらくは，適合度は大きい数値ほど良いとしましょう．した
がって，適合度が 1.0 と 0.3 の個体では前者のほうが環境により適合し，生き残りやすくなり
ます（ただし本書の他の部分では小さい数値のほうが良い場合もあります）．

2）　Claude Lévi-Strauss (1908–2009)：フランスの社会人類学者．構造主義の祖とされる．未開社会の神話のもつ
　構造が数学における群論の変換群と類似することや，未開の人々が独自の思考を持つことを明らかにし，従来の西
　洋中心的な歴史観を批判した．

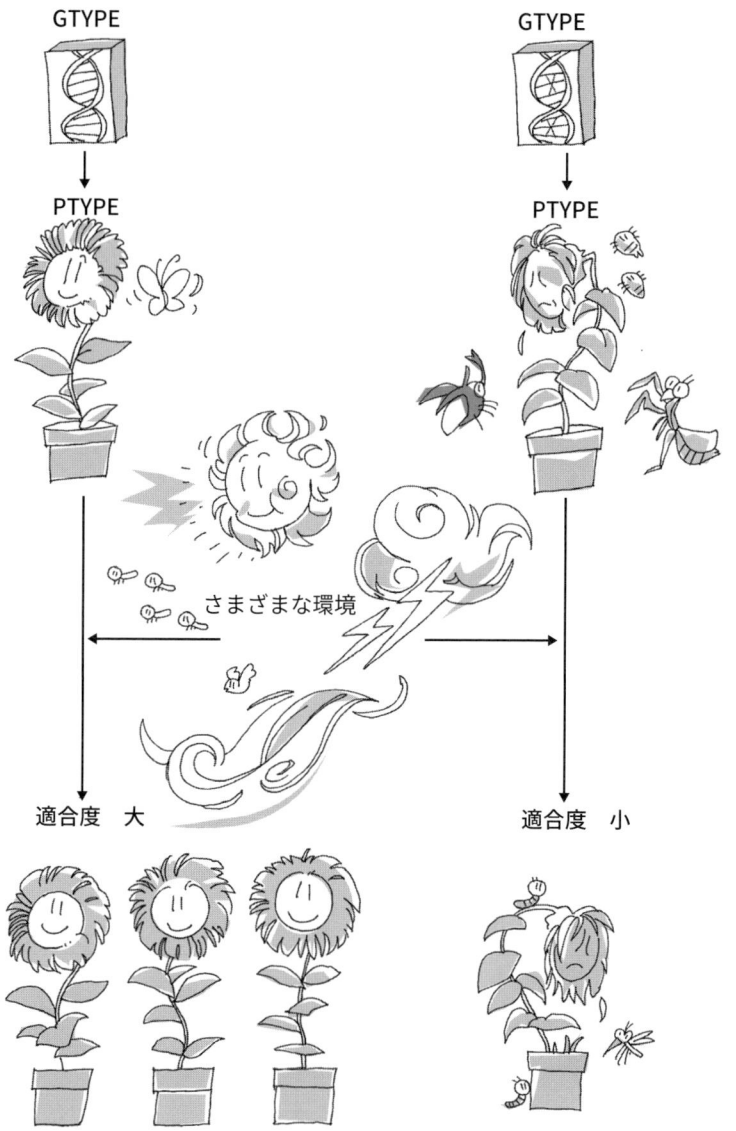

図 5.1 ● GTYPE と PTYPE

　この表現をもとに，EC の基本的なしくみを説明しましょう（**図 5.2**）．何匹かの猫集団を構成します．これを世代 t の猫としましょう．この猫はおのおの GTYPE として遺伝子コードを有し，それが発現した PTYPE に応じて適合度が決まっています．適合度は図では丸のなかの数値として示されています（大きいものほどよいことを思い出してください）．これらの猫は生殖活動（recombination, reproduction）を行い，次の世代 $t+1$ の子孫をつくり出します．生殖に際しては適合度の良い（大きい）ものほど，よりたくさん子孫をつくりやすいように，そして適合度の悪い（小さい）ものほど死滅しやすいようにします（これを生物学用語で選択

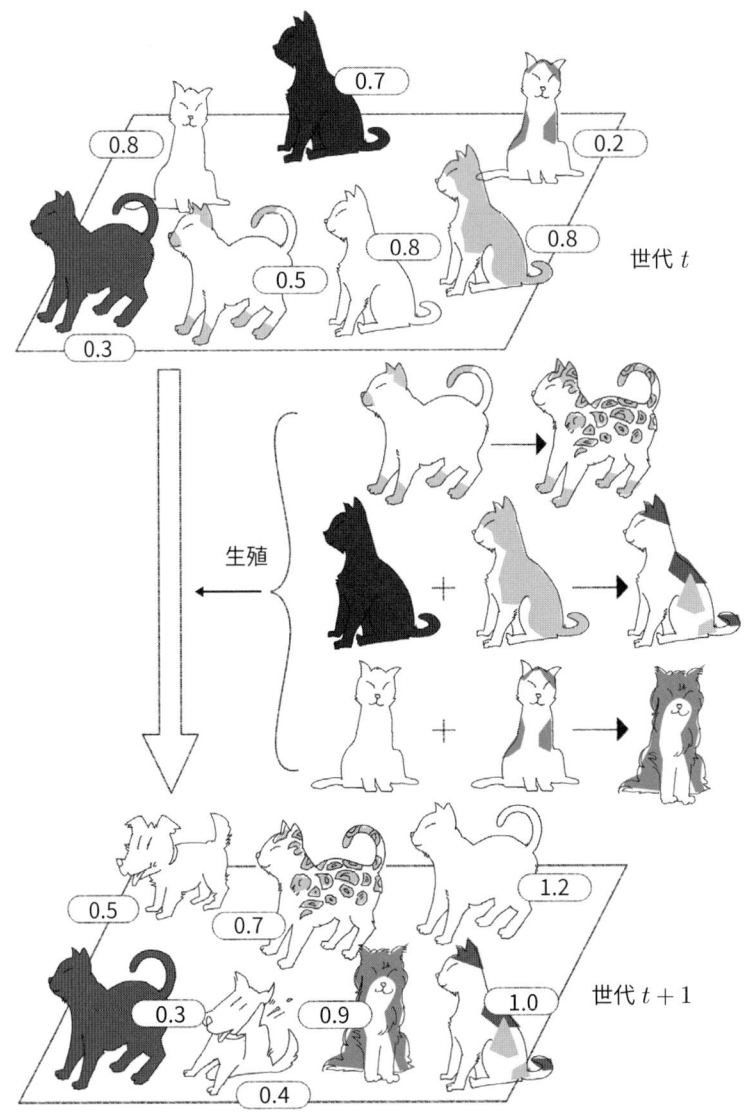

世代 t

生殖

世代 $t+1$

図5.2 ● 進化計算のイメージ

もしくは淘汰といいます）．図では，生殖によって表現型が少しずつ変わっていくようすが模式的に描かれています．この結果，次の世代 $t+1$ での各個体の適合度は前の世代よりもよいことが期待されます．そして，集団全体として見た時の適合度が上がっているでしょう．同様にして，$t+1$ 世代の猫たちが親となって $t+2$ 世代の子孫を生みます．これを繰り返していくと世代が進むにつれ，しだいに集団の中に良い個体が生成されていく，というのが EC の基本的な仕組みです．

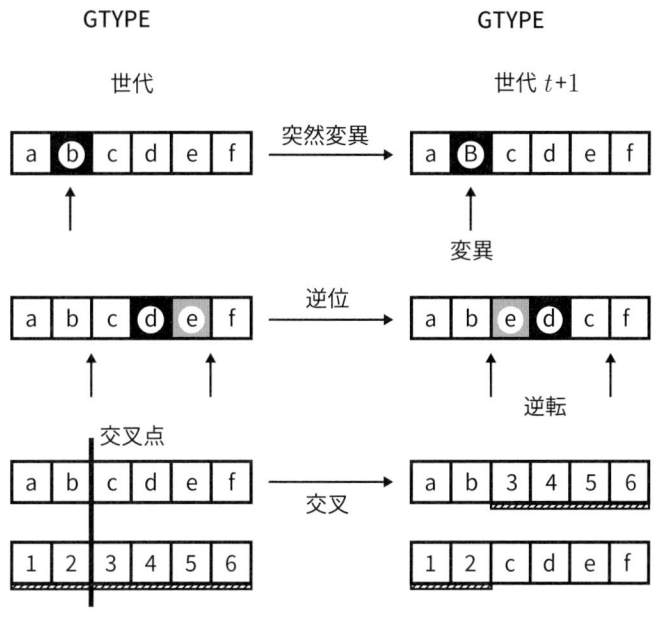

図 5.3 ● 遺伝的オペレータ

　生殖の際には GTYPE が単にコピーされるのではなく，**交叉**，**逆位**（有性生殖のとき），**突然変異**などが起こり，GTYPE が変化（変容）します．これらの変化の作用素を遺伝的オペレータと呼びます．**図 5.3** には 1 次元の文字列を GTYPE とした場合の遺伝的オペレータを示しています．各オペレータは生物における遺伝子の組換え，突然変異などのアナロジーです．これらのオペレータの適用頻度，適用部位は一般にランダムに決定されます．なお厳密に言えば，図 5.3 の交叉は，交叉点が一つなので一点交叉と呼ばれています．交叉には，次のようなバリエーションがあります．

1. 一点交叉（one-point crossover）
2. 複数点（n 点）交叉（n-point crossover）
3. 一様交叉（uniform crossover）

一点交叉はすでに説明したものです（**図 5.4**(a)）．n 点交叉は交叉点が n 個あるもので，$n = 1$ の場合が一点交叉に相当します．この交叉法では，交叉点の間で交互に片方の親から遺伝子を受け継ぎます．図 5.4(b) は $n = 3$ の場合を示しています．$n = 2$ の二点交叉がしばしば用いられます．一様交叉は任意個の交叉点を取れるような交叉法で，0，1 からなるビット列のマスクを用いて実現します．まずこの**マスク**にランダムに 0，1 の文字列を発生させます．交叉は次のように行います．二つの親を A，B とし，つくるべき子供を a，b とします．このとき，a の遺伝子は，対応するマスクが 1 のときは親 A から受け継ぎ，マスクが 0 のときは親 B から受け継ぎます．逆に b の遺伝子は，マスクが 0 のときは親 A から受け継ぎ，マスクが 1 のときは

親Bから受け継ぎます（図5.4（c）).

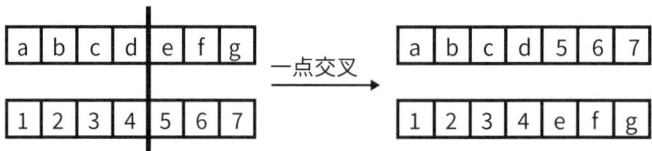

（a）一点交叉

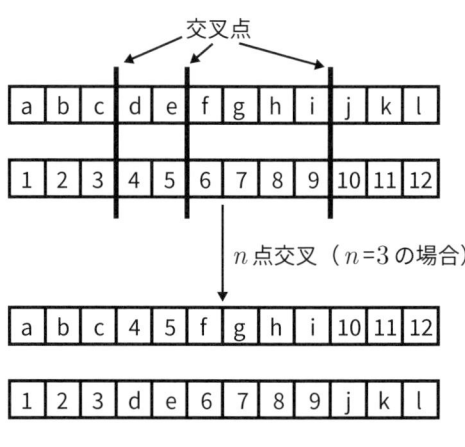

（b）n点交叉

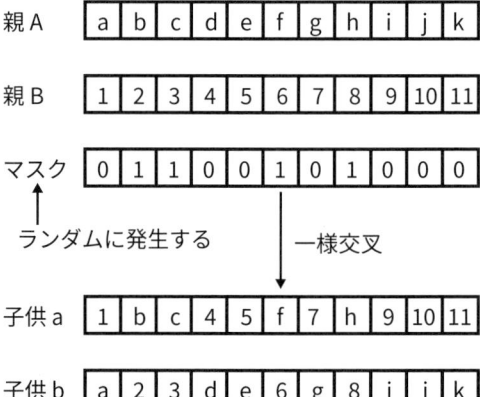

	マスクが0	マスクが1
子供aの遺伝子	親Bから	親Aから
子供bの遺伝子	親Aから	親Bから

（c）一様交叉

図5.4 ● いろいろな交叉

ECの基本的な流れをまとめると，次のようになります（**図5.5**）．まず初期世代のGTYPE
の集合 $\{g_0(i)\}$ をランダムに生成します．GTYPEの集合 $\{g_t(i)\}$ をある世代 t における個体群
としましょう．おのおのの $g_t(i)$ の表現型 $p_t(i)$ に対して環境内における適合度（fitness）$f_t(i)$
が決定されます．遺伝的オペレータは，一般に適合度の大きなGTYPEに適用され，その結果
生成された新たなGTYPEは適合度の小さなGTYPEと置き換えられます．以上によって適
合度による選択を実現し，次の世代 $(t+1)$ のGTYPEの集合 $\{g_{t+1}(i)\}$ が生成されます．その
後，同様にしてこれらの過程は繰り返され，集団としてみると望ましい個体が獲得されていき
ます．

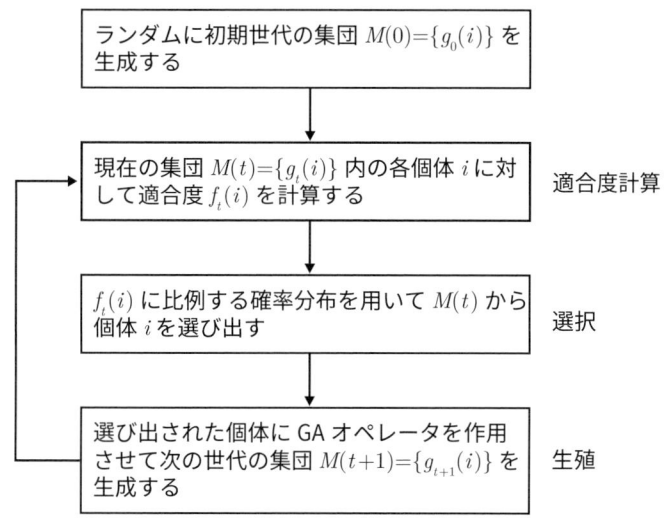

図5.5 ● 進化計算の基本的な流れ

ECでは，適者生存（survival of the fittest）の原則を実現して，適合度が良いものほど，よ
り多産で生き残りやすいように集団内の個体を選択します．選択法としては，通常以下の二つ
の方式が使われます．

1. **ルーレット方式**（roulette strategy）
   適合度に比例した割合で選択する方法．一番単純な実現法は重み付けのルーレットによ
   る．これは適合度に比例した領域を持つルーレットを回し，ルーレットの玉が入った領域
   の個体を選び出すことで行う．探索の初期など個体間で適合度に差があまりない場合や，
   逆に突出した成績の個体がある場合には，適当なスケーリング（重みづけの調整）を行う
   必要がある．さもないと淘汰圧がうまく働かない．

2. **トーナメント方式**（tournament strategy）
   集団のなかから一定数（**トーナメントサイズ**と呼ばれる）の部分集団をランダムに選び出
   して，その中で一番良いものを（トーナメント方式で）選択する．この過程を集団数が得
   られるまで繰り返す．

　ルーレットとトーナメントによる選択方法では，親の候補はあくまで確率的に選ばれるので，最良個体が次の世代に残されるとは限りません．選択で親の候補として残ったとしても，それらに突然変異や交叉がほどこされることもあります．したがって世代を経るにつれ必ずしも成績があがるわけではありません．これに対して各世代で最良個体（あるいは成績上位の数個体）を必ず次世代に残す方法があります．これを**エリート戦略**と呼んでいます．このエリートには交叉も突然変異も適用されず，単にコピーされるだけです．つまり適合度関数が同じであれば，前の世代での成績が次の世代でも最低限保証されます．ただし，探索の初期段階からエリートを重視し過ぎると進化が停滞し，最適解が得られないこともあります．

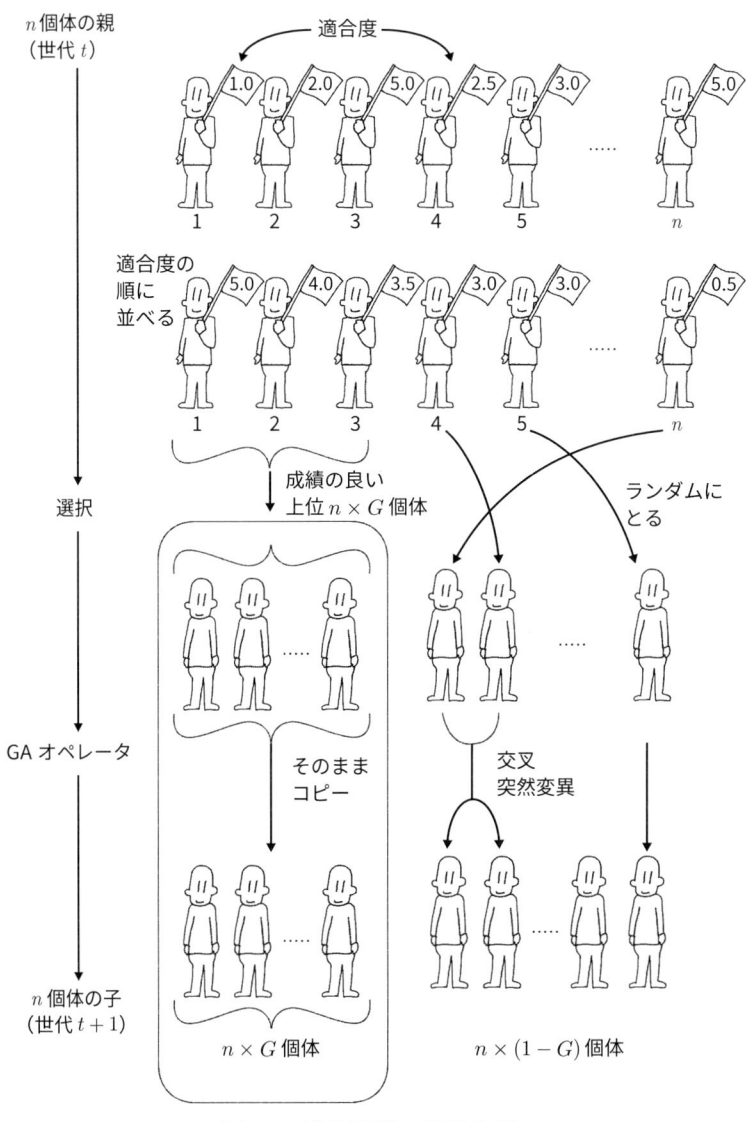

図 5.6 ● 進化計算の世代交代

以上をまとめると，ECでの世代交代は**図5.6**のようになります．図でGが**エリート率**（コピーして残す成績上位個体の割合）です．$1 - G$のことを**生殖率**と呼ぶことがあります．

■ **5.2** 進化計算のしくみ

以下のような問題を考えましょう．

$$f(x_1, x_2, \ldots, x_m) \quad \Rightarrow \quad \text{最大化（または最小化）} \tag{5.1}$$

$$f \text{ は実数値をとる関数である．} \tag{5.2}$$

$$\text{各 } x_i \text{ は } a_i \leq x_i \leq b_i \text{ をみたす実数である．} \tag{5.3}$$

$$\text{ただし，} a_i, b_i \text{ は定数とする．} \tag{5.4}$$

これは実数値の領域で定義された関数fを最適化する（最適値を求める）問題です．後でみるように幅広い応用範囲があります．なお，fのことを生物学からの用語の転用で**適合度ランドスケープ**（fitness landscape，**適合度地形**）と呼びます[3]．最適化を幾何学的にいえば，ある地形のなかで一番高い山頂（または一番低い谷底）を見つけることです．つまり，適合度ランドスケープとは，遺伝子型に対する適合度（生殖の成功率）を視覚化したものと考えられます．

まず，このような**最適値**（optimum value）の探索について説明しましょう．探索は「山の頂上に登る」ということにたとえられます．ここでの目標は一番高い山の頂上に登ることです．ただし，地図や地形に関する事前の知識は持っていないとします．例えば日本という範囲を限定すれば，富士山の頂上に登ったときに正解（＝最適解）が得られたと考えられます．一方，筑波山などの他の山の頂上に登ったときは失敗です．これを局所解といいます（**図5.7**）．「山に登る」ことが一般の探索と同じであるというのは，次のような**制約付き最大値探索**の意味からです．

$$x \in X \text{ 内で } \max_x \{f(x)\} \text{ を与える } x \text{ を求めよ．} \tag{5.5}$$

つまり，$f(x)$の最大値を与えるxを領域Xの中で求めるというものです．今の例では，$X = $日本，$f(x) = x$の標高，となります．なお，最小値を探索する問題もありますが，このときは

$$\min_x \{f(x)\} = \max_x \{-f(x)\} \tag{5.6}$$

となるので，最大値問題に置き換えられることがわかります．つまり，探索問題は「山を登る」という問題として考えられるのです．

では，最適値探索において何が問題となるかを考えてみましょう．当然ながら肝心なのは「最適値を正しく，しかも早く見つけられるか」ということです．逆に言うと，これが満たされない場合，探索は失敗に終わります．失敗する主な原因は「最適値ではない解を見いだして終わる」です．最適値ではない解（不要な解）を**局所解**（local optimum）と呼びます．最大

---

3) 代表的な例としては図7.22を参照．

図 5.7 ● 山登りのイメージ

値（最も高い山の頂上）を見いだすのが探索の目的ですが，探索手法が悪いと**極大値**（中くらいの高さの丘の頂上）を見つけて探索は終わってしまいます．このような現象を**早熟な収束**（premature convergence）と呼び，最もやっかいな問題の一つです．これを回避する手法が，さまざまに提案されています．

　最適値の探索問題を解くための EC として，実数値をそのまま遺伝子として扱う**実数型EC**（real-valued EC，real EC）が用いられています．以下では，この EC について説明しましょう．

　実数型 EC のアイディアは簡単です．先に述べた最適化問題 $f(x_1, x_2, \ldots, x_m)$ の遺伝子型GTYPE は，次のようになります．

$$x_1, x_2, \ldots, x_m \tag{5.7}$$

つまり，単に m 個の実数値をそのまま並べたものが遺伝子型です．当然，PTYPE（表現型）は GTYPE そのものです．また適合度としては関数値 $f(x_1, x_2, \ldots, x_m)$ をそのまま用います．

　このとき交叉は二つの親の座標を交換します．例えば

```
P1: x1,x2,..xi,xi+1,..xm
P2: y1,y2,..yi,yi+1,..ym
```

の二つの親から一点交叉で生まれた子は

```
C1: x1,x2,..xi,yi+1,..ym
```

```
C2: y1,y2,..yi,xi+1,..xm
```

となります．ここで交叉点は i 番目と i+1 番目の座標の間とします．交叉点は必ず座標と座標の間に入ることに注意してください．

2次元（$m = 2$）のときの一点交叉の様子を**図5.8**に示しました．図からわかるように実数型 EC の交叉では，最初の i 個の次元と，後の m-i の次元上に定義される超平面の交わり部分上に子供が生まれます．同様にして，二点交叉，一様交叉も定義できます．

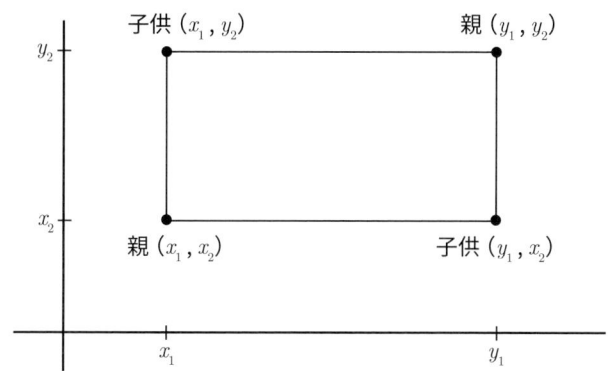

図 5.8 ● 実数値 EC の一点交叉

一方，突然変異は次のように定義されます．まず親 P に対して突然変異を適用する座標（xi）をランダムに決めます．

```
P: x1,x2,..xi,..xm
```

そして xi をランダムな値に変異させます．ただし変数の定義域 xi $\in [a_i, b_i]$ を守るように注意します．

```
C: x1,x2,..xi',..xm
```

実数値 EC では交叉や突然変異にさまざまな方法が提案されています．実は，これまでに述べた交叉オペレータはあまり良い方法でありません（説明の単純化のため採用しました）．その理由を説明しましょう．**図5.9**を見てください．ここで図の楕円を目的関数の標高線（関数値が同じ値の稜線）とします．いま最適値が楕円の中心であるとして，点1と点2が図の位置にあるとしましょう．最適値に向かって楕円が谷のようになっていると仮定します．いずれの点も，最適値からそれほど悪くない値です．このとき，さきほどの交叉を実行すると，生み出される子は親よりも必ず悪いことになります．これは一点，二点，一様交叉のどれでも生じる問題です．

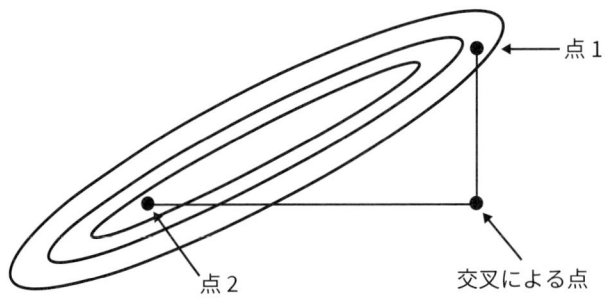

点 1

点 2

交叉による点

図 5.9 ● 一点交叉の問題

　こうした問題を解決するために，さまざまな交叉や突然変異のオペレータが提案されています．以下ではその代表例を説明します．ここでは，

$$x_1, x_2, \ldots, x_m \tag{5.8}$$

という m 次元の座標値からなる遺伝子を考えます．

1. **実数値 EC の突然変異：**
   親 P に対して突然変異を適用する座標 (x_i) をランダムに決めます．そして x_i を以下で述べる UD 法や ND 法によってランダムな値に変異させます．ただし x_i の定義域を守るように注意します．

   (a) Uniform distribution（**UD 法**）
   一様乱数によって突然変異を起こします．手順は次の通りです．選ばれた変数の定義域を [X_MIN, X_MAX] とし，親個体の現在値を x とします．
   - まず方向（正か負か）を 1/2 の確率で選びます．
   - それが正のとき，区間 $[x, \min(x+\text{M}, \text{X\_MAX})]$ 内から子個体を一様ランダムに選びます．
   - 負のとき，区間 $[\max(\text{X\_MIN}, x-\text{M}), x]$ 内から子個体を一様ランダムに選びます．
   ただし M はランダムの振れ幅です．これは世代に応じて適応的に変えることも可能です．

   (b) Normal distribution（**ND 法**）
   正規分布によって突然変異を起こします．このとき用いられる正規分布の平均値は x，分散は SD^2 です．ただし親個体の現在値を x とします．変数の定義域を超えて生成された個体は範囲内に収められます．SD はユーザが定義する値です．

2. **実数値 EC の交叉：**
   (a) **線形交叉**
   二つの親個体をベクトルとして見て，$\boldsymbol{P}_1$ と $\boldsymbol{P}_2$ としましょう．このとき三つの新し

い点，

$$\frac{1}{2}\boldsymbol{P}_1 + \frac{1}{2}\boldsymbol{P}_2$$

$$\frac{3}{2}\boldsymbol{P}_1 - \frac{1}{2}\boldsymbol{P}_2$$

$$-\frac{1}{2}\boldsymbol{P}_1 + \frac{3}{2}\boldsymbol{P}_2$$

をとり，この中で最良の二つを子供として採用するものです．このうち最初の点は二つの親の平均です．そのため平均オペレータとも呼ばれています．

(b) BLX-α（ブレンド交叉）

二つの親個体の座標値を a, b としましょう．このとき子個体を区間 $[A, B]$ から一様乱数で決定します．ここで，

$$A = \min(a, b) - \alpha d$$

$$B = \max(a, b) + \alpha d$$

$$d = |a - b|$$

とします．ただし α はユーザが定義するパラメータです．

(c) UNDX

両親を結ぶ直線上および，その近傍に，両親と第3の親によって決まる正規分布にしたがって子を生成します．第3番目の親個体は，正規分布の標準偏差を決定するために用いられます．より詳細には，以下のような方法を用います（**図5.10**）．

i. 3個の親を $\boldsymbol{x}^1, \boldsymbol{x}^2, \boldsymbol{x}^3$ とする．

ii. 親 $\boldsymbol{x}^1, \boldsymbol{x}^2$ の中点を $\boldsymbol{x}^p = (\boldsymbol{x}^1 + \boldsymbol{x}^2)/2$ とする．

iii. 親 $\boldsymbol{x}^1, \boldsymbol{x}^2$ の差ベクトルを $\boldsymbol{d} = \boldsymbol{x}^1 - \boldsymbol{x}^2$ とする．

iv. 親 $\boldsymbol{x}^1, \boldsymbol{x}^2$ を結ぶ直線を主探索直線と呼び，親 $\boldsymbol{x}^3$ から主探索直線までの距離を D とする．

v. 子 $\boldsymbol{x}^c$ を以下の式に従って生成する．

$$\boldsymbol{x}^c = \boldsymbol{x}^p + \xi\boldsymbol{d} + \sum_{i=1}^{n-1} \eta_i D \boldsymbol{e}_i, \tag{5.9}$$

$$\xi \sim N(0, \sigma_\xi^2), \quad \eta_i \sim N(0, \sigma_\eta^2)$$

ここで，n は探索空間の次元を，$N(0, \sigma^2)$ は平均 0，分散 σ^2 の正規分布を，$\boldsymbol{e}_i$ は主探索直線に直交する部分空間の正規直交基底ベクトルを，それぞれ表します．

(d) CMA-ES

CMA-ES（**共分散行列適応進化戦略**, Covariance Matrix Adaptation Evolution Strategy）[47] は，正規分布 $N(\boldsymbol{m}, \sigma^2\boldsymbol{C})$ から解の候補をいくつか取り出し，それぞれを評価した結果に基づいて平均 $\boldsymbol{m}$ と分散共分散行列 $\boldsymbol{C}$ の更新を繰り返して最適解を見つける手法です．解候補の生成に用いる正規分布の共分散行列を学習することで，

　ノイズの多い関数の最適化に対して効率的な探索が可能となっています. CMA-ES は多くの実際的な分野で活用され, 最近では深層学習や強化学習との統合も報告されています.

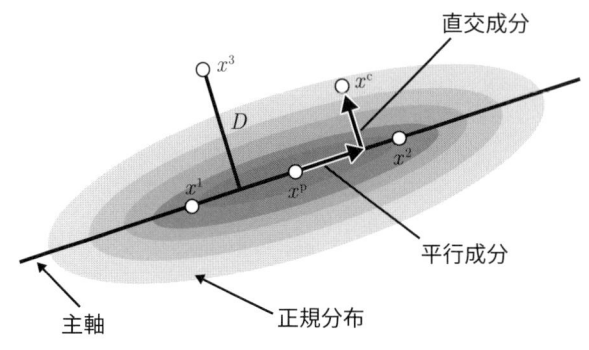

図 5.10 ● UNDX による交叉

　これらの遺伝的オペレータの適用は確率的に制御されます. とくに, 交叉を適用する確率を**交叉率**, 突然変異を適用する確率を**突然変異率**と呼びます.

　進化計算（EC）は, さまざまな問題（組合せ最適化やパラメータ調整など）に適用できます. 一般に,

1. GTYPE と PTYPE（エンコードとデコード）
2. 適合度
3. 遺伝的オペレータ
4. 各種パラメータ（交叉率, 突然変異率, 最大世代数, 集団数など）
5. 終了条件

を設計すれば, 基本的にはどのような問題に対しても EC を適用することができます.

　これまでに説明したことからわかるように, 進化は適合度ランドスケープ上の最適化問題としてモデル化できます. ただし, 実際の生物ではランドスケープは固定ではありません. 生物はランドスケープの最適値（頂点）を探索しながら, 同時に地形を変革していきます. 時間がたつにつれ, 他の種の生物も進化するため, 地形そのものも変わっていくのです.

∎ **5.3**　微分進化

　微分進化（Differential Evolution, **DE**[69]）[4] は実数値型進化計算の一種で, 非線形問題, 微分可能でない関数の最適化, 多峰性問題など, さまざまな問題に有効なことが知られています.

4）　差分進化とも呼ばれる.

DE における遺伝子型は実数ベクトル（探索空間上の点）です．DE の実行手続きを**図 5.11**と**図 5.12**に示します．

Step 1 初期集団のランダムな実数ベクトル集合を生成する．ここで集団数を N，各個体を $\boldsymbol{x}_i$ $(i = 0, 1, \ldots, N-1)$ と表す．

Step 2 現在の集団（親集団）からランダムに 3 個体を選び，$\boldsymbol{x}_{r1}$，$\boldsymbol{x}_{r2}$，$\boldsymbol{x}_{r3}$ $(r1, r2, r3 \in \{0, 1, \ldots, N-1\})$ とする．突然変異後の個体 $\boldsymbol{v}_i$ を次のように生成する．

$$\boldsymbol{v}_i = \boldsymbol{x}_{r1} + F \times (\boldsymbol{x}_{r2} - \boldsymbol{x}_{r3}) \qquad (F \text{ は定数}) \tag{5.10}$$

$\boldsymbol{x}_{r1}$ を基準ベクトル，$\boldsymbol{x}_{r2} - \boldsymbol{x}_{r3}$ を差分ベクトルと呼ぶ．

この過程を N 回繰り返し，N 個の個体 $\boldsymbol{v}_0, \ldots, \boldsymbol{v}_{N-1}$ を生成する．

Step 3 子供の集団 $\boldsymbol{u}_i$ を親の集団 $\boldsymbol{x}_i$ から生成する．$\boldsymbol{u}_i$ における要素は，交叉率 CR に基づいて $\boldsymbol{x}_i$ と $\boldsymbol{v}_i$ における要素から次のように選ぶ．

$$u_{i,j} = \begin{cases} x_{i,j} & rand \geq CR \text{ のとき} \\ v_{i,j} & rand < CR \text{ のとき} \end{cases} \tag{5.11}$$

ただし，$u_{i,j}, x_{i,j}, v_{i,j}$ は i 番目の個体 $\boldsymbol{u}_i, \boldsymbol{x}_i, \boldsymbol{v}_i$ の j 番目の要素であり，$rand$ は $[0, 1]$ の範囲の乱数である．結果として，$\boldsymbol{u}_i$ の要素は $\boldsymbol{x}_i$ と $\boldsymbol{v}_i$ の両方の要素を含む．

Step 4 Step 3 で生成された子供の集団 $\boldsymbol{u}_i$ と親の集団 $\boldsymbol{x}_i$ を評価し，どちらの個体を採用するかを適合度によって決定する．つまり以下の式に従う．

$$\boldsymbol{x}_i = \begin{cases} \boldsymbol{x}_i & fit(\boldsymbol{x}_i) \geq fit(\boldsymbol{u}_i) \text{ のとき} \\ \boldsymbol{u}_i & fit(\boldsymbol{x}_i) < fit(\boldsymbol{u}_i) \text{ のとき} \end{cases} \tag{5.12}$$

ただし，$fit()$ は評価関数（目的関数）であり，$fit(x)$ は x の評価値である．

Step 5 Step 2〜4 を一定の世代数繰り返し，最終世代から最も良い個体を出力する．

従来の GA では，二つの個体のベクトルを交叉させ，得られた子は適合度の値に関係なく次世代に含まれます．突然変異は固定されたパラメータ値（突然変異率）で起こるため，初期世代と収束に近い後期世代の突然変異の頻度に差がありません．

一方 DE では，個体の位置ベクトルだけでなく，差分ベクトルを含んで交叉を行うことで，適合度の高い領域で子供を得る可能性が高くなります．また，生成された子個体はそのまま残るのではなく，親世代よりも優れている場合のみ残るため，集団全体の収束が早くなると期待されます．さらに，DE における突然変異は個体の差分ベクトルに基づいて行われ，集団によって突然変異の頻度が変化します．その結果，突然変異の頻度は初期の世代で大きく，収束に近い後期世代で小さくなるでしょう．つまり，進化が効率的に進行し，突然変異率が自動的に調整される利点があります．

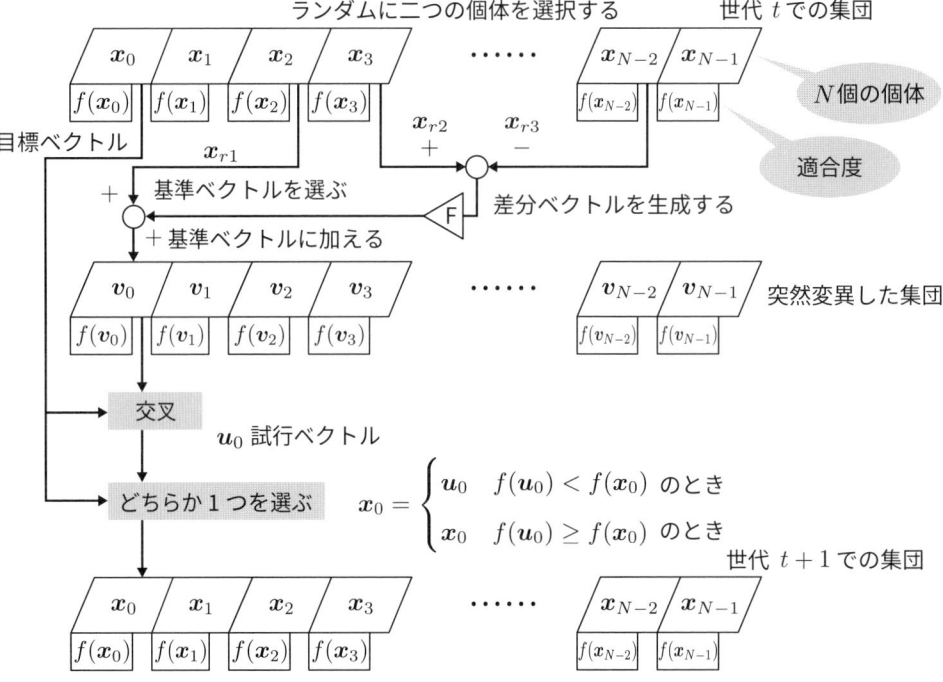

図 5.11 ● DE における世代交代

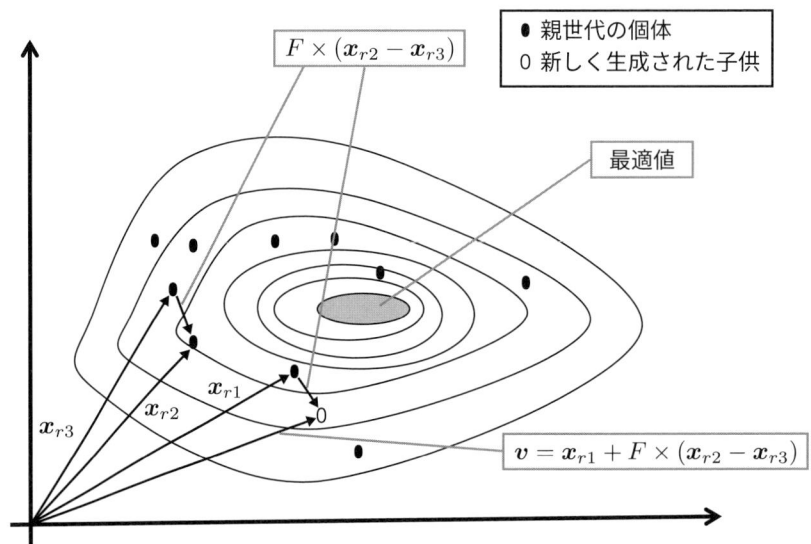

図 5.12 ● DE における交叉と突然変異

■ **5.4** 進化させてみよう：自動車形状の進化

　与えられた凸凹道を走破できるような車を設計してみましょう．**図5.13**は自動車の形状を進化させるUnityプロジェクトの外観です．タイヤには常に一定のトルクがかかり，これによって車が前進します．車は一定時間前に進めていないとき動作を終了するようになっています．車体の形状，タイヤの位置，大きさ，タイヤに与えるトルクを変化させて最適な車を探索します（**図5.14**）．

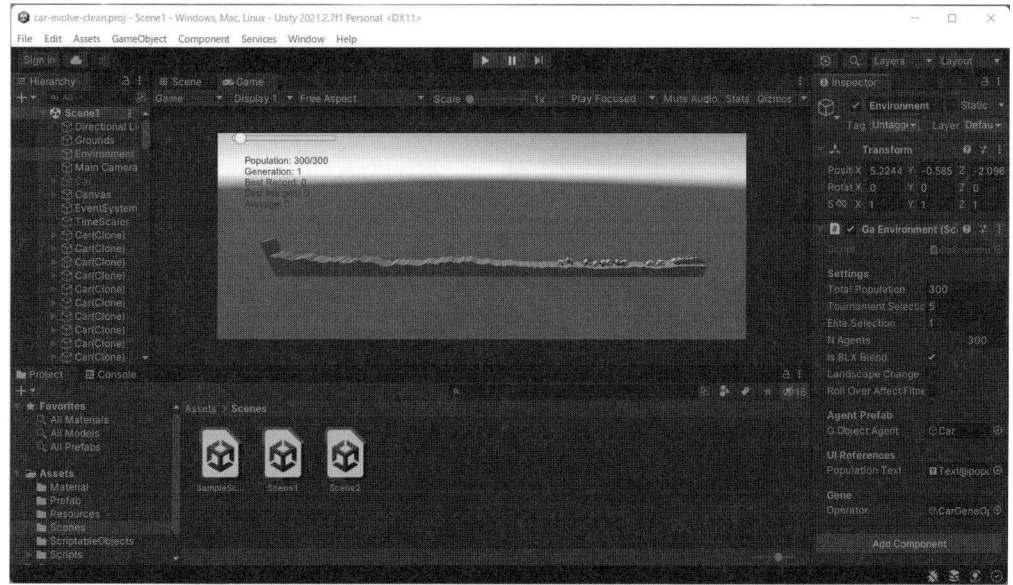

図 5.13 ● 車の形状進化システムの外観

(a)

(b)

図5.14 ● 車の形状進化のようす

　車体は**図5.15**のように横向きの多角柱で表されます．底面の各頂点の位置は極座標形式で表現され，各頂点について中心からの距離と角度を指定することで車体の形状を決定します．

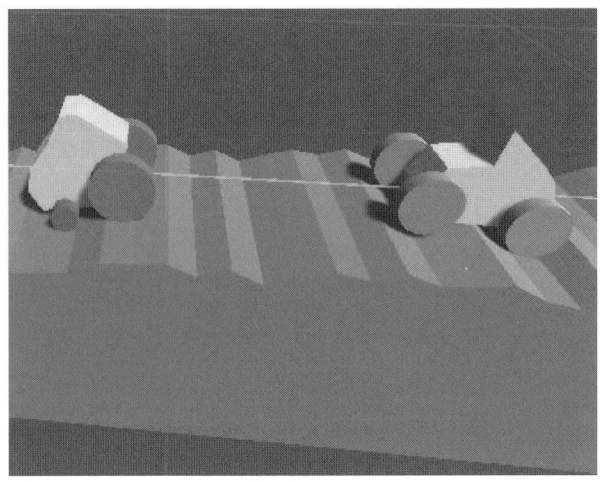

図 5.15 ● 車体の形状

　タイヤは多角柱のいずれかの頂点に位置し，常に一定のトルクが与えられ回転します．タイヤの位置，大きさ，与えられるトルクを変更することができます．

　進化計算の全体の流れ（図 5.5）を管理しているのが GaEnvironment.cs です．ここでは，第 1 世代の初期化，世代の更新，交叉や突然変異の呼び出しを行っています．

　プログラム 5.1 の FixedUpdate 関数は Unity によって一定間隔で呼び出される関数です．この関数では Agent の更新を行い，動作が終了した Agent については AgentsSet から削除します．AgentsSet とは動作中の Agent を Gene と組にして管理する List です．現世代のすべての Agent について動作が終了していたら次の世代を生成し，そうでなければ AgentsSet に次の Agent を加えます．

プログラム 5.1 ● GaEnvironment.cs 内の FixedUpdate

```
1    // 生きている Agent を更新
2    // 死んでしまった Agent は報酬の処理をして除去
3    // 次の世代を生成，もしくは次の Agent,Gene の組を追加
4    void FixedUpdate() {
5        foreach(var pair in AgentsSet.Where(p => !p.agent.IsDone)) {
6            pair.agent.AgentUpdate();
7        }
8
9        AgentsSet.RemoveAll(p => {
10            if(p.agent.IsDone) {
11                float r = p.agent.Fitness;
12                BestRecord = Mathf.Max(r, BestRecord);
13                GenBestRecord = Mathf.Max(r, GenBestRecord);
14                p.gene.Fitness = r;
15                SumFitness += r;
16            }
```

```
17              return p.agent.IsDone;
18          });
19
20          if(CurrentGenes.Count == 0 && AgentsSet.Count == 0) {
21              SetNextGeneration();
22          }
23          else {
24              SetNextAgents();
25          }
26      }
```

　GaEnvironment.cs の GenPopulation 関数では新しい世代の遺伝子を生成します．まず
エリート選択によって適応度の高い上位 EliteSelection 個を次の世代に残します．こ
れらの個体には突然変異を適用しません．次にトーナメント選択によって選ばれた個
体に対して突然変異や交叉を適用します．トーナメント選択では現在の世代全体から
tournamentSelection 個の個体を重複なしでランダムに選びます．選ばれた個体の中で適応
度の高い 2 個体について突然変異，もしくは交叉を適用します．

プログラム 5.2 ● GaEnvironment.cs 内の GenPopulation

```
1   // 選択，交叉，突然変異といった遺伝的操作を加えて次の世代を生成する
2   private void GenPopulation() {
3       var children = new List<Gene>();
4       var bestGenes = Genes.ToList();
5       // Elite selection
6       bestGenes.Sort(CompareGenes);
7       for(int i = 0; i < EliteSelection;i++){
8           children.Add(Operator.Clone(bestGenes[i])); // エリートな
    ものはそのまま残す
9       }
10      float mutate_only = 0.3f;
11      // トーナメント選択 + 突然変異
12      while(children.Count < TotalPopulation * mutate_only) {
13          var tournamentMembers = Genes.AsEnumerable().OrderBy(x => G
    uid.NewGuid()).Take(tournamentSelection).ToList();
14          tournamentMembers.Sort(CompareGenes);
15          children.Add(Operator.Mutate(tournamentMembers[0],Generatio
    n));
16          if(children.Count < TotalPopulation * mutate_only) childre
    n.Add(Operator.Mutate(tournamentMembers[1],Generation));
17      }
18      // トーナメント選択 + 一様交叉またはブレンド交叉
19      while(children.Count < TotalPopulation) {
20          var tournamentMembers = Genes.AsEnumerable().OrderBy(x => G
    uid.NewGuid()).Take(tournamentSelection).ToList();
21          tournamentMembers.Sort(CompareGenes);
```

```
22              Gene child1,child2;
23              // インスペクタにおける指定によって交叉方法を変更
24              if(isBLXBlend){
25                  (child1,child2) = Operator.BrendCrossover(tournamentMem
   bers[0],tournamentMembers[1],Generation); // ブレンド交叉
26              }else{
27                  (child1,child2) = Operator.Crossover(tournamentMember
   s[0],tournamentMembers[1],Generation);  // 一様交叉
28              }
29              children.Add(child1);
30              if(children.Count < TotalPopulation)children.Add(child2);
31          }
32          Genes = children;
33          Generation++;
34          WriteRecord();
35          // インスペクタから地形変動を指定した場合，地形の変化を行う．
36          if(landscapeChange){
37              groundGenerator.ChangeLandscape();
38          }
39      }
```

交叉や突然変異の具体的な実装は GeneOperator および，それを継承した CarGeneOperato r に書かれています．交叉としては

- 一様交叉
- BLX-α（ブレンド交叉）

が実装されています．これは Environment オブジェクトのインスペクタ（Settings）の部分で指定できます（Is BLX Blend，図 5.13 の右部分）．

この関数の最後の部分では，地形を数世代ごと（デフォルトでは 3 世代ごと）に変化させるかの判断をしています．この設定も上述のインスペクタで行います（Landscape Change）．

なお，この他にもインスペクタでは以下の項目が設定できるようになっています．

- Total Population：集団数
- Elite Selection：エリートとして残す数（エリートサイズ）
- N Agents：表示する個体数
- Roll Over Affect Fitness：ひっくり返ったときにペナルティをかけるか

また，突然変異は確率的に一様乱数を加える設計となっています．突然変異が起こる確率や一様乱数の大きさは世代を重ねると小さくなります．

CarAgent.cs の AgentUpdate 関数では Agent の適合度の計算や行動の終了判定を行っています．適合度は個体の最大到達距離として計算されます．各個体は Health という値を持っています．最大到達距離を更新したときに回復し，更新できなかったときに減少します．

Healthが0を下回ったとき，もしくは一定時間がたったときに行動を終了します．

プログラム 5.3 ● CarAgent.cs 内の AgentUpdate

```
1    // Agent の更新. 終了判定と報酬の更新
2    public override void AgentUpdate() {
3        DriveTime += Time.fixedDeltaTime;
4
5        // 最大到達距離を更新できないとき体力が減る
6        if(MaxDistance + 0.01 < CarRb.transform.position.x){
7            Health += 3*Time.fixedDeltaTime;
8            Health = Mathf.Min(Health,MaxHealth);
9        }else{
10           Health -= Time.fixedDeltaTime;
11       }
12
13       MaxDistance = Mathf.Max(MaxDistance,CarRb.transform.position.
     x);
14
15       if(StatusText != null) {
16           StatusText.text = "Max Distance : " + MaxDistance + "\nHeal
     th : " + Health + "\n";
17       }
18
19
20       // ゴール時に終了処理
21       if(DriveTime > 50) {
22           Controller.Stop();
23           Done();
24           Quaternion zRotation = CarRb.transform.rotation;
25           Quaternion sRotation = StartRotation;
26           MaxRotation = (zRotation.eulerAngles.z - sRotation.eulerAng
     les.z) / 90;
27           if(ga.RollOverAffectFitness){ // ひっくり返ったときの
     ペナルティ
28               AddFitness(MaxDistance - MaxRotation);
29           }else{
30               AddFitness(MaxDistance);
31           }
32           AddDistance(MaxDistance);
33           return;
34       }
35
36       if(Health < 0) {
37           Controller.Stop();
38           Done();
39           Quaternion zRotation = CarRb.transform.rotation;
40           Quaternion sRotation = StartRotation;
```

```
41          MaxRotation = (zRotation.eulerAngles.z - sRotation.eulerAng
   les.z) / 90;
42          if(ga.RollOverAffectFitness){ // ひっくり返ったときの
   ペナルティ
43              AddFitness(MaxDistance - MaxRotation);
44          }else{
45              AddFitness(MaxDistance);
46          }
47          AddDistance(MaxDistance);
48          return;
49      }
50  }
```

CarAgent.cs の ApplyGene 関数は GaEnvironment.cs で Agent に対して Gene が紐づけられたときに呼び出される関数です．Gene の持つ情報をもとに Agent の形状を変化させています．まず，車体を構成する多角形の頂点の座標を示す遺伝子を用いて車体を変形させる CreateBody を呼びます．そして，遺伝子からタイヤの位置，大きさ，与えるトルクを取得し，ChangeWheel 関数によって 3D モデルに反映させます．

遺伝子の各値が対応する要素は以下の通りです．車体の多角形の頂点数を N としています．

- 1，2 番目　タイヤが多角形の何番目の頂点に位置しているか．float 型で管理されているので整数に直して使用する．
- 3，4 番目　タイヤの大きさ．
- 5，6 番目　トルクの大きさ．
- 7〜6 + N 番目　多角形の各頂点の中心からの距離．
- 7 + N〜6 + 2N 番目　多角形の各頂点の中心からの角度．

プログラム 5.4 ● CarAgent.cs 内の ApplyGene

```
1   // Gene に対応した形状に変形
2   public override void ApplyGene(Gene gene){
3       int vertex = (gene.data.Count - 6)/2;
4       List<float> BodyRadius = new List<float>();
5       List<float> BodyAngle = new List<float>();
6       for(int i = 0;i < vertex;i++){
7           BodyRadius.Add(gene.data[6+i]);
8           BodyAngle.Add(gene.data[vertex+6+i]);
9       }
10      MeshGen.CreateBody(BodyRadius,BodyAngle);
11      int FrontPos = (int)gene.data[0];
12      int BackPos = (int)gene.data[1];
13      float FrontRadius = BodyRadius[FrontPos];
14      float FrontAngle = BodyAngle[FrontPos];
15      float BackRadius = BodyRadius[BackPos];
```

```
16        float BackAngle = BodyAngle[BackPos];
17
18        float FrontScale = gene.data[2];
19        float BackScale = gene.data[3];
20        float FT = gene.data[4];
21        float BT = gene.data[5];
22
23        frontRightWheel.ChangeWheel(FrontRadius,FrontAngle,FrontScal
   e,1.0f,FT);
24        frontLeftWheel.ChangeWheel(FrontRadius,FrontAngle,FrontScal
   e,-1.0f,FT);
25
26        backRightWheel.ChangeWheel(BackRadius,BackAngle,BackScale,1.0f,
   BT);
27        backLeftWheel.ChangeWheel(BackRadius,BackAngle,BackScale,-1.0f,
   BT);
28    }
```

■ **5.5**　**対話型進化計算**

「部屋の雰囲気に合うようなテーブルを設計する」とか「心地よいスマホの着信音を合成する」といった問題に進化計算（EC）を用いることを考えてみましょう.

　これらの問題を，板の大きさや色，シンセサイザーの発振周波数やフィルタなどのパラメータの最適化と考えれば，ECを適用することができそうです. しかし，ここで各個体の評価をどのように行うかが問題となります. 適者生存の進化の仕組みを可能にするには，それぞれの個体がいかに環境に適しているか，すなわち最適解にどのくらい近いかを評価しなければなりません.

　例えば，先に述べた自動車形状の最適化問題では，各個体が表現する形状の走行距離を適合度としています. それに対して，自動車の美しさや自分の好みにあった形状を進化させられるでしょうか？ 同様に，あるテーブルが部屋の雰囲気にあっているかどうかをコンピュータに評価させることができるでしょうか？ 残念ながら，人間の好みや感性に基づく主観的な判断をモデル化しコンピュータ上に実装することは，非常に困難です.

　しかし，われわれの身近にはこのような判断を瞬時に行えるものがあります. それは，われわれ自身の脳です. そこで，人間の評価系そのものを評価関数として最適化システムに組み込む，すなわち人間が各個体を直接評価するという手法が考案されました. このように，人間の主観的な評価に基づいて最適化を行うECを**対話型進化計算手法**（Interactive Evolutionary Computation, **IEC**）と呼んでいます.

　IECは，ECの適合度関数を人間に置き換えたものです. **図5.16**に示すように，IECにおいてはユーザーが各個体を直接評価します. すなわち，利用する人間（ユーザ）にとっての

「好ましさ」にしたがって，次の世代での生存度（適合度）が決定されます．こうすることで，個人の好みや感覚をモデル化することなく，ブラックボックスのままでユーザの主観に基づく評価系をシステム内に取り込むことができるのです．従来のECが生命の生存競争の結果としての進化をモデル化するのに対し，IECは人間が行ってきた農作物や家畜の品種改良にヒントを得た方法です．

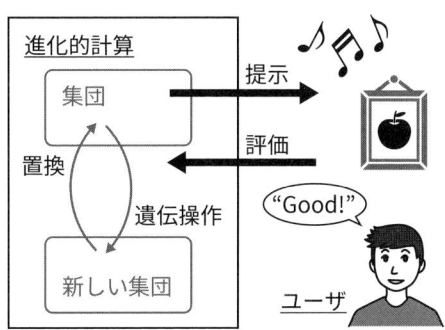

図 5.16 ● 対話型進化計算（IEC）のしくみ

　リチャード・ドーキンス[5]は，1986年に発表した著作 "The Blind Watchmaker" [39] の中で，簡単な生成規則に従って描かれた絵が，規則の突然変異とユーザーの選択によって非常に複雑で興味深い絵へと進化したことを述べています．これらの一連の絵は，一見すると昆虫などの生物のように見えることから，「バイオモルフ（Biomorph）」（**図 5.17**）と名づけられました．これは，人間の主観に基づく選択によって人工的にコンピュータで生み出された進化，つまりIECの最初の例と言えます．

---

5)  Richard Dawkins (1941–)：イギリスの進化生物学者・動物行動学者．数多くの生物学的な一般書・啓蒙書を著し，「利己的遺伝子」「ミーム」（文化的情報の複製子）や「拡張された表現型」（寄生虫による宿主の操作，ビーバーが作るダム，シロアリの塚なども遺伝子の表現型だとみなす）などの考え方を提唱した．進化についてのこれらの画期的アイディア・挑戦的な発言は現在も多くの論争を引き起こしている．無神論者としても有名．

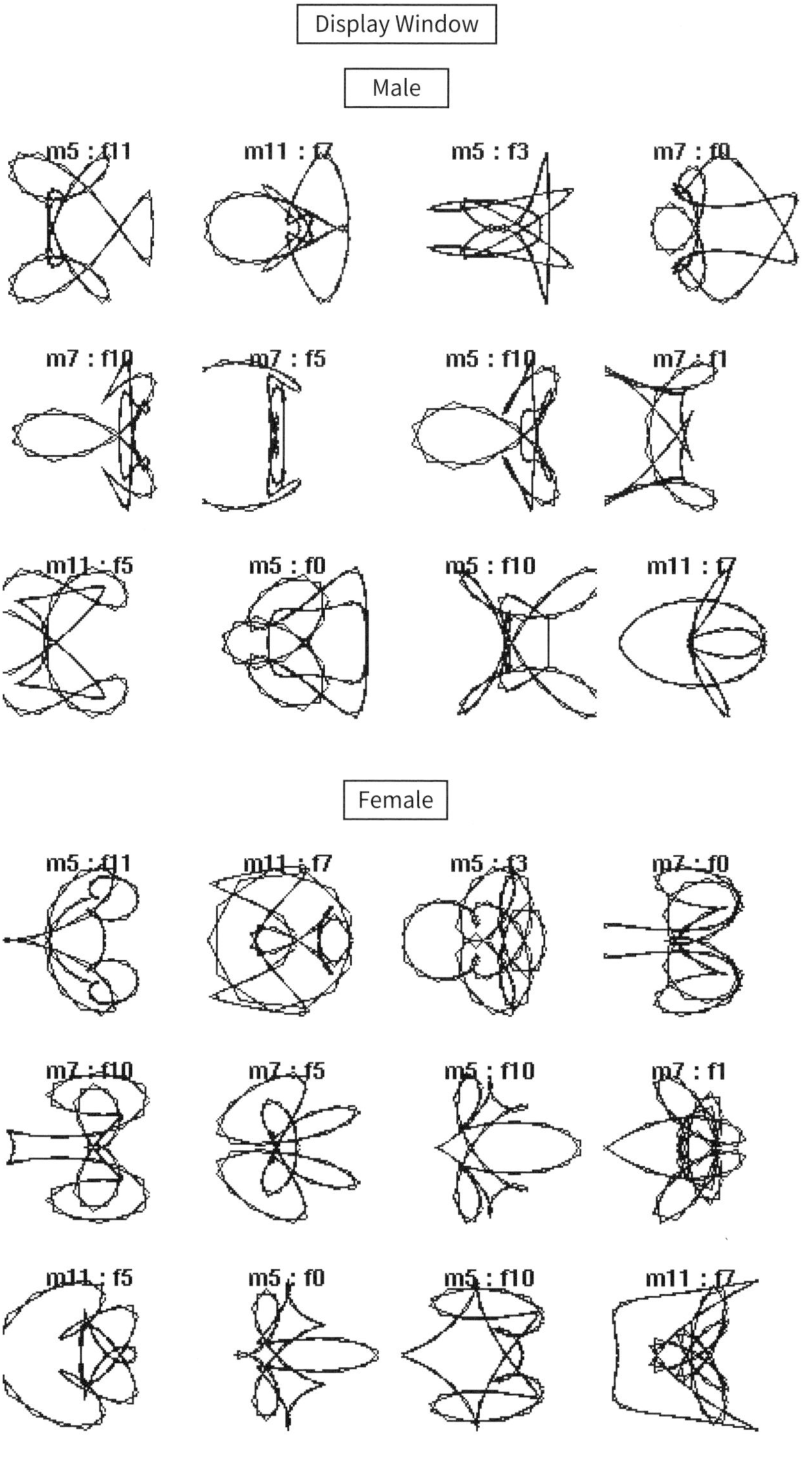

図 5.17 ● バイオモルフ（Biomorph）

　IEC はユーザの選択による創造という新しい手法を提案しました．Biomorph に触発された多くのアーティストや研究者がこの方法に触発され，芸術分野，特にコンピュータ・グラフィックス（CG）への応用が盛んになされています．その成果は，似顔絵の生成，グラフィックアート，仮想現実空間のための 3 次元 CG 生成，アニメーション作製，リズム生成 [24, 71]，楽曲の作成 [31] など多岐にわたっています．

　IEC に基づくグラフィックアートの典型例として，GP を用いた 2 次元画像生成システム **Sbart** [72] を紹介しましょう．なお，GP については次節で詳しく説明します．Sbart は変数 x, y を含む 3 次元のベクトル演算式に基づいて描画を行います．画像上の各点（ピクセル）の x 座標，y 座標を式に代入して得られた値を適当に描画情報に変換することで，サイケデリックで美しい 2 次元画像が生み出されます（**図 5.18**）．具体的には，代入して得られたベクトルの各成分を，HSB 色空間の Hue（色相），Saturation（彩度），Brightness（明度）にそれぞれ対応付けて塗っています．また，別のパラメータとして時間を導入することで，時間経過に伴って変化する動画を生み出すこともできます．

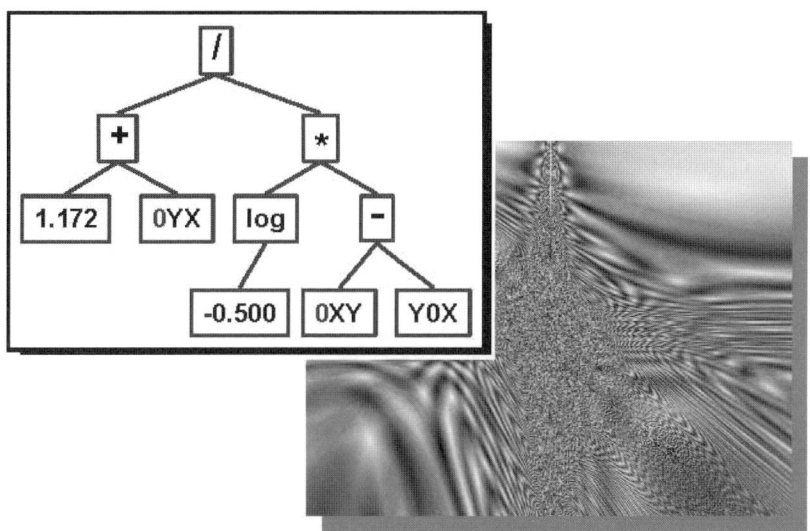

図 5.18 ● Sbart による画像生成

5.6　好みのデザインを進化させよう

　ここでは IEC を用いて球体に色付けしてみましょう．これは，**図 5.19** のようなシステムです．ユーザは気に入った色合いや模様の球をクリックして選びます．好みの個体を複数選んだら，OK ボタンを押しましょう．すると，次の世代の個体が生成されます．ここではユーザに選択された個体を親候補として，交叉や突然変異を遺伝子型に施して子個体を生成しています．CLEAR のボタンを押すと全個体が初期化されます．この部分はプログラム 5.5 の

Start 関数に記述されています

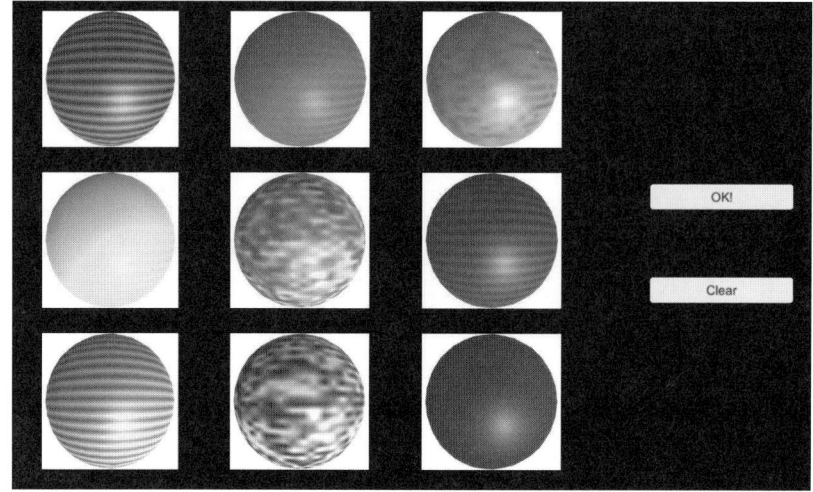

図 5.19 ● 画像生成システムの外観

プログラム 5.5 ● GPManager.cs 内の Start

```
1    void Start()
2    {
3        Initialize();
4        // OK ボタンが押されたら GP の進化を行う
5        EventManager.Instance.OK.AddListener(Evolution);
6        // Clear ボタンが押されたら初期化を行う
7        EventManager.Instance.Clear.AddListener(Initialize);
8        // 球がクリックされたら選択/選択解除の処理を行う
9        EventManager.Instance.clickSphere.AddListener(ClickSphere);
10   }
```

　ここで簡単に**遺伝的プログラミング**（Genetic Programming，**GP**）について説明しておきます．GP は進化計算の遺伝子型を木やグラフなどの構造的な表現が扱えるように拡張し，プログラム生成や学習，推論，概念形成などに応用することを目指しています．これにより，AI における学習，推論，問題解決を実現します．この手法を**進化論的学習**（evolutionary learning）と呼びます．これは表現された知識を変換し，選択淘汰により適切な解を残していく適合的な学習方法です．

　GP では，**グラフ構造**（特に**木構造**）を扱えるように EC の手法を拡張します．一般に木構造は LISP の S 式で記述できるので，GP では遺伝子として LISP のプログラムを扱います[6]．

　木はサイクルを持たないグラフのことであり，

6）　以下の記述は LISP に関しては知らなくても問題ない．プログラムが木構造の形式で表されることを理解していればよい．フローチャートなどを思い出して欲しい．

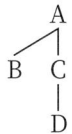

のような構造です．木構造は括弧つきの表現で記述でき，例えば上の木は，

> (A (B)
>
> (C (D)))

もしくは簡略化して，

> (A B
>
> (C D))

となります．この表記法を（LISP の）S 式表現と呼びます．以下では木構造と S 式を同一視します．なお，このような木構造に関して次の用語を用います．

- ノード：記号 A，B，C，D のこと
- 根（ルート）：A
- 終端ノード：B，D（終端記号，葉ともいう）
- 非終端ノード：A，C（非終端記号，S 式の関数記号ともいう）
- 子供：A にとっての子供は B，C（関数 A の引数ともいう）
- 親：C にとっての親は A

「子供の数」「引数の数」「孫」「子孫」「先祖」などという言葉も適宜使用します．それらの意味は容易に想像がつくので説明は省略します．

さらに木に対する遺伝的オペレータとして，

1. **Gmutation**　ノードのラベルの変更
2. **Ginversion**　兄弟の並べ換え
3. **Gcrossover**　部分木の取り換え

を導入します．これらは数字列や文字列を対象とする従来の GA などの遺伝的オペレータの自然な拡張です．

これらのオペレータを LISP の表現木（S 式）に適用した例を**図5.20**に示します．ただし，オペレータの適用部位には下線を付しました．

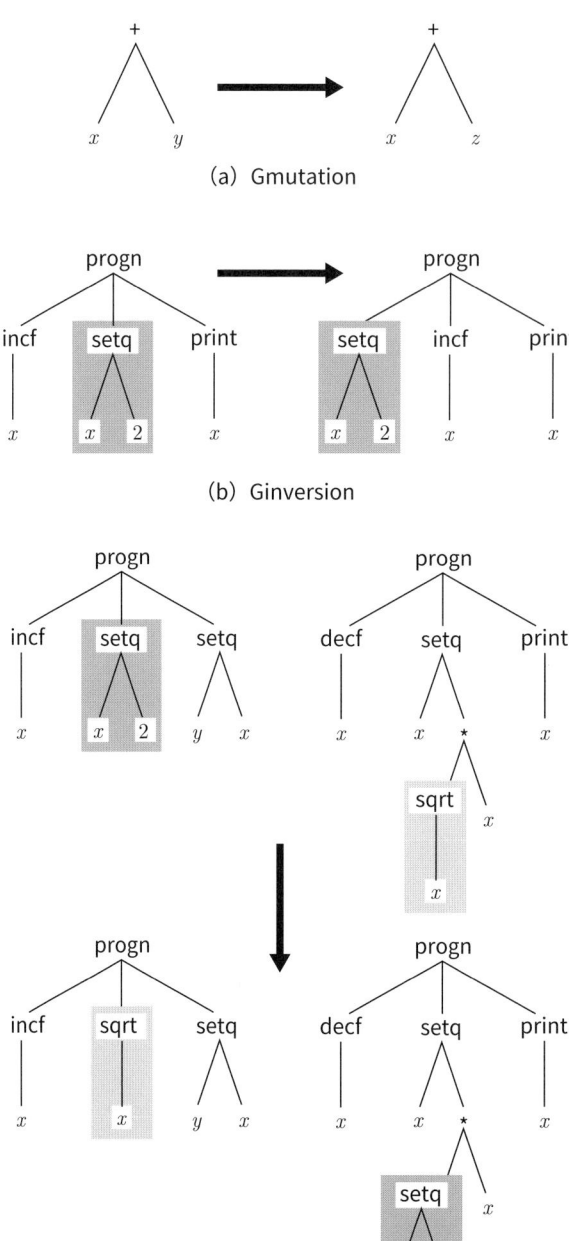

（a）Gmutation

（b）Ginversion

（c）Gcrossover

図 5.20 ● GP の遺伝的オペレータ

Gmutation   親：$(+\ x\ \underline{y})$

$$\Downarrow$$

子：$(+\ x\ \underline{z})$

Ginversion   親：$(\mathrm{progn}\ \underline{(\mathrm{incf}\ x)\ (\mathrm{setq}\ x\ 2)}\ (\mathrm{print}\ x))$

$$\Downarrow$$

子：$(\mathrm{progn}\ \underline{(\mathrm{setq}\ x\ 2)\ (\mathrm{incf}\ x)}\ (\mathrm{print}\ x))$

Gcrossover   親$_1$：$(\mathrm{progn}\ (\mathrm{incf}\ x)\ \underline{(\mathrm{setq}\ x\ 2)}\ (\mathrm{setq}\ y\ x))$

親$_2$：$(\mathrm{progn}\ (\mathrm{decf}\ x)\ (\mathrm{setq}\ x\ (*\ \underline{(\mathrm{sqrt}\ x)}\ x))\ (\mathrm{print}\ x))$

$$\Downarrow$$

子$_1$：$(\mathrm{progn}\ (\mathrm{incf}\ x)\ \underline{(\mathrm{sqrt}\ x)}\ (\mathrm{setq}\ y\ x))$

子$_2$：$(\mathrm{progn}\ (\mathrm{decf}\ x)\ (\mathrm{setq}\ x\ (*\ \underline{(\mathrm{setq}\ x\ 2)}\ x))\ (\mathrm{print}\ x))$

なお，prognは引数を順番に実行する関数であり，最後に評価した引数の値を返します．また setq 関数は第 1 引数の値を第 2 引数の評価値に設定します．表から，突然変異がプログラムの動作をわずかに変化させること，交叉が各親の部分プログラムの動作を交換させていることがわかります．遺伝的オペレータの作用によって，親のプログラムの性質を継承しつつ，子供のプログラムが生成されています．

以上の遺伝的オペレータの適用は確率的に制御されます．

GP のアルゴリズムは，遺伝的オペレータが構造的表現を操作するという点を除いて，通常の進化計算と同一です．上述のオペレータの作用によって，もとのプログラム（構造表現）が少しずつ変化します．そして前述の EC と同様の選択操作により，目的となるプログラムを探索します．

GP では次の 5 つの基本要素を設計することで，さまざまな応用例題への適用が可能です．

1. 非終端記号（LISP の S 式での関数）
2. 終端記号（LISP の S 式でのアトム，関数の引数となる定数や変数）
3. 適合度
4. パラメータ（交叉，突然変異の起こる確率，集団サイズなど）
5. 終了条件

このうち 3～5 はこれまでに述べた進化計算でも設定していました．したがって，GP で特別なのは 1 と 2 だけになります．非終端記号とは木構造を作るときに中間ノード（末端以外のノード）になるもの，終端記号とは末端以外のノードになるもののことです．

例えば先の図 5.20 のプログラムでは，終端ノード T と非終端ノード F は次のようになります．

$$T = \{\mathrm{x}, \mathrm{y}, \mathrm{z}\}$$

$$F = \{+, \mathrm{progn}, \mathrm{incf}, \mathrm{decf}, \mathrm{setq}, \mathrm{sqrt}, \mathrm{print}\}$$

GP の初期化の際には，これらの T と F からランダムにノードを選んで GTYPE（＝木構造のプログラム）を生成します．

では，前述の画像生成システム（図5.19）について説明しましょう．このプログラムでは，`GPManager.cs` に遺伝的プログラミングの処理が書かれています[7]．

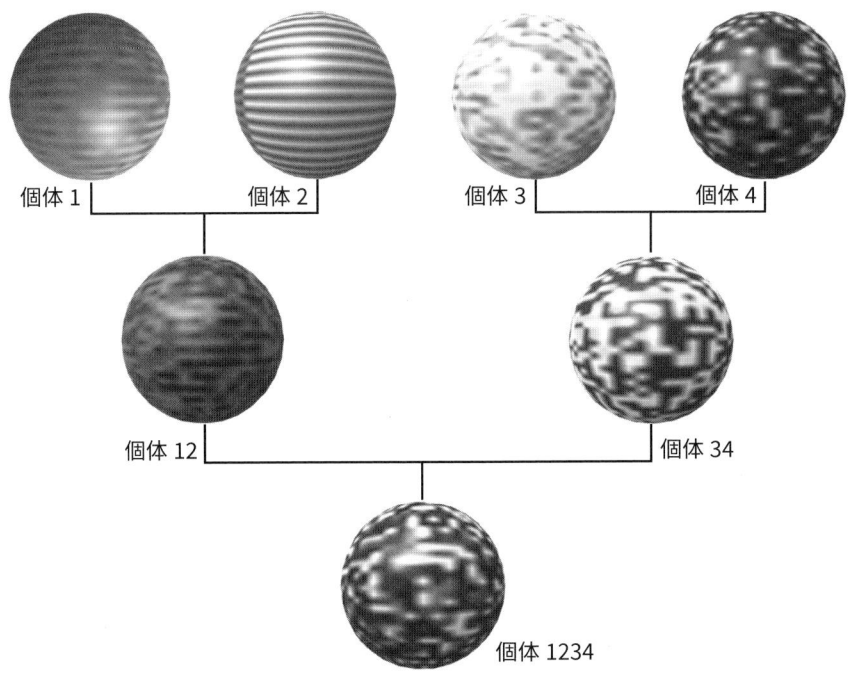

個体1　　　　　個体2　　　　　個体3　　　　　個体4

個体12　　　　　　　　　　　　個体34

個体1234

図5.21 ● 球体の系譜

図5.21 は，このシステムで生成された色球の系図を示しています．これは，個体1と個体2から個体12が，個体3と個体4から個体34が，個体12と個体34から個体1234が，交叉と突然変異により生成されたことを示しています．それぞれの遺伝子型は次のようになっています．

- 個体1： exp(Mix(sqrt(XY0),XY0))
- 個体2： exp(Mix(Min(exp(Mix(0YX,0XY)),X0Y),Div(Y0X,Y0X)))
- 個体3： exp(Mix(Min(0XY,XY0),XY0))
- 個体4： exp(XY0)
- 個体12： exp(Mix(sqrt(XY0),Div(Y0X,Y0X)))
- 個体34： exp(Mix(Min(0XY,XY0),X0Y))
- 個体1234： exp(Mix(Min(0XY,XY0),Div(Y0X,Y0X)))

---

7) GitHub で公開されている GP ライブラリ（Evolutionary.Net）を使用している．https://github.com/GregSommerville/Evolutionary.Net

例えば，交叉により，個体 12 は個体 1 と個体 2 の両方の部分構造を持っています．その結果
として得られる表現型も親の形質を受け継いだものになっていることに注意してください．
なお，x はピクセルの x 座標，y はピクセルの y 座標，0 はそのまま定数の 0 を意味します．
また変数 0XY は，Vector3(0,X,Y) を表しています（三つの引数による 3 次元ベクトルを生成
する）．式の出力を $(-1, 1)$ にマッピングした後に正規化して $(0, 1)$ におさめます．その値を
HSV だとみなし，RGB に変換して球体を色付けします．これらの詳細はプログラム 5.6 の
GetTextureFromTree 関数に記述されています．

プログラム 5.6 ● GPManager.cs 内の GetTextureFromTree

```
1    void GetTextureFromTree(){
2        for (int i = 0; i < 9; i++)
3        {
4            List<byte> bytes = new List<byte>();
5            // このブロックでは，ピクセル座標ごとに RGB を計算し， 2
    次元のテクスチャを作成して球体に貼り付ける
6            int checkx = 32;
7            int checky = 32;
8            for (int x = -size; x < size; x++)
9            {
10               for (int y = -size; y < size; y++)
11               {
12                   // ピクセル (x,y) に関して，現在の GP の個体を
    用いて HSV を取得する.
13                   Vector3 rawHSV=Brain.ScanTree(new Vector2(1.0f*x/si
    ze,1.0f*y/size));
14                   // HSV を [0,1] の範囲に収めた上で RGB に変換
15                   Vector3 HSV = new Vector3(SawShapedFunc(rawHSV.x),S
    awShapedFunc(rawHSV.y),SawShapedFunc(rawHSV.z));
16                   if(x==checkx && y==checky){
17                       // Debug.LogFormat("sphere{0} ({1},{2}): HS
    V={3}",i,x,y,HSV);
18                   }
19                   Color RGB = Color.HSVToRGB(HSV.x,Mathf.Clamp(HSV.
    y,0.2f,1.0f),Mathf.Clamp(HSV.z,0.1f,0.9f));
20
21                   // RGB を [0,255] の範囲に拡張する
22                   bytes.Add((byte)(RGB.r*255)); // R
23                   bytes.Add((byte)(RGB.g*255)); // G
24                   bytes.Add((byte)(RGB.b*255)); // B
25               }
26           }
27
28           // 新しく作成したテクスチャ・インスタンスに RGB データを
    格納
29           Texture2D tex = new Texture2D(size,size,TextureFormat.RG
```

```
      B24,false);
30            tex.LoadRawTextureData(bytes.ToArray());
31
32            // 球体にテクスチャを適用
33            sphereRenderers[i].material.mainTexture=tex;
34            tex.Apply();
35
36            // GP 木を次の個体に切り替える.
37            Brain.ChangeNextCandidate();
38          }
39          // 木を可視化
40          Brain.VisTree();
41      }
```

　IEC（GP の世代交代）の過程はプログラム 5.7 の Evolution 関数に記述されています．ここではユーザが選択した個体をもとに適合度を設定し，その適合度をもとに次の世代を作成し，各個体の遺伝子型に対する球体の色付け（表現型）をします．

プログラム 5.7 ● GPManager.cs 内の Evolution

```
1       void Evolution(){
2       // 9個体それぞれの適合度を選ばれたものは1,選ばれなかったものは0
        として格納する.
3           List<float> fitnesses=new List<float>();
4           for (int i = 0; i < 9; i++)
5           {
6               if(selected.Contains(i)){
7                   fitnesses.Add(1);
8               }else{
9                   fitnesses.Add(0);
10              }
11          }
12          // 適合度を登録し, GP を次の世代へ進化させる
13          Brain.RegisterFitness(fitnesses);
14          // 新しい個体をもとに球体を書き換え
15          GetTextureFromTree();
16          selected=new List<int>();
17          EventManager.Instance.Generated.Invoke();
18      }
```

■ 5.7　進化計算と創造性

　前節では進化計算を用いたデザインへの応用を説明しました．これは人間であるデザイナーの創造性を高めることを目的としています．**創造性**とは，独創的（**新規性**）かつ効果的（**機能**

性）なものを発明することです．進化計算の探索過程で生まれた多くの構造物はこの基準をクリアしています．実際に進化計算における創造性は大きく分けて四つの代表的なカテゴリーに分類されます [59].

- 不完全な適合度関数：ユーザが思いがけない進化を目撃する．
- 意図しないデバッグ：進化がこれまで知られていなかったバグを明らかにする．実際にソフトウェア検証に応用されている．
- 実験者の予想を超えたもの：ユーザが生み出すと考えたものを超える進化的な産物を発見する．
- 生物学との融合：実世界の媒体や条件が大きく異なるにもかかわらず，自然界に見られる産物と驚くほど融合したものを発見する．

Deep Interactive Evolution という研究が最近盛んに行われています．これは対話型進化計算と深層学習手法の一つである **GAN**（Generative Adversarial Network）を用いて好みの構造物を生成する試みです．全体の流れは以下のようになります．

Step 1 GAN をトレーニングすることで Generator を作り出す．

Step 2 潜在変数 z を標準正規分布に基づいて m 個生成する．

Step 3 生成された z を Generator に入力し，出力としてそれぞれの z に対応した画像（などの構造物）を得る．

Step 4 出力された画像群をユーザーに提示し，好みの画像を選んでもらう（複数選択可能）．

Step 5 選択された画像の潜在変数を適合度の高い遺伝子とみなし，突然変異や交叉などのオペレーションを行う．

Step 6 そのようにして生成された新たな遺伝子（＝潜在変数）を新たな個体群として **Step 3** に戻る．

Step 7 ユーザーが好みの画像を出力できた時点で繰り返しを終了する．

たとえば DeepIE3D[33] は，GAN と潜在変数最適化を用いてユーザーが好む 3D 構造物を生成する手法です．その主な選択方法は対話型進化計算に基づいています．また，片山ら [53] は，グラフカーネルと DeepIE3D を統合したフレームワークを提案しています．その有効性は voxel 表現されたさまざまな 3D モデル（椅子や飛行機など）の生成において実証的に検証されています（**図 5.22**）．また，本の表紙やホームページ，ポスターなどのデザインへの応用もなされています．

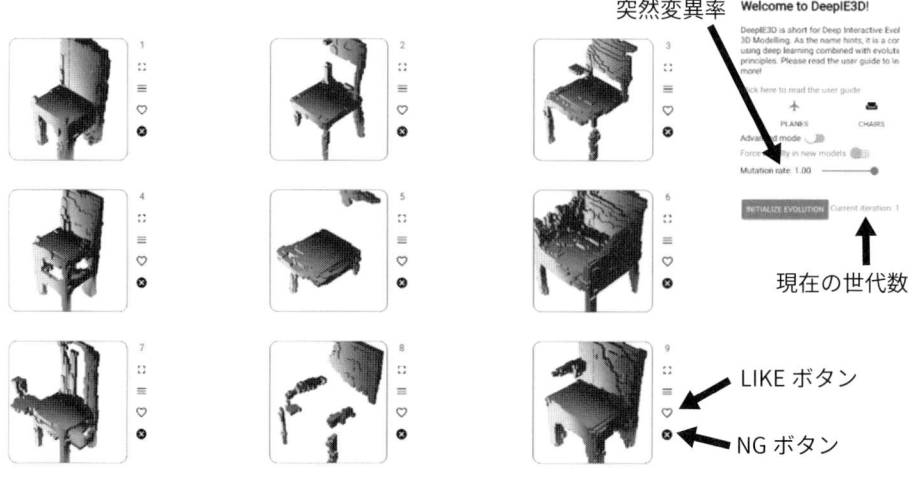

突然変異率

現在の世代数

LIKE ボタン

NG ボタン

図 5.22 ● IEC による椅子のデザインのようす

演習問題

演習問題 5.1　　　　　　　　　　　　　　　　　　　　　　　　　　　　　★

　進化計算ではパラメータを変えることで，探索の性能や生成物が大きく異なること
が知られています．自動車の形状進化について，このことを試してみましょう．

演習問題 5.2　　　　　　　　　　　　　　　　　　　　　　　　　　　★★

　最近の人工生命研究では，**オープンエンド性**（open-endedness）が盛んに議論されて
います [68]．これは「終わりなき進化」を目指すものです．通常の進化計算では，環境
が固定されているか，またはあまり劇的に変わらないために，時間がたつと進化が停滞
することがあります．これに対して環境自体も進化するようにシミュレーションを行
うとオープンエンド性に近づきます．

　では，自動車形状の進化シミュレーションで，地形も世代ごとに進化するように実装
してみましょう．進化がどのように進むのかを観察してください．地形が固定の場合
と比較すると面白いでしょう．

演習問題 5.3　　　　　　　　　　　　　　　　　　　　　　　　　★★★

　対話型進化計算（IEC）の応用例を考えてみましょう．ユーザが進化の過程に関与す
ることで，そのユーザにとって望ましい構造物がデザインされることを試してみてく
ださい．

第 **6** 章

アリの知恵と巡回セールスマン

怠け者よ，蟻のところに行って見よ．その道を見て，
知恵を得よ．蟻には首領もなく，指揮官も支配者もな
いが夏の間にパンを備え，刈り入れ時に食糧を集め
る．（旧約聖書・箴言6章6〜8節）

6.1 アリの群れ行動

　アリという昆虫は，人間が地球上に現れる1億年以上前からコロニーという集団による生態
を確立しています．そして，原始的なコミュニケーションによって餌の採集，営巣，分業など
の複雑なタスクをこなす社会を形成します．その結果，アリは生物の中でも適合度が高く，苛
酷な環境にも適応できる生物となりました．アリの行動モデルから，ルーティングやエージェ
ント，ロボティクスの分散制御に関する新しいアイデアが生まれています．

　多くの種類のアリは，採集の際に餌から巣に向かうとき自分の通った道筋の痕跡をフェロモ
ンによって残します．そして，餌の探索中に他のアリの残した道筋があればそれを辿ります．
フェロモンは揮発性の物質で，アリが餌から巣に戻るときに分泌されます．Deneuobourg,
Goss らはアルゼンチンアリを用いた実験を行い，アリの行動を最短経路探索と結びつけまし
た [45]．アリはフェロモンによる情報交換を用いて，効率的な探索を実現しています．

　1匹のアリは以下のように単純なことしかしません．

- 通常はランダムに餌を探す.
- 餌を見つければ巣に持ち帰る[1]．そのとき帰り道にフェロモンを落とす.
- フェロモンが近くにあればそちらに導かれる.

　アリの餌集めは一見，非常に簡単な問題に思えます．しかし，アリはほとんど盲目なので分
岐の認知すら難しく，個体間で餌の位置を伝達する複雑なコミュニケーションは取れません．

---

1) アリの帰巣本能については多くの謎があるが，太陽光を利用するという説が有力とされている [28].

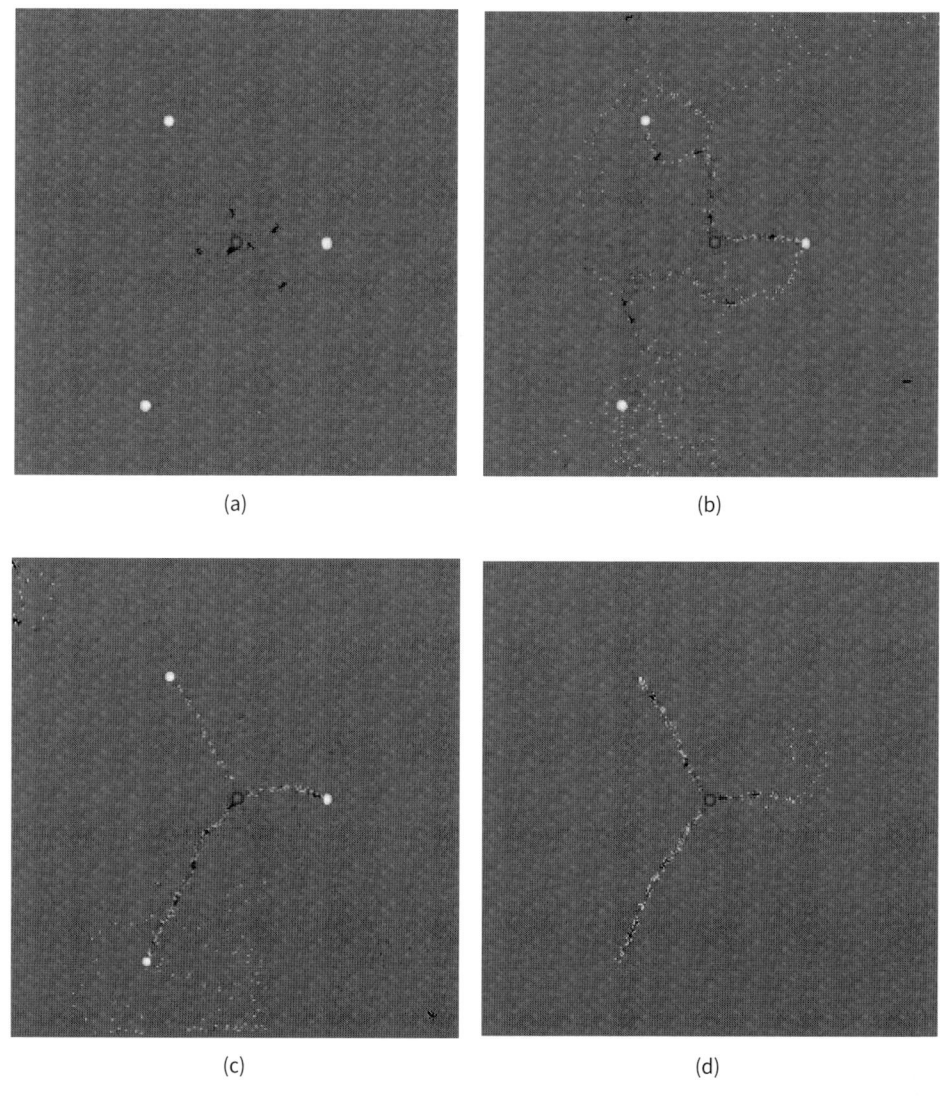

図 6.1 ● アリは効率的に餌を集めるか？

　それにもかかわらず，アリはフェロモンを介した誘導によって集団としての効率を高める探索を実現します．

　図 6.1 は上で述べたしくみでアリの探索をシミュレートしたものです．中心の部分には巣があり，その周りに 3 か所の餌があります（図 6.1 (a)）．最初のうちはランダムに餌をアリが探し回り，餌を見つけると巣に持ち帰ります．その際にフェロモンを落とします．フェロモンは揮発性なので遠くの餌よりも近くの餌からのフェロモントレイル[2]が強くなりがちです（図 6.1 (b)）．結果的に，アリは近くの餌に集中することになり，近いほうの餌が最初に探索しつ

---

2) フェロモンでできた道（トレイル）のこと.

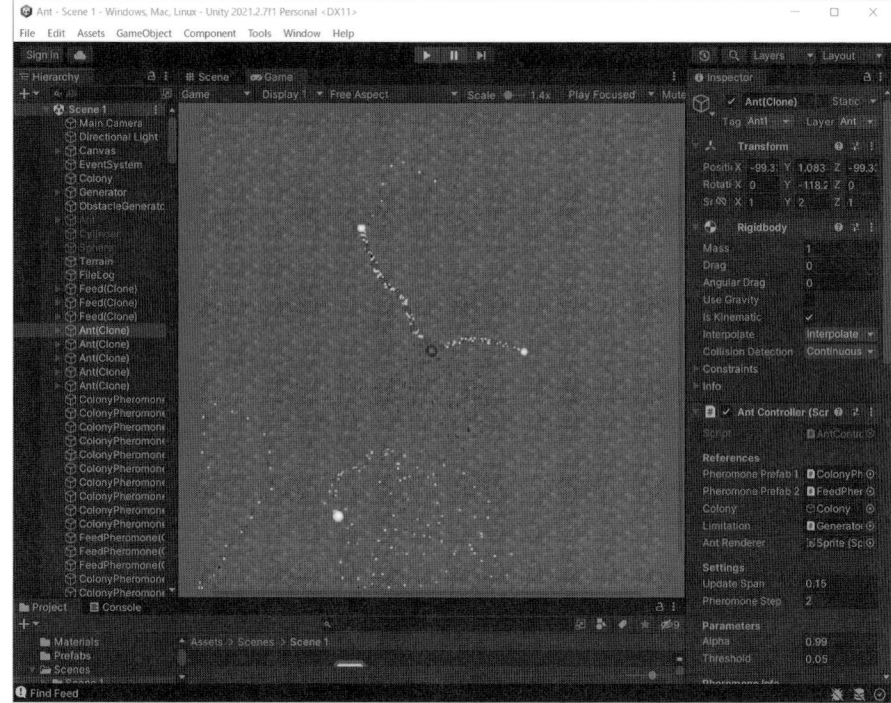

図6.2 ● アリのシミュレーションの外観

くされます（図 6.1 (c)）．この図では遠くの餌（左上）からのフェロモントレイルは薄くなっていて，まだあまり探索されていないことがわかります．一方，近い餌（右と左下）に関しては濃いフェロモントレイルが現れています．これらの餌がなくなるとフェロモンは消散し，その後残った左上の餌場の探索が本格的に始まります（図 6.1 (d)）．

このようなアリのシミュレーションを行う Unity プロジェクト（Ant.zip）が提供されています（**図 6.2**）．このプログラムではアリの行動パターンやフェロモンの機能について，単純なモデルを仮定してシミュレーションを行います．以下の二つの Scene が用意されています．

- Scene1：三つの餌が用意されており，アリが餌を食べたタイミングが記録される（図 6.1 の実験）
- Scene2：一つの餌が用意されている．餌や巣の配置，地形などを変更して観察できる（図 6.3 の実験）

シミュレーションするにあたり，以下が可能になっています．

- 左ドラッグで壁を生成
- 右クリックで餌を追加
- 左上のバーを使ってシミュレーションの速度を変更

AntController.cs 内の FixedUpdate 関数ではアリの状態遷移が実行されます．プログラム6.1はその該当部分を示しています．

プログラム 6.1 ● AntController.cs 内の FixedUpdate

```
1        // 進行方向の決定
2        var pos = transform.position;
3        if(State == AntState.BackHome) { DetectFeed = false; }
4        if(State != AntState.BackHome) { DetectHome = false; }
5
6        if(DetectFeed) { // 餌の方向を向く
7            transform.LookAt(pos + FeedDirection);
8            DetectFeed = false;
9        }
10       else if(DetectHome) { // 巣の方向を向く
11           transform.LookAt(pos + HomeDirection);
12       }
13       else if(State == AntState.Random) { // ランダム探索状態
14           transform.Rotate(new Vector3(0, (Random.value * 2 - 1)
    * 60, 0));
15       }
16       else if(State == AntState.PheromoneSearch) { // フェロモン
    探索状態
17           transform.LookAt(pos + FeedPheromone.Direction);
18           // 分散1，平均0の正規分布に従う乱数
19           Z = Mathf.Sqrt(-2.0f * Mathf.Log(Random.value)) * Math
    f.Cos(2.0f * Mathf.PI * Random.value);
20           transform.Rotate(new Vector3(0, 20f * Z * (1.0f - Sensi
    tivity), 0));
21       }
22       else if(State == AntState.BackHome) { // 帰巣状態
23           if(FeedPheromone.Count >= FeedPheromone.Threshold){
24               transform.LookAt(pos + ColonyPheromone.Direction);
25               Z = Mathf.Sqrt(-2.0f * Mathf.Log(Random.value)) * M
    athf.Cos(2.0f * Mathf.PI * Random.value);
26               transform.Rotate(new Vector3(0, 20f * Z * (1.0f - S
    ensitivity), 0));
27           }else{
28               transform.Rotate(new Vector3(0, (Random.value * 2 -
    1) * 60, 0));
29           }
30       }
```

また，**表6.1**にあるようなパラメータをUnity上から変更することが可能となっています．このためには，Scene上のオブジェクトを選択してInspectorを開き，スクリプトの要素にあるパラメータを編集します（図6.2の右参照）．

表 6.1 ● ANT パラメータの詳細.

Colony オブジェクト Ant Generation	
Span	アリが生成される間隔
Sensitive	敏感アリの上限数
Insensitive	鈍感アリの上限数
Sensitivity High, Low	アリの敏感さのパラメータ
ObstacleGenerator オブジェクト Obstacle Generator	
Thickness	生成される壁の厚さ
Ant オブジェクト Ant Controller	
Parameters, Alpha	内部活性の減衰率
Parameters, Threshold	内部活性の限界値（下回ったアリは活動停止）
Pheromone Info., Alpha	フェロモンの減衰率
Pheromone Info., R	フェロモンの初期濃度
Pheromone Info., Threshold	アリの状態遷移時に必要なフェロモンの数

■ 6.2 アリを惑わしてみる

　アリに意地悪な実験をしてみましょう（**図 6.3**）．子供のころによくやったような残酷な遊びですが，シミュレーションであれば気にせずに実行できます．フェロモントレイルを作った状態（図 6.3 (b)）で障害物を置きます（図 6.3 (c)）．このときフェロモントレイルを遮り，片方の（図の上側の）のパスがもう一方の（下側の）パスよりも長くなるようにします．するとアリたちは迷った状態になりますが（図 6.3 (d)），しばらくすると短いほうのパスを通って餌を持ち運ぶようになります（図 6.3 (e)）．

　この現象は，フェロモンが揮発性であることから次のように説明されます．確率的に考えると最初は二つのパスを同じようにアリが通ります．餌場に至る道に長いほうと短いほうの 2 通りがあるときを考えましょう．フェロモンは揮発性のため，短い経路のほうが蓄積されるフェロモン量は多くなり，後続のアリも短い経路を辿りやすくなります．その結果，時間がたつにつれ，ほぼすべてのアリが短いほうを通るようになります．このようにアリはフェロモンのコミュニケーションを通して，集団としてみると最適なパスを確率的に選択するのです．

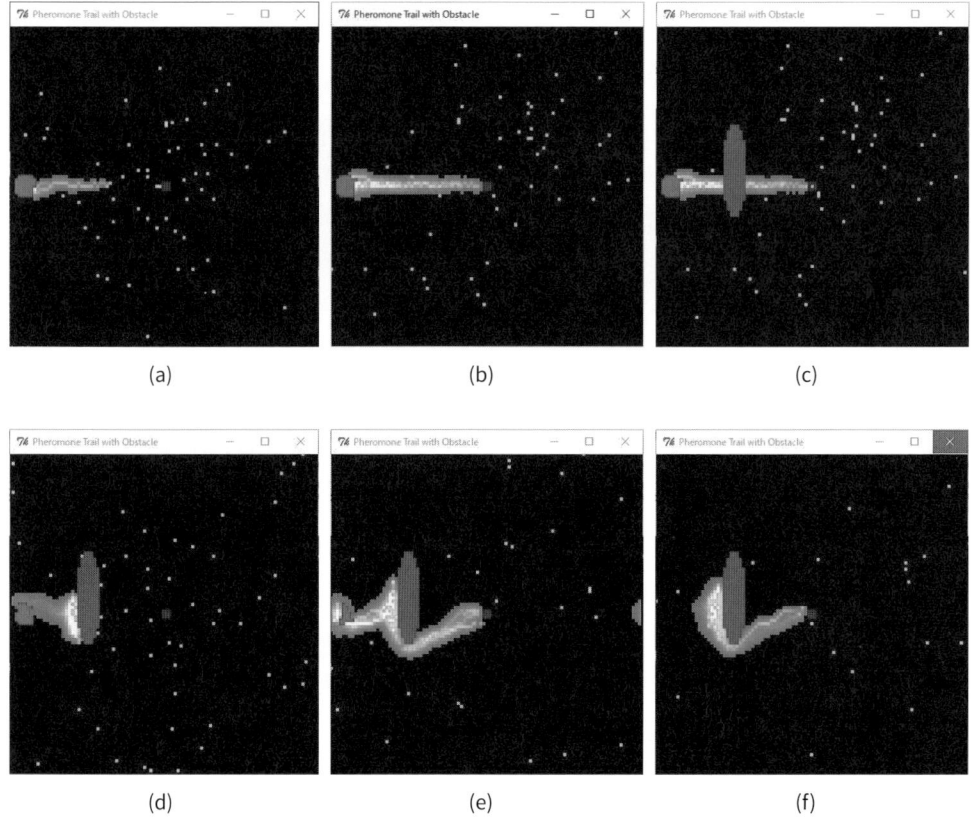

図 6.3 ● 障害物を置いてみた

　図 **6.4** は，このようなシミュレーションをする Unity プロジェクトの外観です．このプログラムは前節のものと同じですが，障害物の下ではフェロモンが消滅しています．ここで Scene2 を実行してみましょう．一つの餌が用意されていて，すぐにフェロモントレイルが形成されるでしょう（図 6.4 (a)）．その実行中に左ドラッグを押して動かすと壁を生成することができます（図 6.4 (b)）．実験をしてみると，アリがさまざまな状況に対応して障害物を回避することがわかります．しかしながら常に最適な道（**最短経路**）を発見するとは限りません．どのような条件でアリがうまく探索するかを試してみてください．

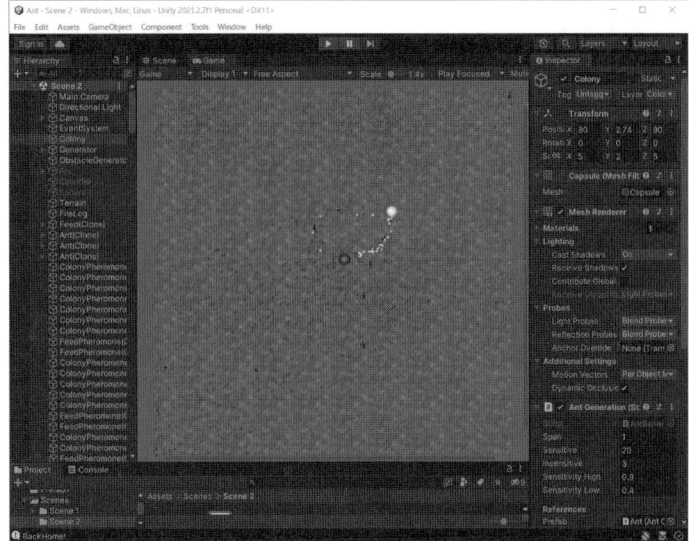

(a) Scene2 での実験を開始する

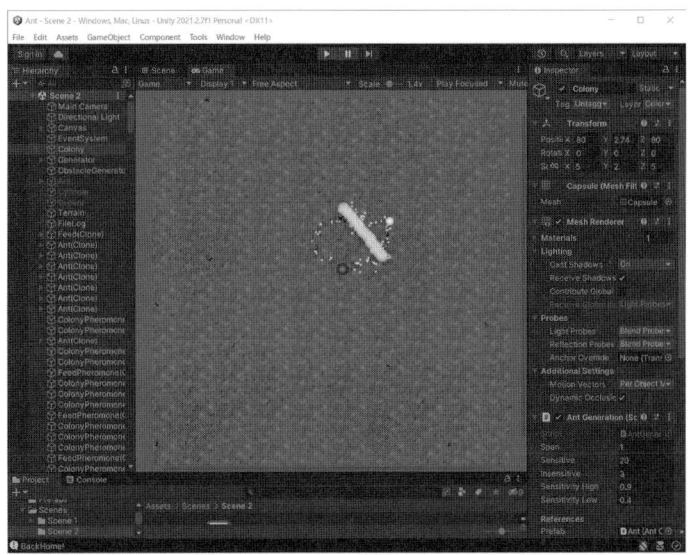

(b) 障害物を設置する

図 6.4 ● 障害物のシミュレーション

6.3　ACO：巡回セールスマンとしてのアリ

　前節で述べたモデルは最短経路の探索に応用することが可能です．そのため巡回セールスマン問題（Travelling Salesman Problem，**TSP**）の解法や，ネットワークの**ルーティング**などに利用されています．巡回セールスマン問題は，地図上に配置された何か所かの都市があるとき，すべての都市をちょうど一度ずつ経由してもとに戻る閉路（**ハミルトン閉路**と呼ばれる）のうち，長さが最小のものを求める問題です．TSP を一般的に解く効率的なアルゴリズムは存在せず，すべての場合をしらみつぶしに調べなくては最適な解は得られません．したがって，都市の数が大きくなると，計算の複雑さも飛躍的に増大します．これを**組合せ論的爆発**と呼び，計算機科学での重要な問題（NP 完全問題）の一つとなっています．TSP は物流輸送のコストや LSI の配線技術などに応用されています [8]．

　実際のアリのフェロモンには，まだ不明な点が多くあります．しかしフェロモンの揮発性の特徴を用いて最短経路を維持しつつ，激しく変化するトラフィックに適応するモデルを構築できます．また，分岐では必ずフェロモンが蓄積した経路を選択するので，動的な問題に対しては意図的にランダムな要素を入れ，硬直化を避ける工夫もなされています．

　アリの集団行動であるフェロモントレイルを利用した最適化アルゴリズムは **ACO**（Ant Colony Optimization）と呼ばれています [40]．これは以下のような手順によって，巡回路を最適化します．

TSP のための ACO

1. アリをランダムに各都市に配置する．
2. アリは次の都市に移動する．移動先はフェロモンなどの情報から確率的に選択される．ただし既に訪れた都市は除外する．
3. すべての都市を訪れるまでこれを繰り返す．
4. 一巡したアリは，通った経路にその長さに応じたフェロモンを落とす．
5. 満足な解を発見していないなら，1 に戻る．

　各都市間の経路の長さとそこに蓄積されているフェロモンの量はテーブルに保存され，アリは近隣の情報について知覚します．それをもとにアリは次に進む都市を確率的に選択します（**図 6.5**）．一巡ごとに各経路に追加されるフェロモンの量は，アリが見つけた巡回経路の長さに反比例します．

　より詳細には，アリは出発地からスタートした後，フェロモン情報とヒューリスティックス情報の二つから次に進む都市を確率的に選択し，最終的にはすべての都市を訪れたのち出発地に戻ってきます．時刻 t におけるアリ k の都市 i と都市 j 間の道の評価値 $a_{ij}^k(t)$ は，次の式で表されます．

$$a_{ij}^k(t) = \frac{\tau_{ij}(t)^\alpha \eta_{ij}(t)^\beta}{\sum_{l \in C^k(t)} \tau_{il}(t)^\alpha \eta_{il}(t)^\beta} \tag{6.1}$$

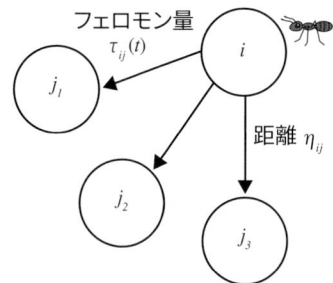

図 6.5 ● アリはどこに進むか？

ただし，パラメータは以下の通りです．

- $\tau_{ij}(t)$：時刻 t における都市 i と都市 j 間のフェロモン情報
- $\eta_{ij}(t)$：時刻 t における都市 i と都市 j 間のヒューリスティックス情報
- $C^k(t)$：時刻 t におけるアリ k がまだ訪れていない都市の集合
- α：フェロモン情報をどれだけ重要視するかを決めるパラメータ
- β：ヒューリスティックス情報をどれだけ重要視するかを決めるパラメータ

フェロモン情報 $\tau_{ij}(t)$ は次式のように時間ごとに変化します．この式の右辺第 2 項は，アリが出発地に戻ってきたときのフェロモンの更新分です．

$$\tau_{ij}(t+1) = \rho \cdot \tau_{ij}(t) + Q \sum_{g \in G_{ij}(t)} L_g^{-1} \tag{6.2}$$

ただし，パラメータは以下の通りです．

- ρ：フェロモンの減衰率 $(0 < \rho < 1)$
- Q：排出するフェロモン量を決めるパラメータ
- $G_{ij}(t)$：時刻 t に出発地に戻ってきたアリの集合
- L_g：アリ g が通ってきた経路の長さ

ヒューリスティックス情報 $\eta_{ij}(t)$ は，次式のように時間に依存しない固定の値となっています．

$$\eta_{ij}(t) = \frac{1}{\text{都市 } i \text{ と都市 } j \text{ 間の距離}} \tag{6.3}$$

以上の情報を用いることによって，時刻 t に都市 i に到着したアリ k が，次に進む都市として都市 $m \in C^k(t)$ を選ぶ確率 $p_{im}^k(t)$ は次式で表されます．

$$p_{im}^k(t) = \frac{a_{im}^k(t)}{\sum_{n \in C^k(t)} a_{in}^k(t)} \tag{6.4}$$

ACO シミュレーション（アリによる TSP 解法）の Unity プロジェクトの実行画面を**図 6.6** に示します．このシミュレーションでは都市間の経路がフェロモン量によって色分けされます（濃い色ほどフェロモンが多い，**図 6.7** (a)）．現時点までに発見されている最短ルートはピン

ク色で表示されています．頂点をドラッグすることで都市の位置を変更できるので，フェロモンの働きや収束性がよくわかります（図 6.7 (b)，図では都市 3 を真ん中下に動かした）．頂点がない位置に右クリックで新しい頂点を追加することもできます．都市を動的に変更しても，ある程度正確にアリは探索することを実験してみてください．

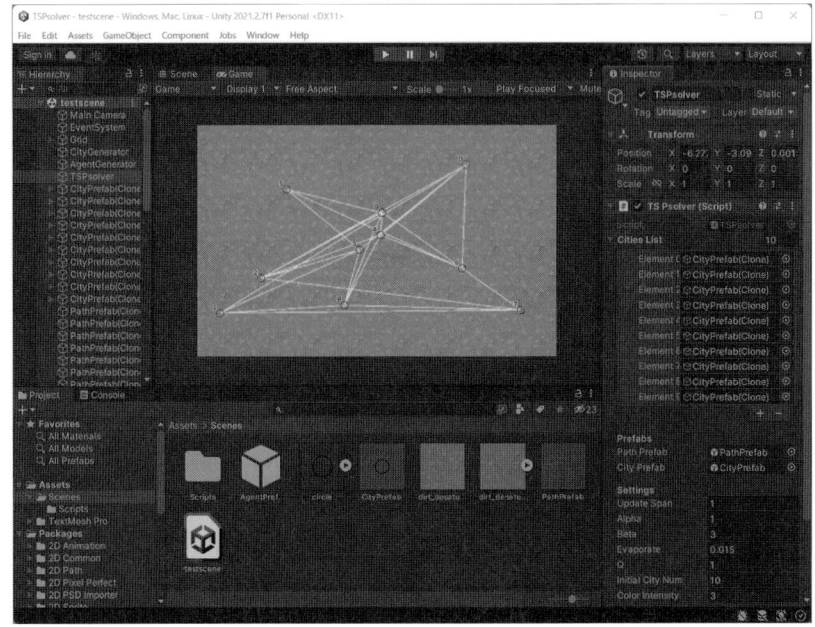

図 6.6 ● TSP by ACO ソルバーの外観

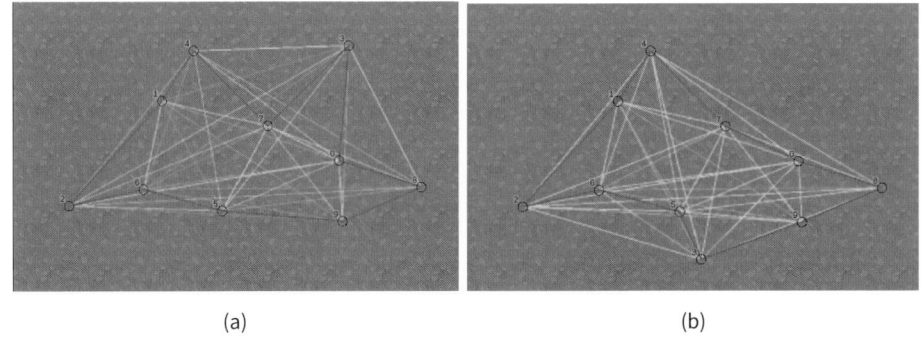

(a)　　　　　　　　　　　　　　　　　(b)

図 6.7 ● アリによる最適経路探索例

このシミュレータでは，TSPsolver の Inspector から現在のステップ数や発見された最短距離が確認できます（図 6.6 の右部分参照）．

各都市間についてフェロモンの蒸発および遷移確率の更新が TSPsolver.cs 内の FixedUpdate 関数で実行されます（プログラム 6.2 参照）．

プログラム 6.2 ● TSPsolver.cs 内の FixedUpdate

```
1      void FixedUpdate()
2      {
3          // 各都市間についてフェロモンの蒸発，遷移確率の更新，path
   の更新
4          // 毎フレーム更新すると重いので UpdateSpan ごとに
5          CurrentTime += Time.deltaTime;
6          if(CurrentTime > UpdateSpan) {
7              StepNum++;
8              for(int i = 0; i < CitiesList.Count; i++)
9              {
10                 for(int j = 0; j < CitiesList.Count; j++)
11                 {
12                     if(i == j)continue;
13                     this.PheromoneList[i][j] *= (1 - evaporate); // フ
   ェロモンの蒸発
14                     this.ProbList[i][j] = Mathf.Pow(PheromoneList[i][
   j], alpha) * Mathf.Pow(DistanceList[i][j], -beta);
15
16                     var linerenderer = this.PathList[i][j].GetComponen
   t<LineRenderer>();
17                     double coloralpha = System.Math.Tanh(this.Pheromone
   List[i][j]/100*ColorIntensity);
18                     Color newcolor = linerenderer.startColor;
19                     newcolor.a = (float)coloralpha;
20                     linerenderer.startColor = newcolor;
21                     linerenderer.endColor = newcolor;
22
23                 }
24             }
25             CurrentTime = 0.0f;
26         }
27     }
```

また，以下にあるようなパラメータを Unity 上から変更することが可能となっています．Scene 上のオブジェクトを選択して Inspector を開き，スクリプトの要素にあるパラメータを編集します．

- AgentGenerator から
  - AgentNum ：1回の更新で巡回を行うアリの数
- TSPsolver から
  - Update Span ：ACO の更新を行う間隔
  - Alpha,Beta ：ACO のパラメーター，アリの移動経路を決定する際に用いられる
  - Evaporate ：フェロモンの蒸発率

- Q：アリが通過した経路に加算されるフェロモンの量
- Initial City Num：最初の頂点数
- Color Intensity：フェロモンの表示の濃さ

都市間の距離が非対称な TSP や都市が動的に変わる TSP などの，より複雑な問題では，確立された手法がまだ開発されていません．そこで，ACO は最も有望な研究手法の一つとなっています．

図 6.8 は ACO による TSP 解法の一例を示しています．図 (a) は初期のランダムな都市配置です（15 都市）．図ではフェロモントレイルが黄緑色の線で示されています．濃いほどフェロモンの濃度は高くなります．現時点で見つかっている最短経路は赤色で示されています．図 (b) から (e) まで探索が進み最適解が求められています．ここで ACO の実行継続中に矢印のように都市を動かしてみます（図 (f) 参照）．この都市の移動にもかかわらず，アリによる探索は継続され新しい配置での最短経路が求められます（図 (g) から (h)）．新しい経路はもとの最短経路の一部を再構成していることに注意してください．このように動的な環境の変化にも的確に適応できることが ACO による探索の頑強性を示しています．

図 6.8 の問題は**動的な TSP** と呼ばれ，実世界での配送計画やカーナビの渋滞回避などに利用されています．ACO や PSO，進化計算における強みは集団における多様性です．この特長によりさまざまな個体が異なる変化に対応し，集団全体として動的な環境に適応可能になっています．ニューラルネットワークや強化学習のように単一の学習機械では，この適応が必ずしも容易ではありません．

TSP のほかにも，経路生成問題に帰着可能な組合せ最適化問題を ACO で解くことができます．また，ACO はクラスタリングやソーティングにも応用されています．これはアリの次のような生態にもとづくものです．アリが巣の中で行う行動にアブラムシの畜産や幼虫の飼育があります．アリの巣内の「牧場」や「保育所」を覗いてみると，大きさなどによって家畜や幼虫が空間的に整理され配置されているのがわかります．このような生態は，餌を与える作業を効率化するように進化したと考えられています．このほかにも ACO はさまざまな実問題に応用されています．

■ **6.4**　橋を作るアリ：利他行動とは？

軍隊アリは真社会性昆虫として知られており，数十万から数百万という規模で群れを成しています．軍隊アリの主な餌は虫や小動物で，巣の周辺の餌は短期間で食べ尽くされます．そのため固定した巣を持たず，定期的に大規模な移動を行います．この頻繁な移動に際して軍隊アリは自らの身体を使って構造物を構築することが知られています．例えば，洞窟のような巣を作るときには，天井が崩れないように自分の身体を用いて「柱」を築いて支えることがあります．さらに，行軍の経路中に障害となる穴や溝を発見したとき，自らの体を使って「橋」を構築し，仲間を近道させることもあります（**図 6.9**）．このように他者の利益を優先し，ときには

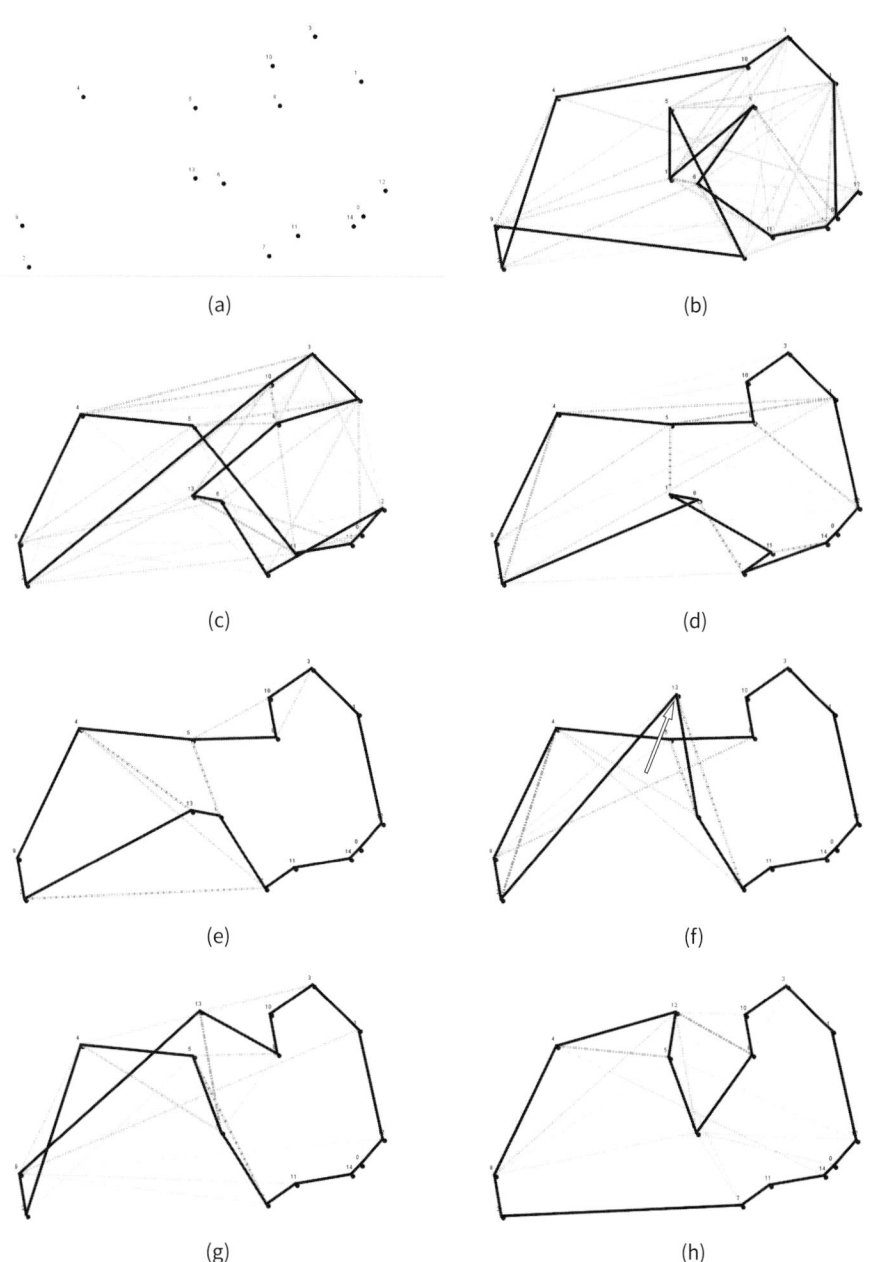

図 6.8 ● 動的な巡回セールスマン問題

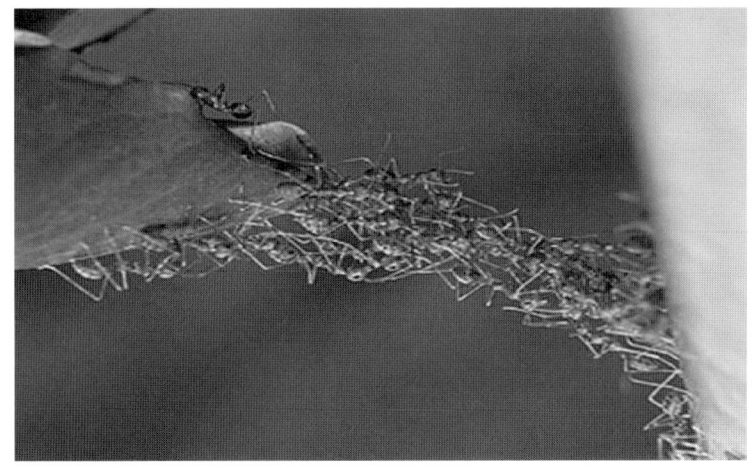

図 6.9 ● 軍隊アリの橋作りのようす．写真は Salvacion P. Angtuaco 教授のご厚意によるもの

自分自身を犠牲にしてでも他者を助ける行為を**利他行動**と呼んでいます．利他行動がどのように進化したのかは，生物学における大きな謎になっています．

　軍隊アリの橋を作る行動は，餌の探索や運搬といったアリが本来，目的としている仕事とは別のものになります．したがって，あまり多くのアリがこの行為に従事したり，不必要な場所に橋を構築するようなことがあれば，群れ全体の捕食能力を低下させる可能性があります．実際には自然界のアリは，この行為をバランスよく行っているようです．軍隊アリは，この利他行動によって群れの捕食能力を最大 26 ％上昇させているという報告もあります．

　しかし，どのような条件で橋が構築されるかについては詳しくわかっておらず，仮説として次の二つが考えられます．

> **仮説 1**　近傍の仲間がいるかどうかで判断
> 　　自分の近傍に仲間のアリがある程度の数以上いるときに橋を構築する．このとき，闇雲に橋を構築するよりは効率的であり，仲間が近道する可能性も高いかもしれない．
>
> **仮説 2**　フェロモンによる判断
> 　　フェロモン濃度が大きい場所は多くのアリが通ろうとしたことを意味する．フェロモンは餌場と巣との間に分泌されるので，効率的な場所に橋を作成できるかもしれない．

　このような仮説の正しさを検証するために，シミュレーションによる実験を行いました．6.1 節で説明したように，アリは "餌の探索" や "餌を巣まで運ぶ" といった行動をします．「巣」はアリのスタート地点であり，また餌を持ち帰る場所でもあります．「フェロモン」は餌を見つけたときにアリが発する揮発性で拡散する物質です．アリはフェロモンを通して，餌の在り処を仲間に伝えるコミュニケーションを行います．

　ここではアリの環境に「溝」を導入します．アリは溝を通り抜けることはできないので，アリの行軍を妨げます．ただし，利他行動により橋を構築した場合には他のアリはその上を渡ることができます（**図6.10**）．

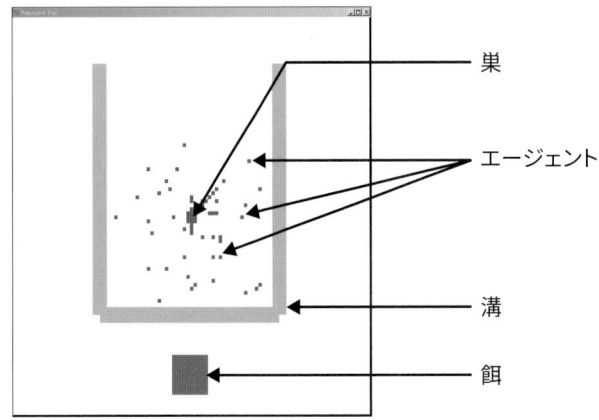

図6.10 ● 軍隊アリのシミュレーション環境

アリは**図6.11**の状態遷移図に従って動くと仮定します．

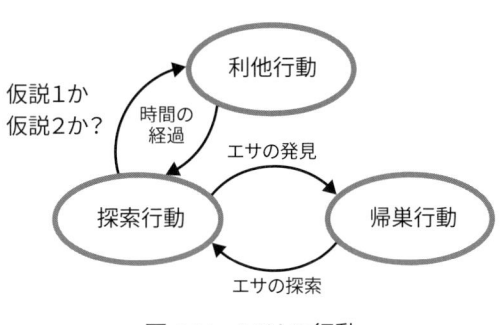

図6.11 ● アリの行動

　各状態での動作は**表6.2**に示されています．利他行動状態に遷移する条件を上で述べた仮説1または2として，シミュレーション実験を行いました．**図6.12**は，橋が構築されるようすを示しています．なおこのシミュレーションではアリの行動選択に際していくつかのパラメータが存在します．

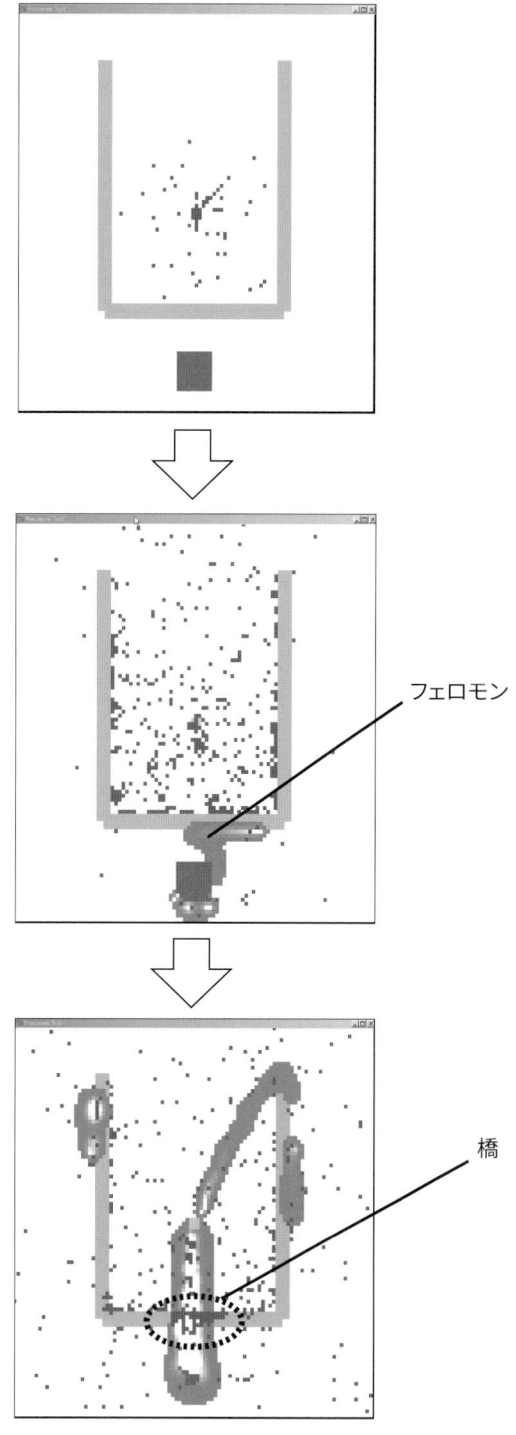

図 6.12 ● アリが橋を作るようす

表6.2 ● アリの状態遷移

状態	行動
探索行動	アリの初期状態であり，餌を発見するまでランダムウォークを続ける．餌を発見したとき帰巣行動に移る．また，ある条件（仮説1または2）を満たしたとき，利他行動に遷移する．フェロモンを感知すると，その濃度の大きいほうへと引き寄せられる．
帰巣行動	餌を巣まで持ち帰る．このときアリはフェロモンを発しながら移動を行う．巣に到着したとき，再び探索状態に遷移する．アリには帰巣本能があり，巣の場所を覚えていると仮定する．
利他行動	溝に橋を構築する．橋になっている間は動くことができない．ある時間が経過したら探索状態に遷移する．

　実験結果を**図6.13**に示します．この図では横軸をアリの数，縦軸を一定時間内に集めた餌の数として成績をプロットしています．図から，利他行動がないときよりも，近道のために橋を構築するほうが高いパフォーマンスを発揮していることがわかります．ただし，アリの数が60よりも少ないときには分散も大きく，必ずしも性能向上が達成されているわけではありません．アリの数が少ないときには，仮説2のフェロモンを利用すると，より良い成績になるようです．

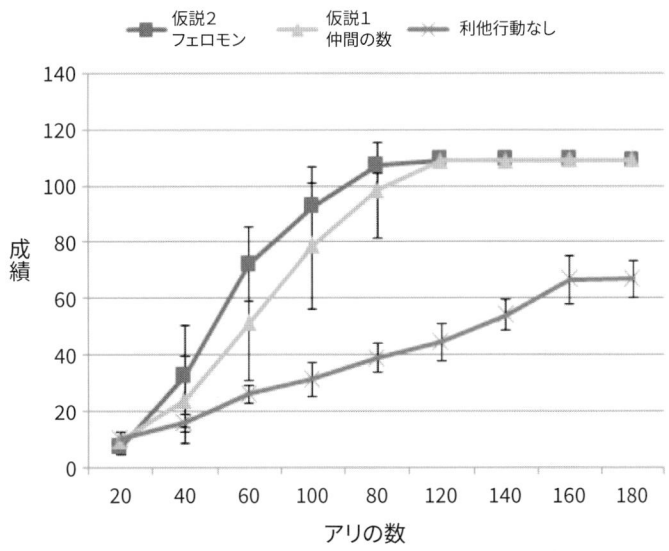

図6.13 ● 利他行動のシミュレーション結果

　図6.14に橋の成長のようすを示します．横軸は時間（シミュレーションのタイムステップ），縦軸は橋のサイズ（従事するアリ数）です．ここでは複数の橋が形成された場合に，1番

大きい橋（1st）と2番目に大きい橋（2nd）のデータをプロットしています．いずれも同じように成長します．時間がたつと1番大きい橋は一時縮小し，ふたたび成長しはじめます．一方，2番目の橋は次第に縮小していき，時間とともに二つの橋のサイズの差は広がっていきます．

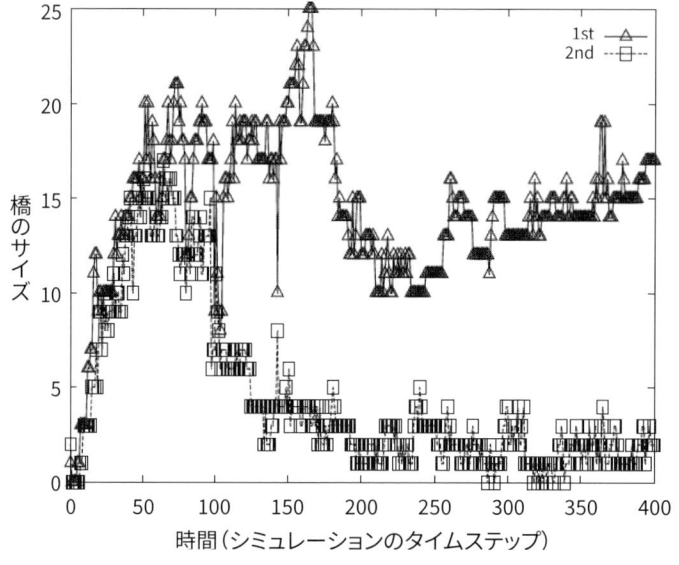

図6.14 ● 構築された橋の大きさ（シミュレーション）

Lioni らは実際に軍隊アリを観察してこのデータを収集しました [61]．**図6.15** はその結果をプロットしたものです．この図でも，序盤は均等にサイズが増加し，時間が進むにつれて一つの橋に集中していくという傾向がみられます．このことから二つの図が定性的に一致しており，シミュレーションが実際のデータをうまく再現していることがわかります．

ただし，先に説明したシミュレーションには限界があり，さまざまな点での拡張が必要です．たとえば，現実世界のアリは同じ種であっても身体の構造や大きさが異なった状態で産まれます．その結果，

- 外敵から群れを守るアリ
- 餌の運搬や掃除，橋の構築を行うアリ
- 長い脚を有し，大きな餌を運ぶアリ

のような役割分担が見られます．さらにこの役割も時間的に変動することが知られています．この中で橋の構築を行うのは，一番小さい軍隊アリとされています．

ここで述べた研究は，シミュレーションを行いながら実際のアリの利他行動を理解し，予測することを目指しています．つまり，生命現象のモデルを検証し，現象のもとになるメカニズムの理解を深めることが目的です．その意味で "**創って理解する生物**" であり，人工生命の中

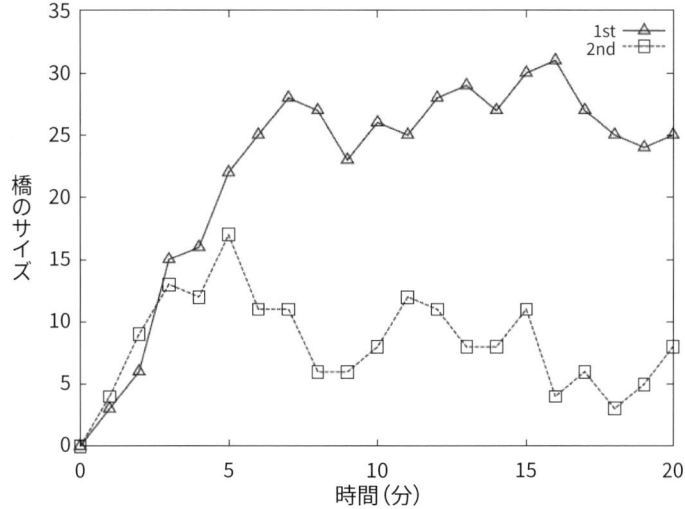

図 6.15 ● 構築された橋の大きさ（観測データ）

心テーマとなっています.

■ **6.5 アリの死への行進**

アリの行動が必ずしも最適とは限らない例を説明しましょう. **死の行進**（death spiral，死の螺旋）とは，アリが互いのフェロモンをたどって円を描くように歩き続ける奇妙な行動のことです. 行き場を失ったアリたちはどこへ向かってよいのかわからず，仲間のお尻から出るフェロモンを頼りに進むので円を描くように進んでいきます. グルグル回るアリの行進は止まることなく回り続けます. 体力の少ないアリから徐々に死んでいき，死んだ仲間を踏みつけながら，疲れきって死滅するまで行進は続けられます. **図 6.16** には左上に餌が，中心に巣がある状況で，アリが次第に死の行進に陥るシミュレーションの例です.

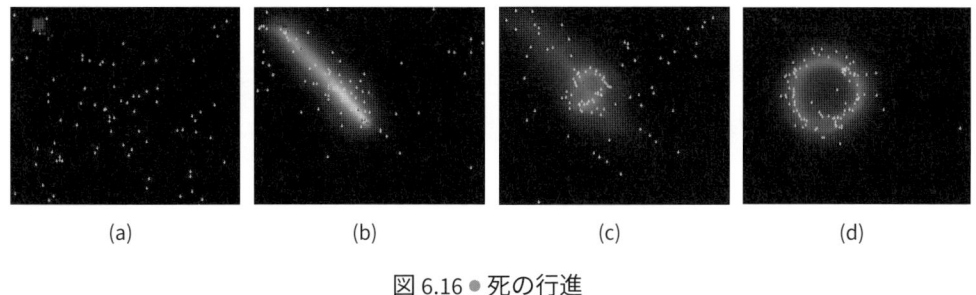

(a)　　　　　　　(b)　　　　　　　(c)　　　　　　　(d)

図 6.16 ● 死の行進

アリが死の行進を形成する原因は詳しく解明されていません. 一説には，行き場を失ったアリの群れに起因すると考えられています. 死の行進はスマートフォンや携帯電話などの電磁

波によって引き起こされるという報告もあります．何らかの外部刺激により正しいコロニー（巣）の位置を把握することができず，ずれた位置を目指し続けるという説です．

■ 演習問題

演習問題 6.1 ★

　ACO による巡回セールスマン問題の解法について，さまざまな都市の配置を用いて試してみましょう．探索の効率を他の手法と比べてみると面白いでしょう．都市の配置については，次のような**ベンチマーク問題**が知られています．

- Oliver 30^a
- Eil 51^b
- Eil 76^c
- KroA 100^d

---

a https://stevedower.id.au/research/oliver-30
b http://elib.zib.de/pub/mp-testdata/tsp/tsplib/tsp/
c https://www.cse.unr.edu/~miles/tsp/tsp.html
d http://elib.zib.de/pub/mp-testdata/tsp/tsplib/tsp/kroA100.tsp

演習問題 6.2 ★

　アリの採餌行動シミュレーションを用いて，いかに効率的に餌を探索するのかを観察してみましょう．できるだけ客観的・定量的に吟味できるように工夫してください．例えば，アリが餌を食べたタイミングや量をカウントしてみるとよいでしょう．

演習問題 6.3 ★★

　アリのシミュレーションに以下の二つの事象を加えることで，アリに死の行進をさせてみましょう．

- 通常の探索中に突然コロニー（巣）が消失し，食料を持ったままのアリがコロニーに帰れなくなる．その結果，延々とフェロモンを流し続ける．
- アリがコロニーの位置を正しく把握できていない．食料を運ぶアリがコロニーから少しずれた位置を目指すように行動する．

　2番目の項目は，アリの現在地と実際のコロニーを結んだ直線と垂直な直線上で，コロニーから一定の距離にある地点を間違った目的地として目指すようにします．つまり，帰巣しようとするアリは本当のコロニーから一定距離ずれた位置を目指すようになります．例えば，図6.16 のシミュレーションでは一定の確率で巣の方向を間違える

アリを導入しています.

　さまざまな条件を設定して死の行進を再現してみましょう. どのようにするともっ
ともらしい行動が創発するかを観察してください.

　橋を作るアリのシミュレーションを実現して, 利他行動がどのように創発するのか
を観察してみましょう.

　6.4 節で説明したような拡張を行うと, より現実のアリの生態に近づくでしょう. そ
の結果, 仮説をさらに精度よく検証できると期待されます.

　また**図 6.17** のような地形を考えます. この地形に対して, どのようなとき（異なる
θ の値によって）橋を作るか（作らないか）について, 実際のアリによる研究結果 [65]
が報告されています. このシミュレーションを行って実測値データと比べると面白い
でしょう.

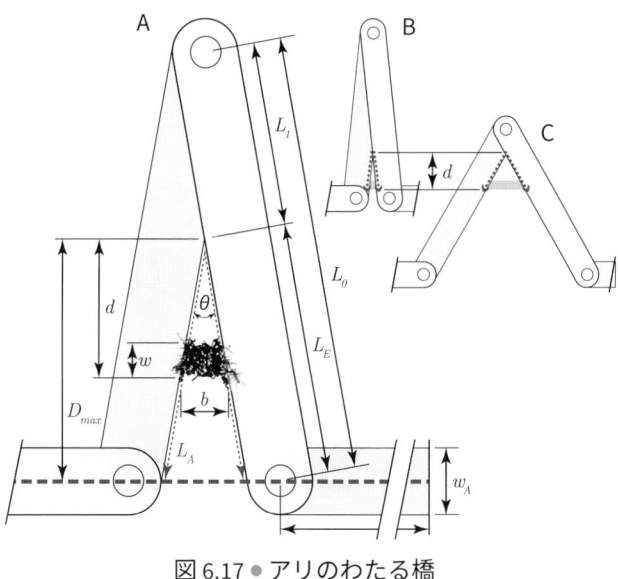

図 6.17 ● アリのわたる橋

第 7 章

集団行動と群れの知能

あなたがオタマジャクシで，私が魚だった頃
古生代の時代には潮の満ち引きで隣り合わせになり
私たちは滲みやぬめりの中をのたうち回った.
あるいは何度も尾をひっくり返して滑った
カンブリア紀の沼地の深みを行く.
私の心は生きる喜びに満ち溢れていた.
あの頃もあなたを愛していたから.
（Evolution, Langdon Smith, 1858–1908）

■ **7.1** 魚はなぜ群れるのか？

　これまでに，数多くの科学者が鳥や魚の群れの**集団行動**をコンピュータ上に表現しようと試みてきました．この中で，特に有名なのが Reynolds や Hepper といった鳥や魚の動き（**図7.1**）をシミュレートしてきた人々です．Reynolds は鳥の群れの美しさの虜になり [66]，動物学者の Hepper は一瞬にしてまとまったり散らばったりする鳥の群れに隠されたルールを見つけることに興味を持ちました [50]．彼らは，ミクロには**セルラ・オートマトン**のような非常にシンプルな動きであるのに対して，マクロにはカオス的な，非常に複雑な動きをするところに目をつけました．彼らのモデルでは個体相互間に与える影響が，非常に大きな割合を占めています．群れの一連の動きは，自分自身と仲間との間の距離を最適に保とうとするルールで実現できることがわかりました．

　Reynolds の CG アニメーションは **boid** と呼ばれるエージェントの集まりからなります．各 boid は，(1) 最も近い他者あるいは障害物から離れようとする力，(2) 群れの中心に向かおうとする力，(3) 目標位置へ向かおうとする力の三つのベクトルを合成することで動きを決定します．合成の際の係数を調整することで，さまざまな動きのパターンが実現されます．このように単純な行動規範をそれぞれの個体が持ち，全体として複雑な群れ行動が創発します．この技術は映画の特殊効果やアニメーションで盛んに応用されています．

(a)　　　　　　　　　　　　　(b)

図 7.1 ● 魚の群れ行動

　以下では boid のアルゴリズムの詳細を説明しましょう．これは空間を数多くの個体（boid）が動き回るものであり，それぞれの個体は速度ベクトルを保持しています．boid の群れを実現させる振る舞いは，以下の三つの要素からなります．

---
boid のアルゴリズム

1. 衝突の回避：近くにいる仲間と衝突しないようにする
2. 速度を合わせる：近くの仲間と速度を一致させようとする
3. 群れの中心に向かう：近くにいる仲間に周りを囲まれた状態になろうとする

---

　boid にはそれぞれ自分にとっての「**最適距離**」があります．そして自分の近くにいる仲間との間で，この距離を保ちたいと考えて振る舞います．もっとも近くの boid との距離が「最適距離」を下回ると衝突する恐れがあります．そこでこれを回避するため，もっとも近くにいる boid の位置が自分より前なら自分はスピードを落とし，逆にもっとも近くにいる boid が自分より後ろなら自分はスピードを上げます（**図 7.2**）．

　また群れから離れすぎないためにも，この「最適距離」を用います．もっとも近くにいる boid との距離が「最適距離」よりも大きいとき，その仲間が自分より前ならスピードアップし，後ろならスローダウンをします（**図 7.3**）．ただし boid にとっての前と後ろは，自分の目を通り進行方向と直交する線の前後として定義されます（**図 7.4**）．

　速度を合わせるために，boid はもっとも近くにいる仲間と平行に（同じベクトルで）飛ぼうとします．これによるスピードの変化はありません．さらに群れの中心（boid の集合全体の重心）に向かうように，速度を常に変更しています．

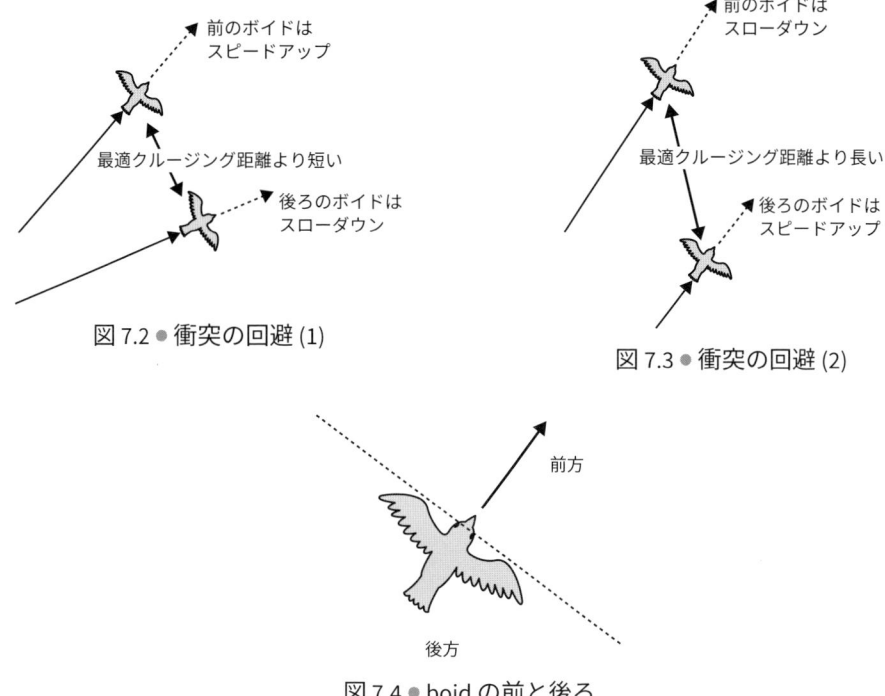

図 7.2 ● 衝突の回避 (1)

図 7.3 ● 衝突の回避 (2)

図 7.4 ● boid の前と後ろ

　以上をまとめると，時刻 t での i 番目の boid の速度ベクトル（$v_i(t)$）の更新式は次のように
なります（**図 7.5**）．

$$v_i(t) = v_i(t-1) + Next_i(t-1) + G_i(t-1) \tag{7.1}$$

ここで $Next_i(t-1)$ は個体 i のもっとも近くの boid の速度ベクトル，$G_i(t-1)$ は個体 i から
重心へ向かうベクトルです．なお，慣性で動くことを実現するため，1 タイムステップ前の速
度 $v_i(t-1)$ を加えています．

　それぞれの boid は自分の視界を有しています（**図 7.6**）．もっとも近くにいる boid を探す場
合，自分の視界内の boid だけを考えます．ただし，群れの重心を計算するには，他の boid も
含めた全体の座標位置を使います．視界の大きさを変えることで，群れの集散具合を調整する
ことができます．

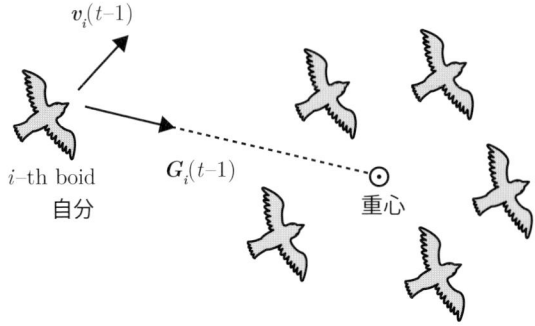

図 7.5 ● 速度ベクトルの計算

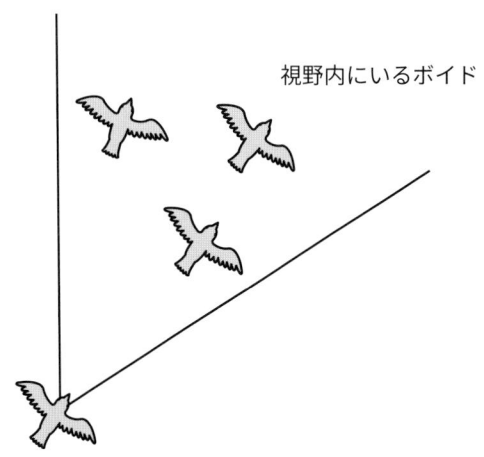

図 7.6 ● boid の視覚

　boid のシミュレーションを見てみましょう. **図 7.7** はシミュレータの外観です. このシミュレータは MIT ライセンス[1]で公開されているソフトウェア[2]を本実験用に拡張・改良したものです. ソースコードの詳細は以下のようになっています.

- Boid.cs
  boid の各個体にアタッチされる. 周りの状況に関する変数をもとに, 魚の速度や進む方向を決定する.
- BoidManager.cs
  boid の全個体の情報を管理する. その情報を BoidCompute に渡すことで, 各個体の周り

---

1) https://opensource.org/licenses/mit-license.php
2) https://github.com/SebLague/Boids

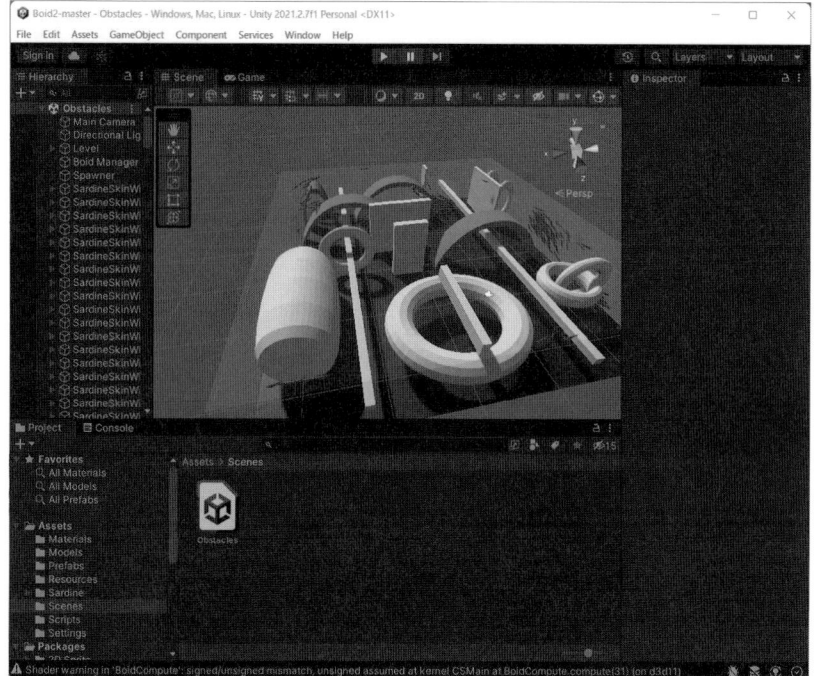

図 7.7 ● boid シミュレーション

の状況に関する変数をフレームごとに計算する．

- BoidHelper.cs
  障害物のない方向 Vector3 のリストを作成する．
- BoidSetting.cs
  シミュレーションのパラメータを一括で管理する．
- BoidCompute.compute
  BoidManager から各個体に関する情報が渡され，それぞれの boid の周辺環境（群れの中心など）を計算する．計算処理が重いため，この compute shader に処理が分離されている．
- Spawner.cs
  boid の初期個体を生成する．

　画面下部の Project タブから Assets ＞ Scenes フォルダを開くと Obstacles のシーンが見られます．そのあとで再生をすると，**図 7.8** のように障害物を巧みにかわしながら，集団が離合集散するようすが観察されます．魚や鳥の群れらしい動きをシミュレートしてみてください．

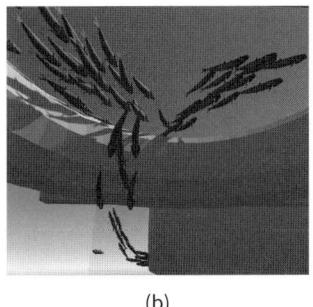

(a)   (b)   (c)

図 7.8 ● ボイドが障害物を避けるようす

プログラム 7.1 の UpdateBoid 関数は，boid が次に動く方向を式 (7.1) に基づいて決定します．

プログラム 7.1 ● Boid.cs 内の UpdateBoid

```
1    public void UpdateBoid () {
2        Vector3 acceleration = Vector3.zero;
3        if (numPerceivedFlockmates != 0) {
4            centreOfFlockmates /= numPerceivedFlockmates; // 自分の周り
    にいる魚の重心を求める
5            Vector3 offsetToFlockmatesCentre = (centreOfFlockmates - po
    sition); // 重心へのベクトル
6            var alignmentForce = SteerTowards (avgFlockHeading) * setti
    ngs.alignWeight; // 近くの魚が向かう方向に向かう力
7            var cohesionForce = SteerTowards (offsetToFlockmatesCentre)
     * settings.cohesionWeight; // 近くの魚の重心へ向かう力
8            var seperationForce = SteerTowards (avgAvoidanceHeading) *
    settings.seperateWeight; // 近づきすぎるのを避ける力
9            acceleration += alignmentForce;
10           acceleration += cohesionForce;
11           acceleration += seperationForce;
12       }
13       if (IsHeadingForCollision ()) {
14           Vector3 collisionAvoidDir = ObstacleRays (); // 障害物を
    避ける方向を取得
15           Vector3 collisionAvoidForce = SteerTowards (collisionAvoidD
    ir) * settings.avoidCollisionWeight; // 障害物を避ける力
16           acceleration += collisionAvoidForce;
17       }
18       velocity += acceleration * Time.deltaTime; // 加速度を用いて
    速度を変更する.
19       float speed = velocity.magnitude;
20       Vector3 dir = velocity / speed;
21       speed = Mathf.Clamp (speed, settings.minSpeed, settings.maxSpee
    d); // 速度のスカラが範囲内に収まるようにする
```

```
22          velocity = dir * speed;
23          cachedTransform.position += velocity * Time.deltaTime;
24          cachedTransform.forward = dir;
25          position = cachedTransform.position;
26          forward = dir;
27      }
```

■ **7.2　Couzin のアルゴリズム：輪になって踊ろう**

　boid のアルゴリズムは単純で，集団行動の創発を容易に実現できます．しかし問題は集団の行動を制御できないことです．そこでより現実的な boid を作ることを考えてみましょう．

　集団記憶（collective memory）を実装する研究を紹介します [38]．これは，集団構造の過去の履歴が個体間の相互作用に影響するという考え方です．このモデルの基本原理（**Couzin のアルゴリズム**）は以下の通りです．

- **Rule 1**：全個体はお互いに最小距離を常に維持する（回避行動）．これは最大の優先度となり，実際の生物でも観測される行動である．
- **Rule 2**：もしも **Rule 1** を遂行しないならば，他の個体に惹きつけられやすく，かつ近隣個体と並ぶ傾向がある．これは孤立化を避けるためである．

　個体の周囲のモデル化は**図 7.9** のようになります．ここでは自分自身が鳥の形で描かれています．自分の周囲は，近いほうから次の領域に分かれています．

- **斥力**（repulsion）：この領域（zone of repulsion, zor）にある 2 個体は互いに反発する
- **定位**（orientation）：この領域（zone of orientation, zoo）にある 2 個体は同じ方向に整列する
- **吸引**（attraction）：この領域（zone of attraction, zoa）にある 2 個体は引き合う

ただし，自分の背後には死角が存在します．**図 7.10** に個体どうしの相互作用のようすを示します．

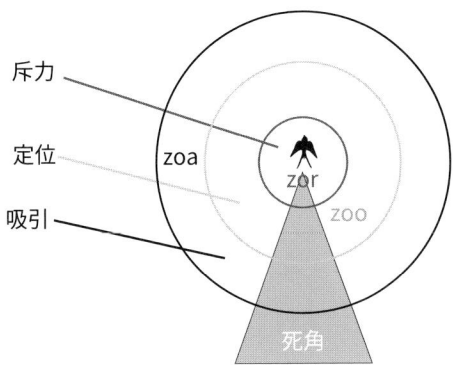

図 7.9 ● 個体の周囲のモデル化

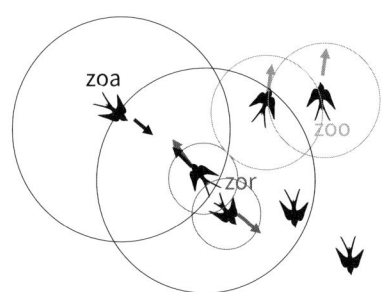

図 7.10 ● 局所的相互作用

　このことを局所ルールで実現するために，次のように更新ルールを設定します．この更新は個体 i ごとに実行されます．なお，個体 i の位置ベクトルを c_i とし，速度ベクトルを v_i とします．

- **zor に個体がいるとき**：
次に動くべき方向は，

$$d_r(t+\tau) = -\sum_{j \neq i}^{n_r} \frac{r_{ij}(t)}{|r_{ij}(t)|} \tag{7.2}$$

となる．ただし，$r_{ij} = \dfrac{c_j - c_i}{|c_j - c_i|}$ であり個体 j 方向への単位ベクトルである．これが最大の優先度である．

- **zor に個体がいないとき**：
　－ zoo に対して

$$d_o(t+\tau) = \sum_{j=1}^{n_o} \frac{v_i(t)}{|v_j(t)|} \tag{7.3}$$

　－ zoa に対して

$$d_a(t+\tau) = \sum_{j \neq i}^{n_a} \frac{r_{ij}(t)}{|r_{ij}(t)|} \tag{7.4}$$

ただし，これは死角を除いて求める．

- **zoo のみに個体がいるとき：**

次に動くべき方向は，次式となる．

$$\boldsymbol{d}_i(t+\tau) = \boldsymbol{d}_o(t+\tau) \tag{7.5}$$

- **zoa のみに個体がいるとき：**

$$\boldsymbol{d}_i(t+\tau) = \boldsymbol{d}_a(t+\tau)$$

- **両方に個体がいるとき：**

$$\boldsymbol{d}_i(t+\tau) = \frac{1}{2}(\boldsymbol{d}_o(t+\tau) + \boldsymbol{d}_a(t+\tau))$$

- **いずれにも個体がいないとき：**

$$\boldsymbol{d}_i(t+\tau) = \boldsymbol{v}_i(t)$$

なお，zoo の領域（zone of orientation）は時間とともに変化します．
最後に以下の調整をします．

- $\boldsymbol{d}_i(t+\tau)$ を正規分布に基づいてランダムな角度分動かす．
- 各個体 i は $\boldsymbol{v}_i(t+\tau) = \boldsymbol{d}_i(t+\tau)$ によって方向を変える．ただし，最大の回転角 θ_τ を超えるときは，この角度までとする．
- 各個体の移動速度は一定の s とする．

　シミュレーションで使われるパラメータを**表7.1**に示します．Units は対象とする特定の生物に関する長さのスケールです．例えば，昆虫に対しては非常に小さくなり，他のパラメータは適当にスケーリングされます．
　図7.11には，さまざまな条件での実験結果を示します．集団行動は，以下の四つの場合に分類されます．

- (a) 群れ
- (b) トーラス
- (c) 動的な併進
- (d) 高度な併進

　図7.11 の下段の図は，zoo と zoa のサイズの変化（Δr_o と Δr_a）の関数としての集団極性 p_{group}（図E）と角運動量 m_{group}（図F）の値です（30回の平均値）．この図での a〜d までのパラメータ領域が上の A〜D の集団行動に相当します．領域 e は 50％以上の確率で分断する行動です．ここでのパラメータ値は，$N=100$, $r_r=1$, $\alpha=270$, $\theta=40$, $s=3$, $\sigma=0.05$ となっています．ただし，集団極性 p_{group}(E) と角運動量 m_{group}(F) はモデルの大域的特徴で

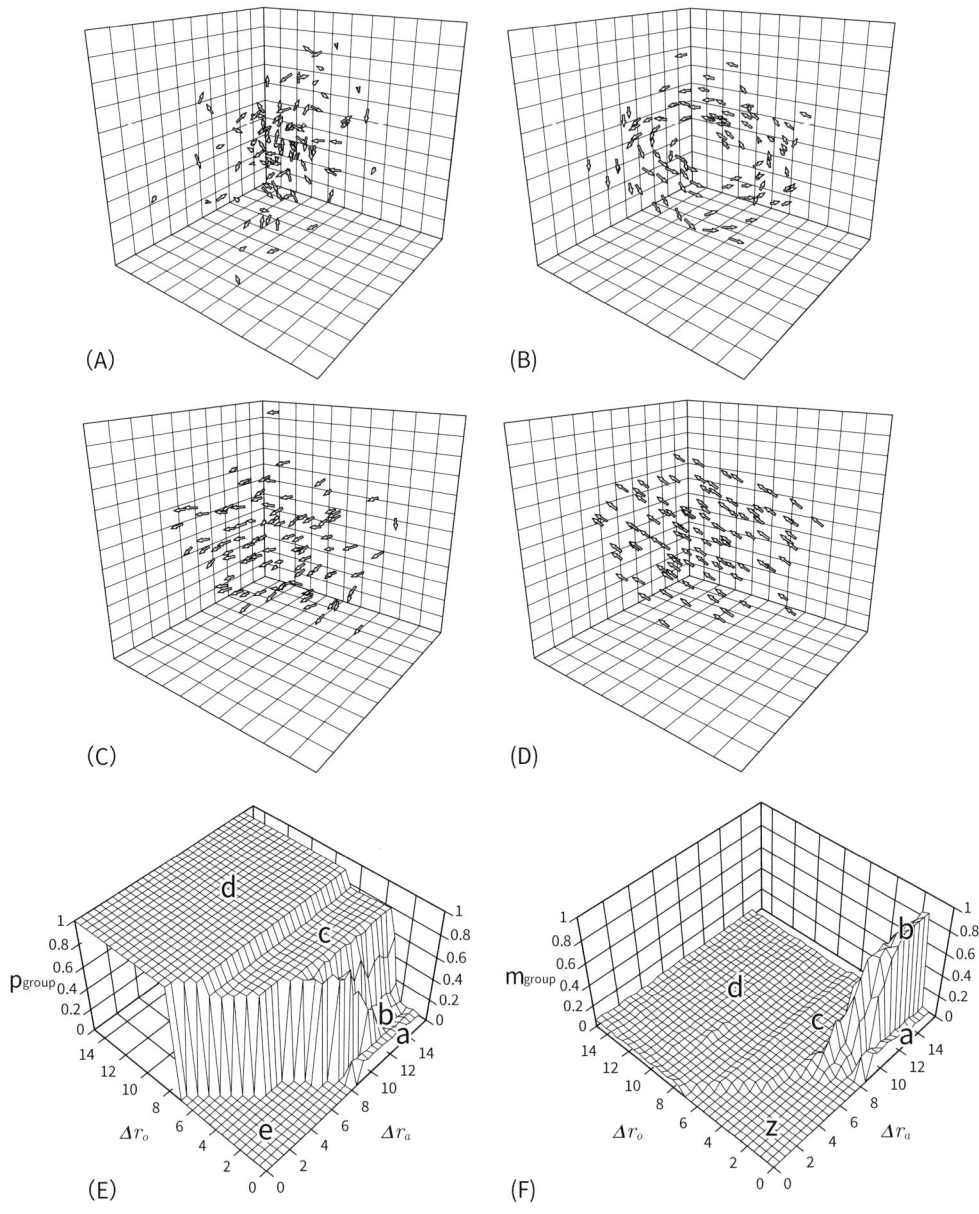

図 7.11 ● 集団行動のようす：(A) 群れ, (B) トーラス, (C) 動的な併進, (D) 高度な併進. 集団極性 p_{group} (E) と角運動量 m_{group} (F) を ZooΔr_o と ZoaΔr_a の変化の関数として示す [38].

表7.1 ● パラメータの詳細

パラメータ	単位	記号	数値範囲
個体数	–	N	10〜100
斥力（zor）	Units	r_r	1
定位（zoo）	Units	$\Delta r_o(r_o - r_r)$	0〜15
吸引（zoa）	Units	$\Delta r_a(r_a - r_o)$	0〜15
視野	角度	α	200〜360
回転率	秒あたりの角度	θ	10〜100
速度	秒あたりの Units	s	1〜5
誤差（S.D.）	角度（ラジアン）	σ	0〜11.5（0〜0.2 ラジアン）
時間幅	秒	τ	0.1

あり，次のように定義されます．

$$p_{group}(t) = \frac{1}{N}\left|\sum_{i=1}^{N} \boldsymbol{v}_i(t)\right| \tag{7.6}$$

$$m_{group}(t) = \frac{1}{N}\left|\sum_{i=1}^{N} \boldsymbol{r}_{ic}(t) \times \boldsymbol{v}_i(t)\right| \tag{7.7}$$

$$\boldsymbol{r}_{ic} = \boldsymbol{c}_i - \boldsymbol{c}_{group} \tag{7.8}$$

$$\boldsymbol{c}_{group}(t) = \frac{1}{N}\sum_{i=1}^{N} \boldsymbol{c}_i(t) \tag{7.9}$$

集団極性は，集団内の個体間の連帯度が増えると大きくなります．一方，角運動量は，集団の重心に関する回転度合いを測るもの（重心の周りの個体の角度モーメントの総和）です．

これらの結果から，集団の行動が以下のように観測されることがわかります．

- **群れ**：凝集による集団．ただし，メンバー間での低レベルの分裂や平行整列もみられる．このことは低い連帯度（p_{group}）と低い角モーメント（m_{group}）を意味する．個体は反発と吸引の行動を示すが，ほとんど並行しない（図の領域a）．
- **トーラス**：個体がある中心の周りを回り続ける．回転方向はランダムである．p_{group} の値は低いが，m_{group} は高い．これが起こるのは，Δr_o が比較的小さく，Δr_a が比較的大きいときである（領域b）．
- **動的な併進**：この集団は高い p_{group} 値と低い m_{group} を示す．この種の集団は群れやトーラスよりも可動性がある．中くらいの Δr_o と中くらい以上の Δr_a でこの現象が起こる（領域c）．
- **高度な併進**：Δr_o が増えると集団は自己組織化して，直線的な動き（低い m_{group}）を有す

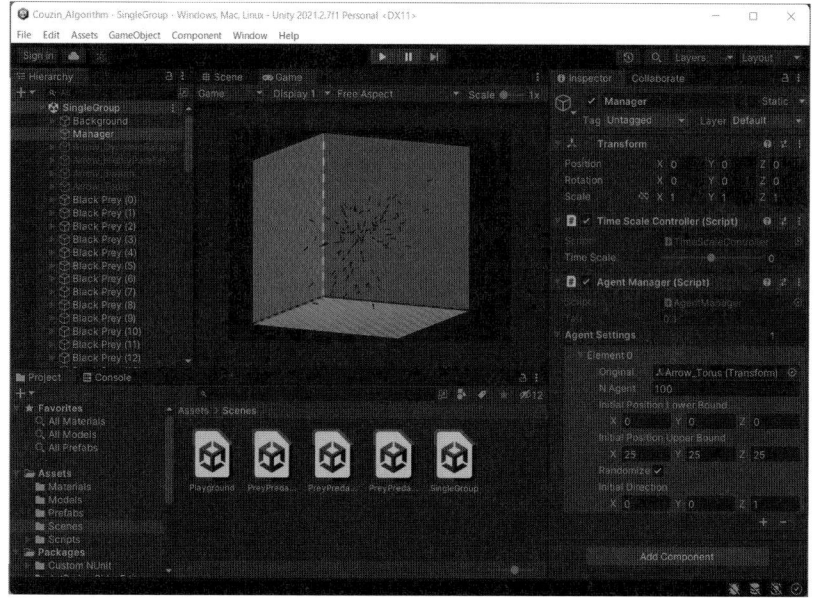

図 7.12 ● Couzin のアルゴリズム・シミュレータ

　る高度な整列状態（低い m_{group}）になる（領域 d）.

　では Couzin のアルゴリズムを実現してみましょう. **図 7.12** はシミュレータの外観です. 前述のように, 各 boid は三つの半径と一つの角度を持っています. つまり, 斥力の範囲を表す半径 R_{zor}, 定位の範囲を表す半径 R_{zoo}, 吸引の範囲を表す半径 R_{zoa}, そして視野角を表す角度 α_p です. 半径は $0 \leq R_{zor} \leq R_{zoo} \leq R_{zoa}$ を満たします.

　R_{zoo} が小さい領域（**図 7.13** (a)）では, boid が平行移動も同一方向への回転もせず, その場にとどまる群れ状態が観測されました. その様子を**図 7.14** (a) に示します. 中心に一つの群れができていることがわかります. 複数の群れが生じるときもあります. これらの群れは画面の端どうしがつながっているため, 見た目よりも近い距離にいます. ときどき数体の boid をやりとりするだけで, 群れどうしが結合するようなことはありませんでした.

　R_{zoo} が中間の領域（図 7.13 (b)）では, boid が空白な中心の周りを同一方向に周回する様子が見られました（図 7.14 (b)）. 図では, 左側に大きなトーラスができています. トーラスは安定ではなく, しばらくすると群れか併進のような状態になることがあります.

　R_{zoo} が比較的大きいと（図 7.13 (c)）, boid がひとかたまりとなって平行に移動しました（図 7.14 (c)）. 図では, 左側に集団となった boid が併進していることがわかります. R_{zoo} が小さいと, できた併進集団はすぐに自壊して群れ（図 7.14 (a)）のようになり, 再び併進になることを繰り返しています. 一方, R_{zoo} が大きいと, 一度できた併進集団は自壊せず一定の方向に進み続けます.

　では, Couzin のアルゴリズムのシミュレーションを見てみましょう. このプログラムは以下の二つのスクリプトからなります.

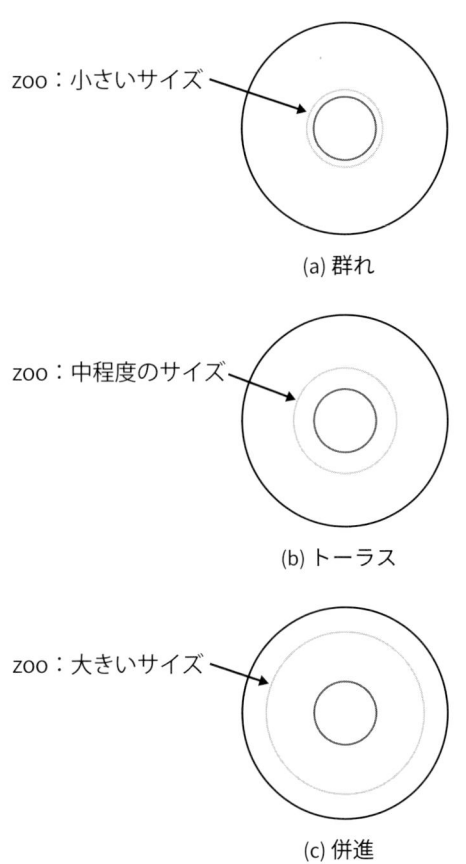

zoo：小さいサイズ

(a) 群れ

zoo：中程度のサイズ

(b) トーラス

zoo：大きいサイズ

(c) 併進

図 7.13 ● zoo の領域の違い

- CouzinAgent.cs
  Couzin のアルゴリズムに従うエージェントを実装するスクリプト．これをオブジェクトにアタッチすることで，独立に動作するエージェントになる．また，CouzinAgent クラスの継承元である Agent クラスを継承して同様のクラスを自作すれば，Couzin のアルゴリズムをアレンジしたり，それ以外のアルゴリズムを試してみたりすることができる．

- AgentManager.cs
  主に，設定されたエージェントを複製してランダムに配置するためのスクリプト．ほかに集団極性や集団角運動量などの指標を計算する関数も実装されている．

このプロジェクトでは画面下部の Project タブから Assets ＞ Scenes フォルダを開くと 5 種類の Scene が見えます．このうち，ここでは以下の二つについて実験してみましょう[3]．

- SingleGroup.unity
  1 種族のみがランダムに配置される．

---

3)　他の三つの Scene については 7.3 節で説明する．

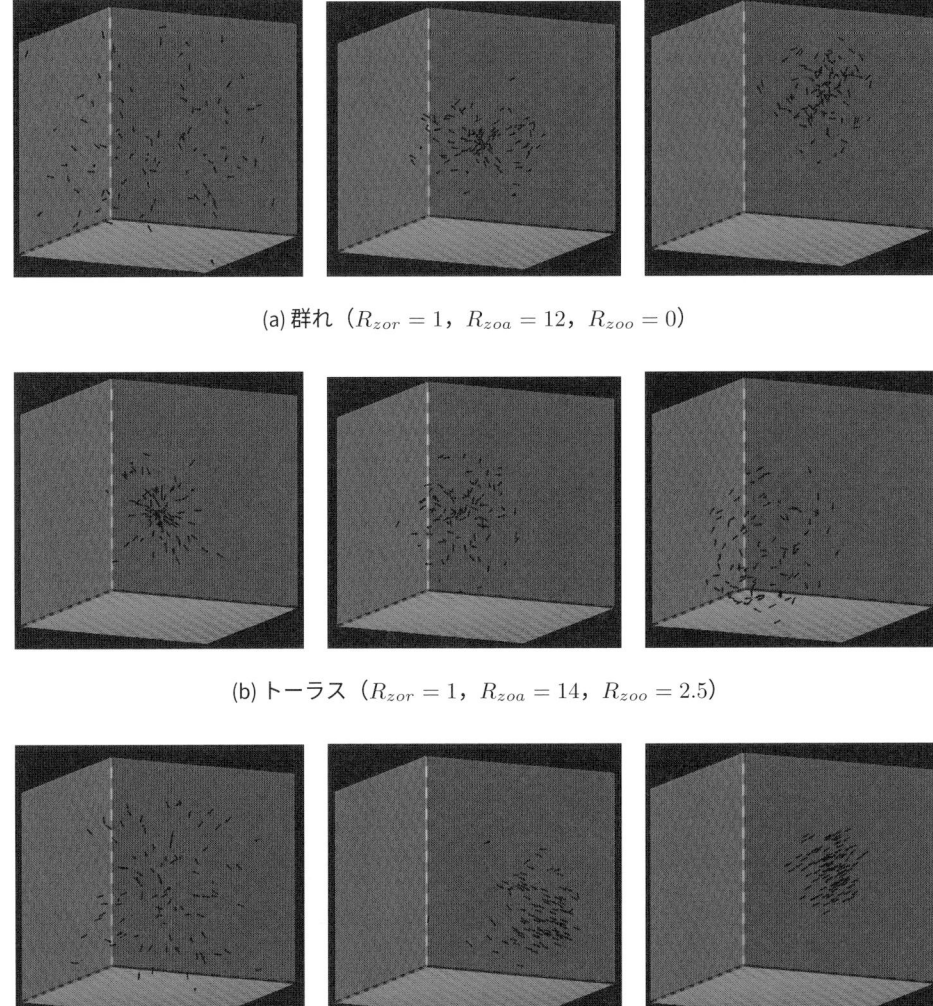

(a) 群れ（$R_{zor} = 1$，$R_{zoa} = 12$，$R_{zoo} = 0$）

(b) トーラス（$R_{zor} = 1$，$R_{zoa} = 14$，$R_{zoo} = 2.5$）

(c) 併進（$R_{zor} = 1$，$R_{zoa} = 10$，$R_{zoo} = 10$）

図 7.14 ● 集団行動のシミュレーション

- PlayGround.unity
  エージェントや障害物を自由に配置して遊ぶことができる．デフォルトでは捕食関係にない3種族のエージェントが配置される．任意のオブジェクトを設置した後に，Inspector タブの上部の Layer を Obstacle に設定すればよい．

　SingleGroup が一番シンプルな単一種族からなる集団の Scene です．それをダブルクリックして Scene を開いてみましょう．その後再生すると，初期設定ではトーラスの群れが見られます．パラメータをさまざまに設定することで集団のふるまいの変化を確認できます．

　では，実行をしてみましょう．Project タブの Assets ＞ Scenes から適当なシーンを選び開きます．画面上部中央にある Play ボタンを押すと，シミュレーションが開始されます．Play 中は Game 画面の左上の Time Scale のスライダーで実行速度を調整できます．

　次に，配置されるエージェントのパラメータを変更してみましょう．Play する前に，AgentManager の設定を変更することができます．これには，Hierarchy タブで Manager を探して選択します．Inspector タブで**図 7.15** のような Agent Manager の欄を見つけます（図 7.12 の左下部分）．

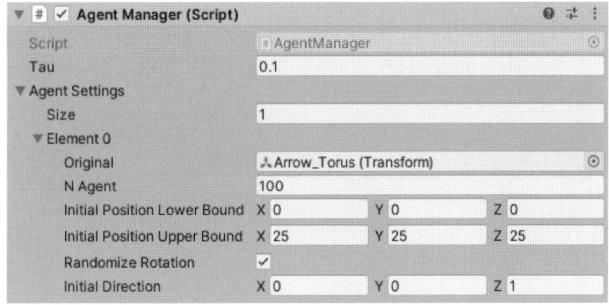

図 7.15 ● エージェントのパラメータ設定

　Agent Settings ＞ Element ＞ Original の欄の右端にある丸を押すと，選択ウィンドウが出てきます．ここから，あらかじめ用意されたいくつかの設定のエージェントを選ぶことができます．例えば図 7.14 はそれらをそのまま実行したものです．これらのパラメータ設定は Hierarchy の Arrow_??? などをクリックすると Couzin Agent の欄に表示されます（図 7.16 参照）．??? は集団行動の名前です（swarm, torus など）．典型的な動作のパラメータは**表 7.2** のようになっています．

表 7.2 ● Couzin アルゴリズムのパラメータ

集団行動	R_{zor}	R_{zoo}	R_{zoa}
動的な併進（dynamic parallel）	1	4	12
高度な併進（highly parallel）	1	10	10
群れ（swarm）	1	0	12
トーラス（torus）	1	2.5	14

Agent Manager の設定項目には，以下のものがあります．

- Tau は計算の時間幅〔秒〕．
- Agent Settings の Size を変更することで複数種類の Agent が設定できるようになる．
- それぞれの Element の Original では，
    - 複製するエージェントのサンプル
    - N Agent：複製する数
    - ランダム配置される場所の範囲
    - エージェントが最初に向く方向
  などを指定できる．

エージェントのパラメータは次のように変更します．

- Play する前であれば，Hierarchy タブから Manager で設定したエージェントのサンプルを探して選択する．
- Play 中であれば，変更したいエージェントを Hierarchy タブで見つけて選択する．
- 複数のエージェントの設定を一括して変更したいときには，検索や複数選択が利用可能である．

そして Inspector タブの Couzin Agent の欄で編集を行います（**図 7.16**）．各パラメータの意味は，プログラム 7.2 の CouzinAgent.cs にコメントで示す通りです．
　エージェントの種族は Tag や Layer で管理されています．Inspector タブの上部で変更が可能です．Tag で Blue などとしてもそれだけでエージェントは青くなりません．Inspector タブで Set Color の欄を探し，そこで設定をしてください．

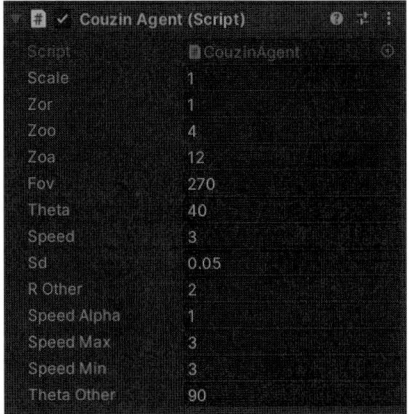

図 7.16 ● 各パラメータの設定欄

プログラム 7.2 ● CouzinAgent.cs 内のパラメータ

```
1  public class CouzinAgent : Agent
2  {
3      ////////////////////////
4      // エージェントの設定 //
5      ////////////////////////
6      public float scale = 1f;      // スケール （エージェントの大きさ，Un
   its の基準）
7      public float zor = 1f;        // 斥力【単位：Units】
8      public float zoo = 10f;       // 定位【単位：Units】
9      public float zoa = 10f;       // 吸引【単位：Units】
10     public float fov = 270f;      // 視野【単位：度】
11     public float theta = 40f;     // 回転率【単位：度/秒】
12     public float speed = 3f;      // 速度【単位：Units/秒】
13     public float sd = 0.05f;      // 誤差（S.D.）【単位：度】
14
15     // 異種個体がいる場合のパラメータ
16     // 種は GameObject.tag で識別
17     // 捕食関係は GameObject.layer で識別（レイヤ番号が大きいほど強い）
18     // layerは，8: Prey, 9: Predator, 10: ApexPredator, 11: Obstacle
   を使用.
19
20     public float rOther = 2f;          // 索敵距離【単位：Units】
21     public float speedAlpha = 1.0f;    // 異種個体を見つけた時の
   速度変化係数
22     public float speedMax = 10f;       // 速度の上限
23     public float speedMin = 0.1f;      // 速度の下限
24     public float thetaOther = 40f;     // 異種個体を見つけた時の
   最大回転率【単位：度/秒】
```

任意のオブジェクトに CouzinAgent.cs と Rigidbody をアタッチすることができます．また，Assets ＞ Prefabs に必要なスクリプトをアタッチした鳥と魚のモデルがあります．

エージェントの軌跡を表示するには次のように操作します（**図7.17**）．

1. Play 中に軌跡を表示させたいエージェントを Hierarchy タブで見つけ，選択する．このときには，検索や複数選択も可能である．
2. Trail Controller の欄（図7.17の右部分）を見つける．
3. Enable Trail のボタンを押すことで軌跡が表示される．duration は軌跡の持続時間〔秒〕．
4. Color で軌跡の色，Randomize Color でランダムに色を変更する．

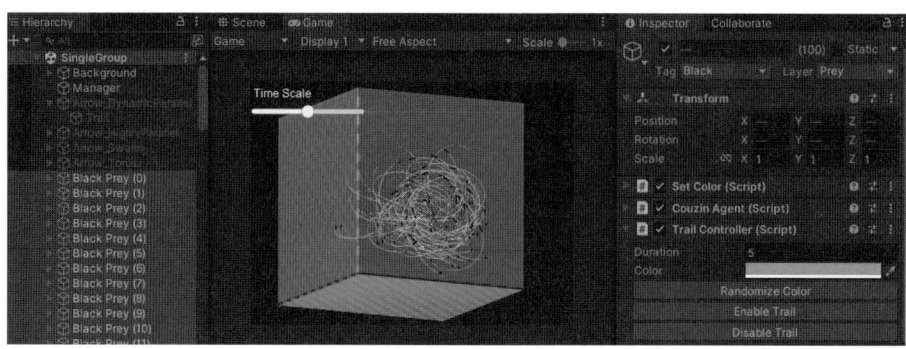

図7.17 ● エージェントの軌跡を表示する

7.3　小魚の群れを襲う捕食魚たち

　大きな魚は動きが遅く少数です．その代わりに遠くまで見えるので，視界に入った小魚の群れに向かっていく習性があります．小さな魚は，動きが速く数も多くなります．天敵である大きな魚から逃れるために，視界に入った途端に機敏に進路を変更して逃げます．しかし，小魚は近くまでしか見えないので，大きな魚がかなり近づかないと気づきません．

　大型の敵に襲われて逃げ惑う小魚やパニックになって群れがばらける様子は，自然界で頻繁に観察されます（図7.1 (b) 参照）．

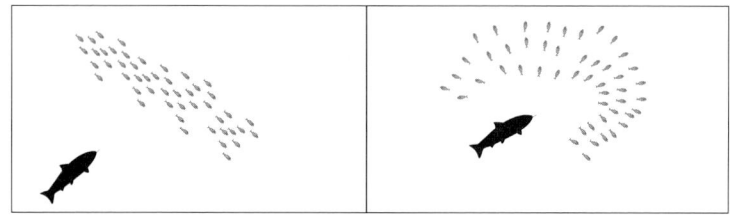

(a) 散開的拡散

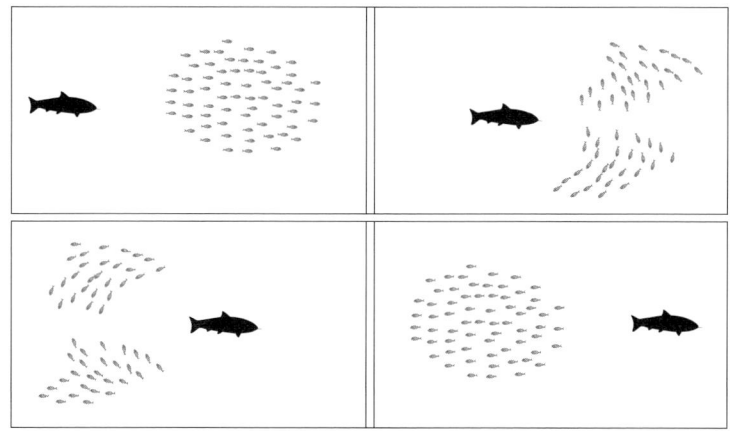

(b) 湧出効果

図 7.18 ● 如何にして小魚は大魚の攻撃から逃れるか？

　このような逃避行動は boid を応用することで実現できます．ここでは 2 種類の種族の boid（小魚の被食者と大魚の捕食者）を考えます．同じ生物種に属する個体どうしは，boid の基本アルゴリズムに従って泳ぎます．異なる生物種に属する個体どうしは，上述の「本能」に従って変化する引力／斥力の影響を受けます．

　これを実現するため，boid アルゴリズムを改良して，同種間の基本 3 ルールに相互作用のルールを加えます．基本 3 ルールは以下のものでした．

- **中心に向かう**　同族の仲間が多い方向を向きやすい．
- **位置を揃える**　同族の魚と同じ位置になるよう近づく．基本的には引力として働く．あまりにも近づきすぎた場合には斥力となり，完全に一点に固まらないようにする．
- **方向を揃える**　同族の魚と同じ方向を向くような角度空間での引力が働く．

相互作用のルールは以下の通りです．

- **狩る（hunting）**　自分より小さな相手を見つけた場合は引力を感じる．
- **逃げる（avoiding）**　自分より大きな相手を見つけた場合は斥力を感じる．

　Couzin のアルゴリズムのプロジェクトには以下のシーンが用意されています．これを用いて大魚に襲われる小魚の群れを観測することができます．

- `PreyPredator.unity`
  捕食者と被捕食者がランダムに配置される．捕食・逃避行動のシミュレーションを観測できる（**図 7.19**(a)）．
- `PreyPredator2.unity`
  捕食者と被捕食者が向かい合うように配置される．パラメータによって散開的拡散や湧出効果のような逃避行動が見られる（図 7.19(b)）．
- `PreyPredator3.unity`
  捕食者・被捕食者に加え頂点捕食者が配置される．なお，このプログラムでは頂点捕食者は底辺被捕食者を捕食しない（図 7.19(c)）．

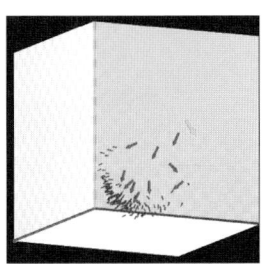 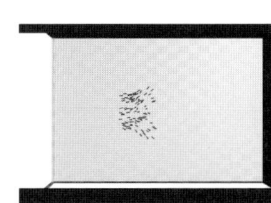 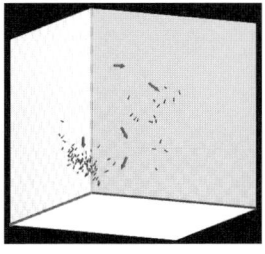

(a) `PreyPredator.unity`　　(b) `PreyPredator2.unity`　　(c) `PreyPredator3.unity`

図 7.19 ● 大魚に襲われる小魚の群れのシミュレーション

7.4　魚のチューリングテスト：これは魚の群れなのか？

　これまでに boid のシミュレーションを見てきました．boid のシミュレーションの多くは CG やコンピュータ・アニメーションで実用化されています．では，このシミュレーションは人間の目から見ても魚群らしいのでしょうか？　これを明らかにするために，チューリング・テストに基づく研究が報告されています [51]．

　この研究では，チューリング・テストと同じ枠組で，被験者である人間に二つの動画が同時に提示されました．

- 本物の魚の群れの動画から抽出した点列
- boid シミュレーションに基づく点列

このうち被験者はどちらが本物の魚かを答えます．実験では各被験者に 6 回のテストを繰り返しました．被験者としては，専門家（魚の動きの研究者，18 人）と素人（2 000 人のデータ）の

二つのクラスがあります．魚の数を 10 とした場合の実験結果を**図 7.20** に示します．ここで横軸は正答数です．縦軸はその正答数の割合です．ランダムに答えた場合には 3 問程度は正解するでしょう．

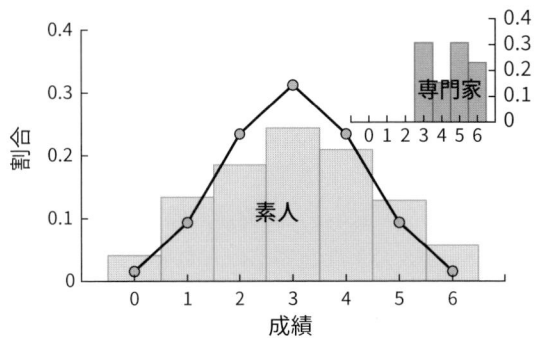

図 7.20 ● 魚のチューリングテスト

　専門家のほとんどは本当の魚群を選びました（図の右上に示す正答率参照）．一方，素人の正答率は高くありませんでした．図の折れ線は二項分布（ランダムに答えた場合）で予測される割合であり，ほぼ実測値と一致しています．しかしながら，二つの動画に対して何か違う印象をもったことが報告されています．ただし，必ずしも正解にはつながっていません．

　このような研究は人工生命の応用のみならず，生命現象の本質に迫る興味深い示唆を与えるものと考えられます．

■ **7.5**　PSO：群れ行動による最適化

　Kennedy らは boid のメカニズムに注目し，効果的な最適化アルゴリズムを構築しました [54]．これは**PSO**（Particle Swarm Optimization）と呼ばれ，数多くの応用例が報告されています．

　基本的な PSO は，多次元空間を数多くの個体が動き回るものです．それぞれの個体 i は位置ベクトル（$\boldsymbol{x_i}$），速度ベクトル（$\boldsymbol{v_i}$），およびその個体が最良の適合度を獲得した場所（$\boldsymbol{p_i}$）を記憶しています．そして個体全体における最良の適合度の場所（$\boldsymbol{p_g}$）の情報も共有します．

　世代を経ることにより，全体としてこれまでに獲得された最も優れた位置と，それぞれの個体が獲得したこれまでの最も優れた位置により，各個体の速度は更新されます．その方法は，以下の式によって行われます．

$$\boldsymbol{v_i} = \chi(\omega \cdot \boldsymbol{v_i} + \phi_1 \cdot (\boldsymbol{p_i} - \boldsymbol{x_i}) + \phi_2 \cdot (\boldsymbol{p_g} - \boldsymbol{x_i})) \tag{7.10}$$

ここで使われるパラメータは**収束係数** χ（0.9 から 1.0 までの乱数値）と**減衰係数** ω です．また，**加速係数** ϕ_1 と ϕ_2 はそれぞれの個体と次元固有の乱数値であり，その上限値は 2 です．もし速さがある制限を超えてしまった場合には，あらかじめ決められた最大の速さ V_{max} が代わ

りに使われます．このようにして，探索領域内に個体を保ちつつ探索を行うことが可能となります．

それぞれの個体の位置は，世代ごとに以下の式で更新されます．

$$x_i = x_i + v_i \tag{7.11}$$

次に各個体の具体的な動きを見てみましょう（**図 7.21**）．何羽かの鳥が飛んでいるとするとしましょう．このうちの 1 羽（近くを飛んでいる鳥）に注目してみます（Step 1）．この図の中にある○とそれらを結ぶ線分はその鳥がたどってきた軌跡です．左に見える◎はその鳥が通ってきた軌跡の中で一番適合度が高かった場所（局所的最適値，局所解）であり，右に見える◎は群れの中で一番適合度が高い場所（大域的最適値，大域解）だとします（Step 2）．このとき次の状態に移るには Step 3 のような矢印の方向を考えます．①は今まで進んできたのと同じ方向を向くベクトル，②は群れの中で適合度が最も高い場所を向くベクトル，③は過去自分が得た最良適合度の場所を向くベクトルです．つまり Step 3 にある①，②，③の各ベクトルを足し合わせた方向が，次に進む方向となります（Step 4 を参照）．

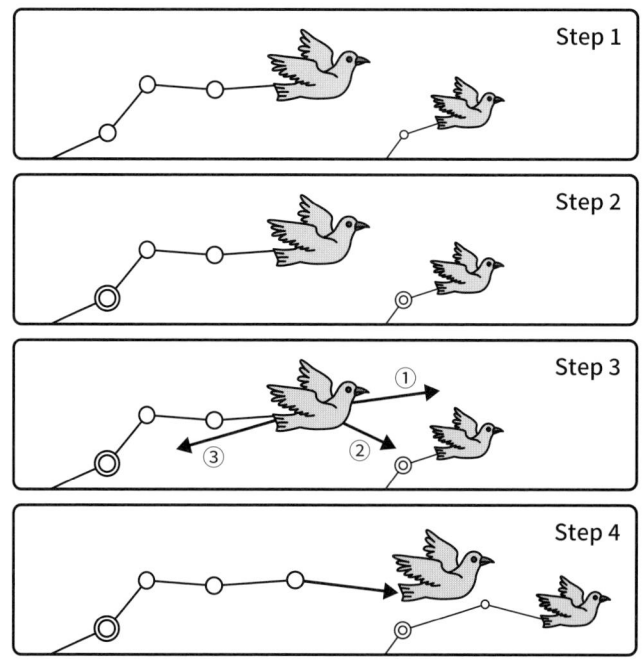

図 7.21 ● 鳥はどこに向かうのか？

では，PSO を用いてさまざまな関数の最適化を実行してみましょう．適当な関数を適合度ランドスケープ（適合度地形）として利用してもよいのですが，ベンチマーク問題用の標準関数として **DeJong の標準関数**（**図 7.22**）があります．その定義は**表 7.3**に与えられています．

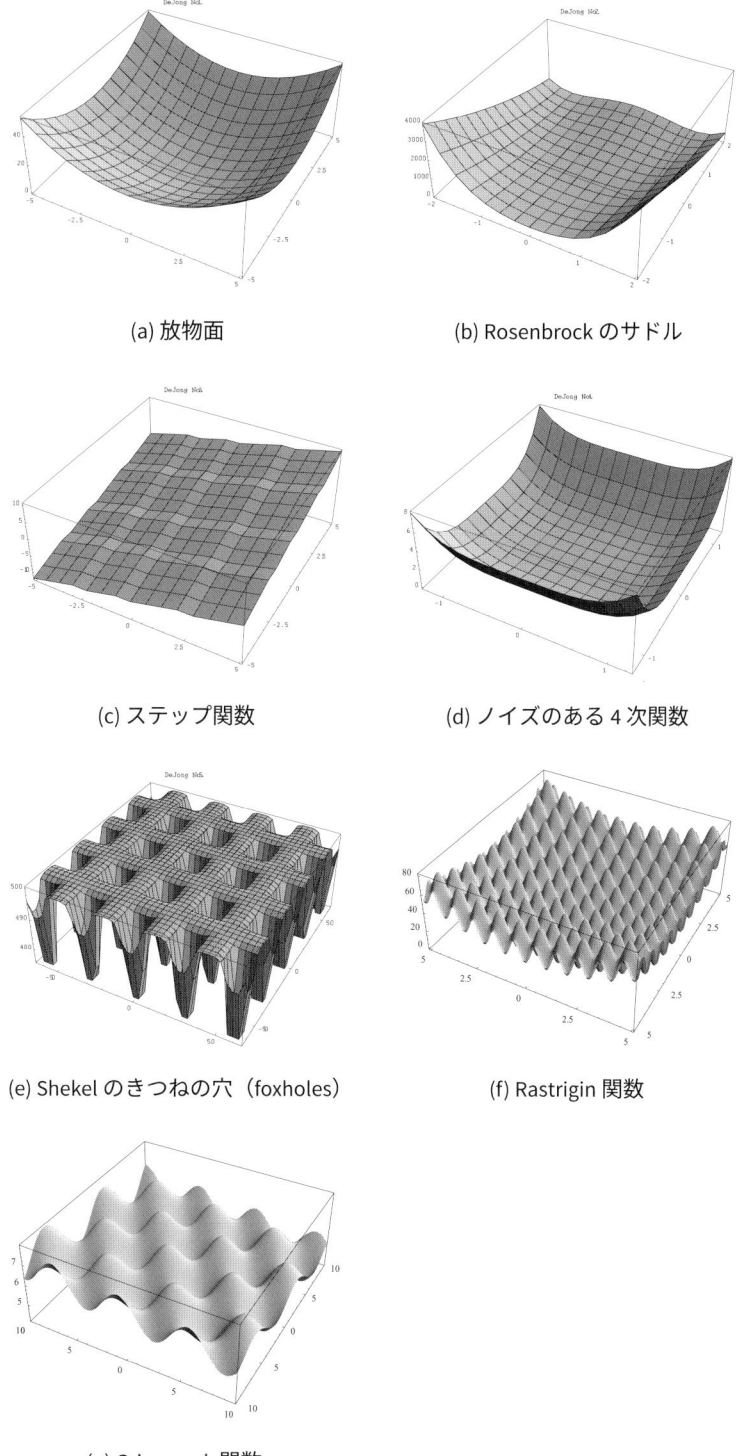

(a) 放物面　　　　　　　　　　　　(b) Rosenbrock のサドル

(c) ステップ関数　　　　　　　　　(d) ノイズのある 4 次関数

(e) Shekel のきつねの穴（foxholes）　　(f) Rastrigin 関数

(g) Griewangk 関数

図 7.22 ● DeJong の標準関数

表 7.3 ● DeJong の標準関数

関数名	定義	定義域	最適値
$F1$	$\sum_{i=1}^{3} x_i^2$ 放物面	$-5.11 \leq x_i < 5.12$	0.0
$F2$	$100(x_1^2 - x_2)^2 + (1 - x_1)^2$ Rosenbrock のサドル	$-2.047 \leq x_i < 2.048$	0.0
$F3$	$\sum_{i=1}^{5} \lfloor x_i \rfloor$ ステップ関数	$-5.11 \leq x_i < 5.12$	-30.0
$F4$	$\sum_{i=1}^{30} i x_i^4 + GAUSS(0,1)$ ノイズのある 4 次関数[4)]	$-1.27 \leq x_i < 1.28$	0.0
$F5$	$\left[\frac{1}{500} + \sum_{j=1}^{25} \frac{1}{j + \sum_{i=1}^{2}(x_i - a_{ij})^6}\right]^{-1}$ Shekel のきつねの穴（foxholes）	$-65.535 \leq x_i < 65.536$	約 1.0
$F6$	$20 + x_1^2 - 10\cos(2\pi x_1) + x_2^2 - 10\cos(2\pi x_2)$ Rastrigin 関数	$-5.11 \leq x_i \leq 5.11$	0.0
$F7$	$\frac{1}{4000}\sum_{i=1}^{2}(x_i - 100)^2 - \prod_{i=1}^{2}\cos\left(\frac{x_i-100}{\sqrt{i}}\right) + 1$ Griewangk 関数	$-10.0 \leq x_i \leq 10.0$	4.2

　DeJong の標準関数は最小値を求める問題です．また $F1$，$F3$，$F4$ は 3 変数以上の問題ですが，2 変数の問題になるように式の次元を下げて簡略化しました[5)]．$F4$，$F5$，$F6$ は，他の関数に比べて特に難しくなっています．これは，$F4$ にはノイズが各点で含まれており，$F5$ は剣山の谷間を抜ける必要があり，$F6$ にも多数の山が存在することによるものです．$F4$ での $+GAUSS(0,1)$ は平均 0，分散 1 の正規分布に従う値を加えることを示します．また，$F5$ では谷の深さは一致していません．

　PSO の Unity プロジェクト（PSO.zip）を見てみましょう．このプロジェクトでは，PSO を用いて 2 次元関数の最適化（最小化）を実行します（**図 7.23**）．ベンチマーク用に DeJong の標準関数が用意されています．関数の定義は DeJongFunction.cs 内に書かれています（プログラム 7.3 参照）．この部分を変更することで，新たに定義した関数の最適化実験ができます．

　このプロジェクトでは PSO のパラメータをさまざまに変更して実行することができます．図 7.23 の左部分が適合度ランドスケープの概観です．この上に白い点で各個体の現在位置が表示されます．図の右下は世代ごと（全集団を更新するごと）の適合度（目的関数値）を示します．右上は上部からみた探索の様子を示します．その下には最良個体の適合度と位置座

5)　そのためプロジェクトでは $F3 = \sum_{i=1}^{2} \lfloor x_i \rfloor$ の最適値は -12.0 となっている．

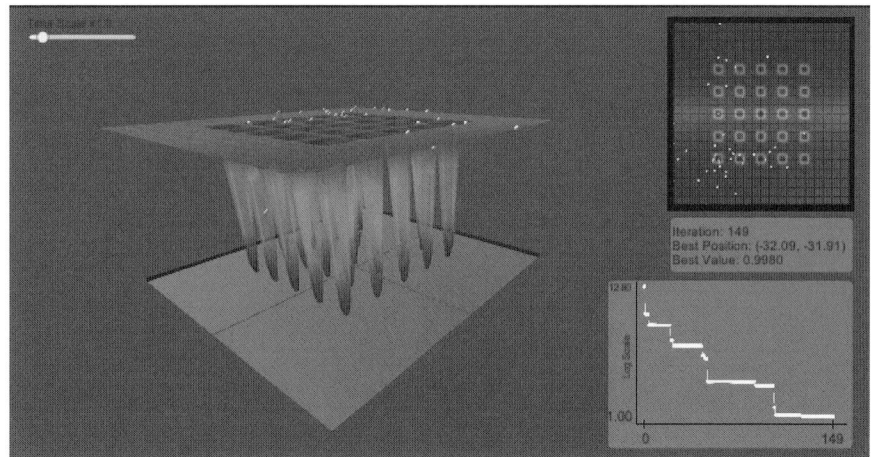

図 7.23 ● PSO による最適化（$F5$ 関数）

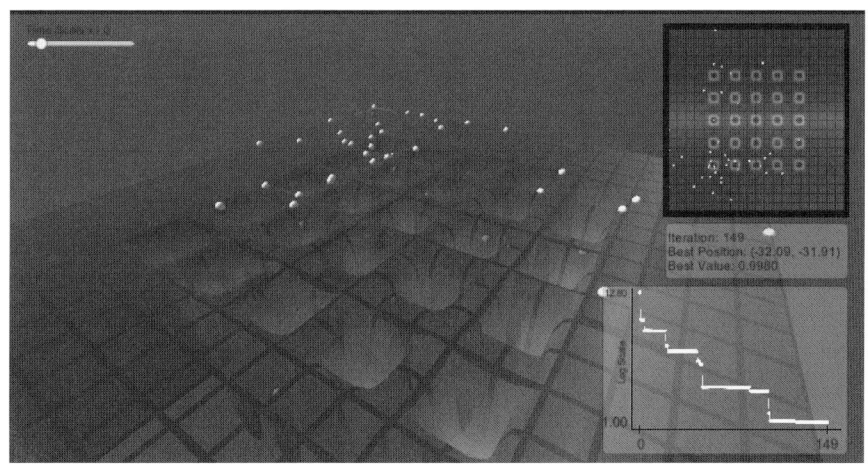

図 7.24 ● PSO による最適化（$F5$ 関数）：別の視点からのようす

標を表示しています．Scene ビューで（左に表示される適合度ランドスケープの）視点を自由に変更できます．Game ビューにその視点を反映させるには，Hierarchy タブから Other ＞ Main Camera を選んで，Ctrl + Shift + f を押してカメラの位置を変更します（**図 7.24**）．

なお，PSOManager.updateNoisySurface にチェックを入れるとノイズがある関数（$F4$）をノイズ込みで表示できます（**図 7.25**）．

プログラム 7.3 ● DeJongFunction.cs 内の F5

```
1  public class F5 : IBenchmark
2  // DeJong の標準関数：F5 の定義部分
3      {
4          public Vector2 DomainMin
5          {
```

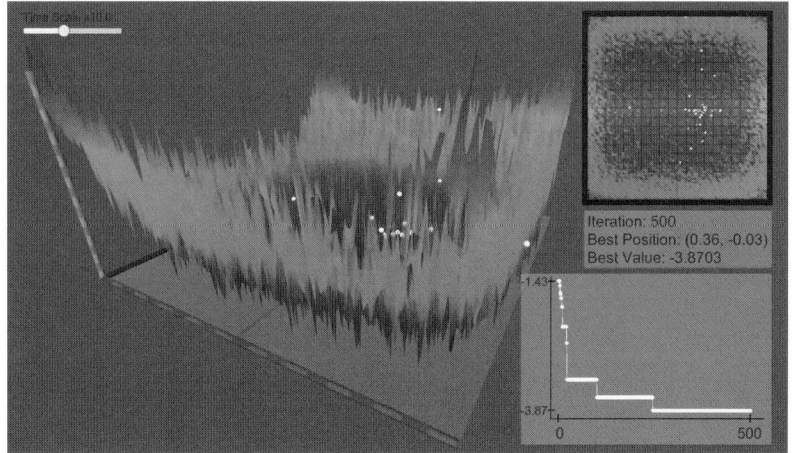

図 7.25 ● PSO による最適化（$F4$ 関数：ノイズあり）

```
 6              get { return new Vector2(-65.536f, -65.536f); }
 7          }
 8      public Vector2 DomainMax
 9      {
10              get { return new Vector2(65.536f, 65.536f); }
11      }
12
13      public float Evaluate(Vector2 x)
14      {
15      // F5 の定義部分
16      // The inverse of the output.
17          float outInv = 0.002f;
18          for(int j = 0; j < 25; j++)
19          {
20              outInv += 1f / (j + 1 + Pow6(x[0] - a0[j]) + Pow6(x[1]
    - a1[j]));
21          }
22          return 1f / outInv;
23      }
24
25      private readonly float[] a0 = new float[]
26      {
27          -32, -16, 0, 16, 32,
28          -32, -16, 0, 16, 32,
29          -32, -16, 0, 16, 32,
30          -32, -16, 0, 16, 32,
31          -32, -16, 0, 16, 32
32      };
33
34      private readonly float[] a1 = new float[]
35      {
```

```
36          -32, -32, -32, -32, -32,
37          -16, -16, -16, -16, -16,
38            0,   0,   0,   0,   0,
39           16,  16,  16,  16,  16,
40           32,  32,  32,  32,  32
41        };
42
43        public Vector2 Optimum
44        {
45        // 最適値を与える位置座標
46            get { return new Vector2(-32f, -32f); }
47        }
48
49        private float Pow6(float x)
50        {
51            x *= x;
52            return x * x * x;
53        }
54    }
```

最適化は以下のように実行します.

1. このプロジェクトを Unity Hub から開いて，シーン ./Assets/Scenes/PSO.unity を開く.
2. Hierarchy タブで PSOManager を探して選択する.
3. Inspector タブで
   - 最適化する関数（Benchmark Name）
   - PSO のパラメータ（Pso Parameters）
   を適宜変更する（**図 7.26**）.変更できるパラメータは**表 7.4**に示されている.

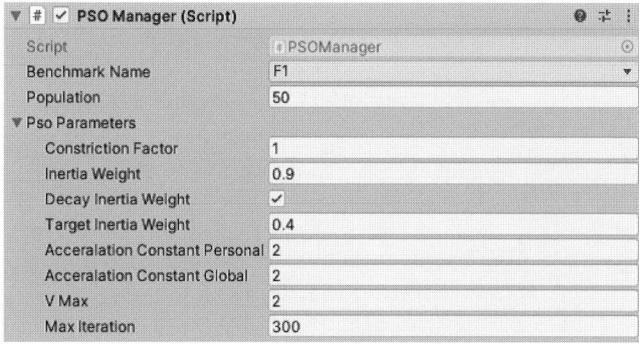

図 7.26 ● PSO のパラメータ

4. 画面上部の再生ボタンを押して最適化を実行する.

表 7.4 ● PSO パラメータの詳細

Inspector タブ上の名前	式（7.10）の変数	概要
Population	−	粒子の数
Constriction Factor	χ	収束係数
Inertia Weight	ω	
Decay Inertia Weight	−	減衰係数を線形に減少させる
Target Inertia Weight	−	減衰係数を減少させる場合の目標値
Acceralation Constant Personal	ϕ_p	加速係数（局所部分）
Acceralation Constant Global	ϕ_g	加速係数（大域部分）
V Max	—	最大速度
Max Iteration	—	最大反復回数

　ユーザが定義する 2 変数関数（2 次元の適合度ランドスケープ）を最適化する方法を説明します．手順は以下の通りです．

1. Benchmark Name を Custom に設定する（Unity Editor 上で PSOManager の Inspector タブ）．
2. ./Assets/Scripts/CustomFunction.cs をテキストエディタなどで開く．
3. 定義域（DomainMin・DomainMax）と関数の実装（Evaluate）をユーザ定義にしたがって書き換える．

プログラム 7.4 ● CustomFunction.cs

```
1   // ./Assets/Scripts/CustomFunction.cs
2   public class CustomFunction : IBenchmark
3   {
4       public Vector2 DomainMin // 定義域の最小値
5       {
6           get { return new Vector2(-5.12f, -5.12f); }
7       }
8       public Vector2 DomainMax // 定義域の最大値
9       {
10          get { return new Vector2(5.12f, 5.12f); }
11      }
12
13      public float Evaluate(Vector2 x) // 定義本体
14      {  // 入力の2変数は x[0] と x[1] とする
15          return x[0] * x[0] + x[1] * x[1];
16      }
17  }
```

4. ファイルを上書き保存してから Unity シーンを実行する．

ただし，以下の点に注意してください．

- 定義域は有界閉区間で，両端を含む．
- 最適値（`Optimum`）はプログラム上で使用されないので記述不要である．ただし，動作確認のメモとして記述しておくとよい．
- 関数は有界でなくてはならない．適宜 `Mathf.Clamp()` などを利用して `Evaluate()` の返り値が有限になるようにする．0での除算にも注意してほしい．
- デフォルトでは関数の最小化を行う．最大化するには，`PSOManager` の `Inspector` タブで `Maximization` にチェックを入れる．
- DeJong の標準関数の $F4$ のようにノイズがある関数をノイズなしで表示するには，`Display()` を定義する（`./Assets/Scripts/DeJongFunction.cs` の F4）．

図 7.27 は PSO による最適化シミュレーションの例です．ここでは，$F5$ の適合度ランドスケープを逆さにした関数の最大化を実行します．つまり，剣山の山を登ることに相当します．ただし前述のように剣山の高さは同じではなく，一番高い山頂に立つのが目的です．元のプロジェクトで与えられている DeJong の標準関数の $F5$ は最小値を求めるものでした．これをどのように改変すればよいのかを考えてください．

図 7.27 の左部分の適合度ランドスケープ上に白い点で各個体の現在位置が表示されます．時間がたつにつれ，次第に最適解（大域解）に近づいていくのがわかります．この場合には繰り返しが15世代程度で左隅の最適値（-1）に到達しています．

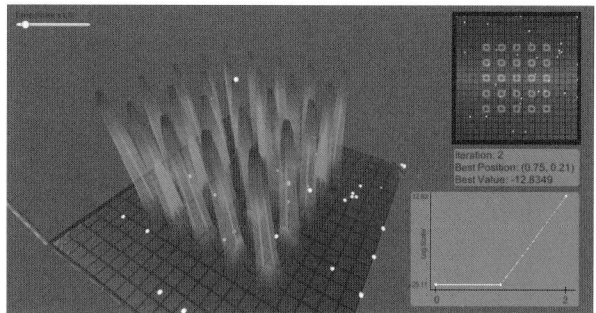

(a) 初期のランダムな個体

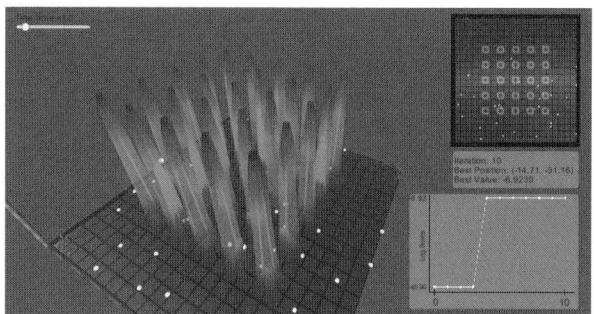

(b) それぞれの個体が山に登り始める

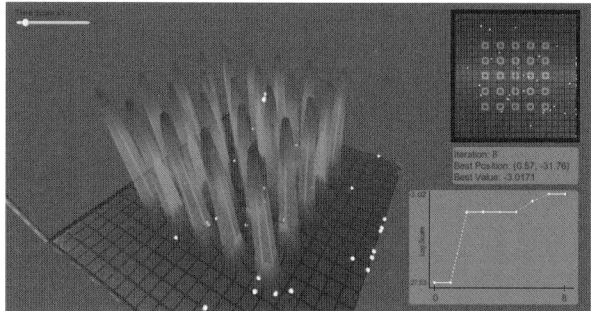

(c) いくつかの山（局所解）に登る

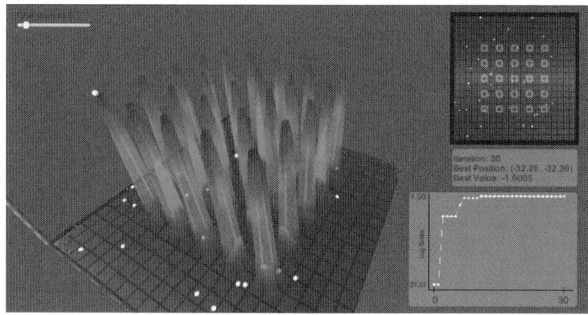

(d) 左隅の山（大域解）に到達する

図 7.27 ● PSO の探索のようす

■ 演習問題

演習問題 7.1 ★

　PSO の有効性を見るため標準関数を用いて探索を実行してみましょう．また，ほかの最適化手法，とくに進化計算（実数型 EC）との性能を比較してみるとよいでしょう．

演習問題 7.2 ★★

　Couzin のアルゴリズムのパラメータをさまざまに変えることで図 7.11 のような集団行動が生成されることを観察してみましょう．また，それぞれの行動が創発するための適切なパラメータを探索してみましょう．進化計算や PSO を用いてパラメータ探索をしてみるとよいでしょう．

演習問題 7.3 ★★

　大魚に襲われる小魚の群れの逃避行動をシミュレートし，群れをなすことが全体としての犠牲を少なくするのかを観察してみましょう．群れのパラメータを変えながら，大魚に襲われた小魚の数をカウントしてみるとよいでしょう．また，その数を適合度に用いて，小魚がうまく逃れるための適切なパラメータを探索してみましょう．

演習問題 7.4 ★★★

　前問をさらに拡張して，大魚の行動（小魚を追跡する戦略）も進化させてみましょう．大魚が行動を進化させるとさらに小魚の群れ行動も進化し，あたかも軍拡競争のようになります．

　このように異なる種族が互いに相手に影響を及ぼしながら進化していくことは**共進化**と呼ばれています．共進化の結果，異なる種族間で競争，寄生，協調がこの順で進化していったとされています．

　大魚と小魚の群れの共進化がどのように起こるかを観察すると面白いでしょう．

第 8 章

人工生命から人工知能へ

人工知能（AI）とは，あと少しでできそうだった
（Almost Implemented）という意味である．（ロド
ニー・ブルックス）

■ **8.1** 知能ロボットと包摂アーキテクチャ

ブルックス[1]は自律移動ロボットの行動計画のために，**包摂アーキテクチャ**（Subsumption
Architecture, **SSA**）というアプローチを提唱しました [35, 36]．この手法では問題を，**非同
期的な部分タスクを遂行する行動**（Task Achieving Behaviors, **TAB**）に分割します．TAB
の例としては，物体を通過する行動，うろつきまわり（逍遥），探索行動，物体の同定などが
あります．これらは単独で非同期的に動作し，それぞれの行動は弱く関連しています．さらに
各 TAB は直接外界と結合し，センサとアクチュエータを有しています．古典的なロボットの
アプローチと違い，SSA には次のような利点があります．

1. 複雑な問題に対しても独立に TAB を増やしていくことで対処可能である
2. 一部分に誤りがあったとしても全体としては影響を受けにくい（fault-tolerant）

以下では SSA について説明しましょう．
　古典的なロボットや過去の AI 研究では，問題を次のような部分に分けていました．

1. センシング
2. センサからのデータのモデル表現への変換
3. プランニング

---

1)  Rodney Allen Brooks (1954–)：MIT の人工知能者で 1980 年代から活躍している．『表象なき知
能』[37] など AI における画期的なアイディアを数多く提唱し，議論を巻き起こした．"Roomba" の
開発者であり，iRobot 社の創立者.

4. タスクの実行

これは問題を垂直方向に分割します（**図 8.1**）．分割全体は，情報がセンシングにより環境から入ってロボットを通り，行動によって環境に戻っていくという流れを構成します．これは閉じたフィードバックです．各部分問題は内部に別のフィードバックを含みます．ロボットの行動が可能なように各部分を実現する必要があります．特定の部分に変更を加える場合には，隣接する部分が変化しないように留意するか，もしくは必要な機能の自動変更が可能なように設計しなくてはなりません．

図 8.1 ● 機能モジュールへの移動ロボット制御システムの伝統的な分割

　ブルックスは，この方式をとらずに問題を水平に分割して，基本分割を**図 8.2** のように構成しました．解法に用いる内部構造で問題を分割せずに，ロボットシステムのタスクから見た望ましさをもとに問題の分割を行います．

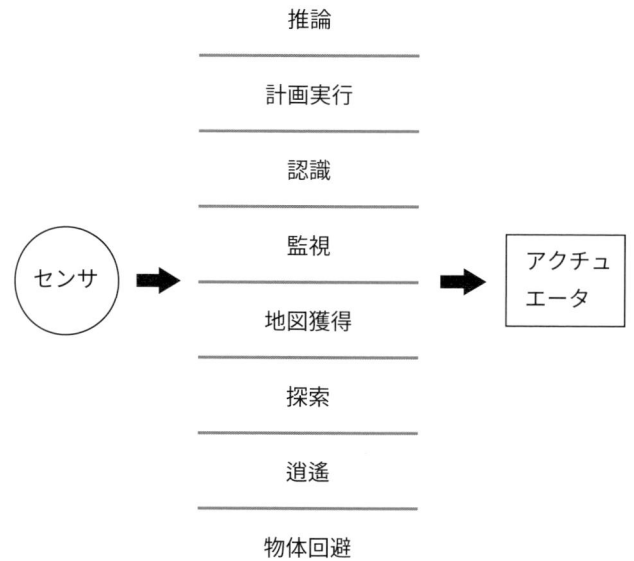

図 8.2 ● タスク達成のための行動に基づいた移動ロボット制御システムの分割

　このために**ロボットの能力レベル**を定めて，ロボットにとっての望ましい行為を規定しま

す．高位の能力レベルほど，より特定の行為を限定します．

SSA では次の能力レベルを用います．

レベル0 物体の状態（動作中／静止）に関係なく物体との接触を回避する

レベル1 物体を避けながら無目的に動き回る（逍遥）

レベル2 意味ある前方の物体を観察して環境を「探索」する

レベル3 環境の地図を作り，ある場所から別の場所へ行く道筋を計画する

レベル4 「静的」環境内の変化に気付く

レベル5 既知の物体をもとにして環境を認識し，特定の物体に関するタスクを遂行する

レベル6 環境の変化を伴う計画を記述し実行する

レベル7 環境内の物体の行動を推論し，それに従って計画を修正する

各能力レベルは，より下位の能力レベルを部分集合として含むことに注意してください．能力レベルは有効な行動の種類を規定するので，上位の能力レベルは下位の行動への付加的な制約を課すことになります．

各能力レベルに対応する制御システムの層が構築可能であり，新しい層の付加により全能力の向上が容易なことは重要です．

では，SSA に基づくロボットシステムを構築してみましょう．このためには，まずレベル0の能力を有するロボットの記述から始めます．このシステムは，デバッグが終われば決して変更しません．これを**レベル0の制御システム**と呼びます．

次に別の制御層を構築し，これを**レベル1の制御システム**と呼びます．レベル1の制御システムは，レベル0の制御システムのデータを評価することができます．この層はレベル0の層の機能を利用してレベル1の能力を達成します．一方レベル0の層は，時折，データ路に干渉してくる上位層には全く気付かずに動作し続けます．

同じ過程を繰り返して，**図8.3** のような上位の能力を達成します．この図で，上位の層は低レベルの役割を包摂して制御を実現します．このシステムはどのレベルでも分割可能であり，下位層のみでも完全な制御システムを構成します．このような意味から，ブルックスが提唱したアーキテクチャは包摂アーキテクチャ（SSA）と呼ばれます．

SSA 方式を用いると，開発の初期段階でも動作するロボット制御システムが利用可能となります．つまり，レベル1の層をつくると同時にシステムは動作します．付加的な層は後で加えればよく，以前に動作していたシステムを変更する必要がありません．

このアーキテクチャによると，ロボットや AI における諸問題を以下のように自然な形で解決できます．

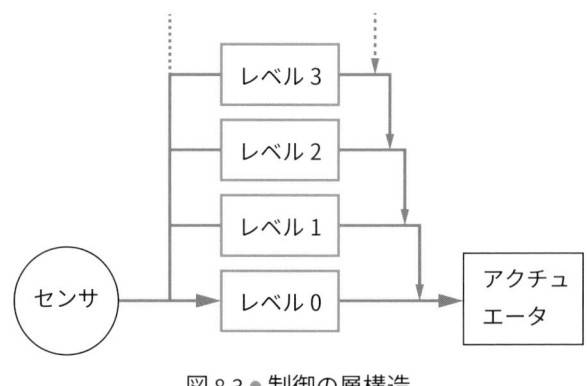

図 8.3 ● 制御の層構造

多重ゴール

　各層は自身のゴールを目指して並列的に動作します．その際，個々の行動を仲介するのが抑制機構です．SSA 方式の利点は，どのゴールを追求すべきかの決定を早い時点でしなくてよいことです．ある結論に至るまでゴールすべてを同時に追求することができ，その結果を究極的な決定に用いることができます．

多重センサ

　SSA を用いることで，**センサ融合**の問題を無視できます．用いるすべてのセンサが中心的な役割を果たす必要はありません．信頼できるセンサのみを知覚処理の中心とすればよいのです．その一方で他のセンサの値も用いることができます．別の層では複数のセンサ情報を融合して処理を行い，ゴール達成に用いてもよくなります．つまり，センサ情報の扱い方は各層で独立に決定できます．

頑強さ

　多重センサをうまく用いると，システムの頑強さを増すことができます．さらに，SSA においては，次の方法でも頑強さを増やせます．デバッグの終わった下位レベルは，上位のレベルが付け加えられても動作し続けます．上位のレベルは積極的に低レベルの出力に干渉して抑制できます．したがって，低レベルは常に結果を出し続けられます．

拡張可能性

　拡張性を実現する方法は，新しい層を独自のプロセッサ（処理システム）上で実行することです．層間の交信がほとんど不要なので，SSA 方式では独自実行が可能です．さらに個々の層はゆるい結合のプロセッサ間で分散可能です．

　ブルックスは SSA にもとづく移動ロボットの制御システムを実現しました．以下ではレベル 0，1，2 の能力の例を説明しましょう．

　制御の最低レベル 0 は，ロボットが他の物体と接触しないための機能を実現します．そのため，レベル 0 の能力です．**図 8.4** を見てください．何物かがロボットに近づくと，ロボットは動いて逃げます．もし，ロボットが動いているときに物体に衝突しそうになると，ロボット自身が止まります．動いている障害物からロボットが逃れるにはこの二つの方略で十分であり，静止している物体を回避するための動作も実現します．これらの方法を統合すると，ほとんどキャリブレートされていなくとも，ソナーと広範囲の反発機能さえあれば適切に行動するロボットになっています．もちろん理論的にはロボットは完璧ではなく，物体が非常に速く移動する場合や散らかった環境においての衝突は避けられません．このロボットは何時間もの自律移動の間，動いている障害物にも，固定した障害物にも衝突しませんでした．特に前者に対しては注意深くゆっくりと動いていました．

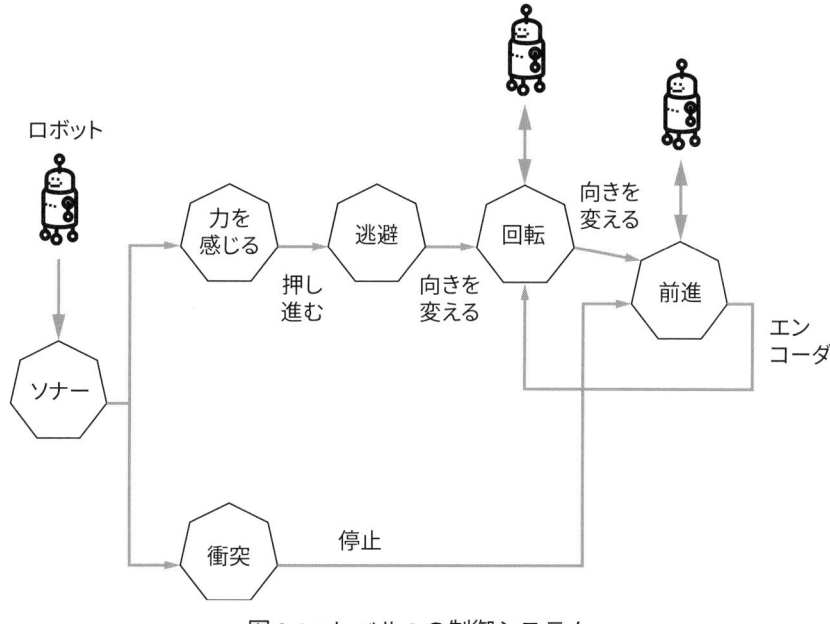

図 8.4 ● レベル 0 の制御システム

　ここで SSA の図 8.4〜8.6 の見方に関して説明します．このアーキテクチャは，内部構造であるモジュール間の結合からなります．各モジュール（またはプロセッサ）は有限状態を記憶し，内部にデータを保持します．入力線と出力線を有し，以下に述べるように他のモジュールと結合します．モジュールは図において四角の箱で示され，モジュール間の結合は矢印で示されています．特に重要なのは，S および I の印が付けられた接点です．I は inhibit を意味し，この線に信号が来るとモジュールのメッセージ出力を禁止します．S は supress であり，通常の入力を抑制して代わりの入力を提供します．接点中の数字は時間定数を示し，禁止・抑制の機能はこの間のみ有効です．

　図の表示はそれぞれの働きを示唆しています．以下は，それらの簡単な説明です．

ソナーモジュール　ソナーの読み取りから障害物に関する 2 次元の地図を作成します.

回転／全身モジュール　ロボットの実際の制御を行う. 特に停止のメッセージが来るとロボットは動きを停止します.

逍遥モジュール　約 10 秒おきにロボットの進行方向をランダムに生成します.

回避モジュール　レベル 1 の最も複雑なモジュールです.「向きを変える」と（地図に基づいて生成される）「押し進む」の 2 入力をもとに, 障害物を回避する方向を求めて, 回転モジュールへ supress 形式でコマンドを送信します.

統合モジュール　状態モジュールからの動きの情報を保持します. このモジュールは積分回線を用いて, 常に最新の結果を送信します.

経路計画モジュール　目標の記述を受け取り, その達成のための道筋を生成し, 回避モジュールに supress 形式で送信します. この場合には逍遥モジュールの乱数入力が抑制されます.

　レベル 1 の制御層は, レベル 0 を用いて障害物を回避して動き回る機能を実現します. これをレベル 1 の能力と定義しました. この制御レベルはレベル 0（障害物の衝突回避機能）に負うものが多くあります. さらに単純なヒューリスティックスを用いて, レベル 0 で取り扱う必要がある衝突を予測し, 回避する計画をたてる機能もあります. **図 8.5** はモジュールの結合の様子を示します. これは図 8.4 にモジュールと結線を少し加えただけであることに注意してください.

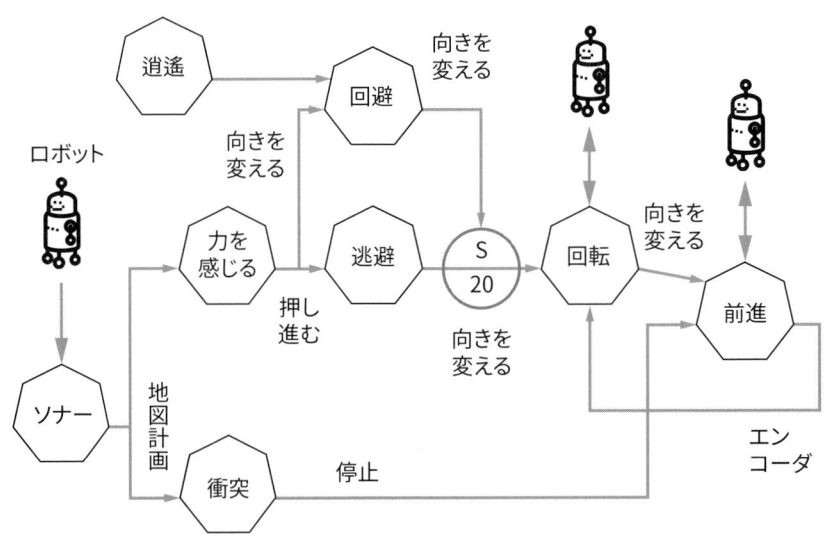

図8.5 ● レベル 0 の制御システムにレベル 1 を加えたシステム

　レベル 2 には探索モードがあり, 行ってみると面白そうな所を視覚的な入力をもとに選び出す機能を実現しています. 視覚モジュールは, 障害物のない廊下の空間を捜し出します. 付加的なモジュールは位置サーボ機能のためであり,（ソナーセンサで見出されたような）局所的

な障害物が途中にあっても，ロボットは廊下に沿って移動することができます．モジュールの結線の様子を**図 8.6** に示します．これは図 8.5 にモジュールと結線を加えただけです．レベル 2 の層の通常のオペレーションの間にも，レベル 0 とレベル 1 の層は積極的な役割を果たしています．

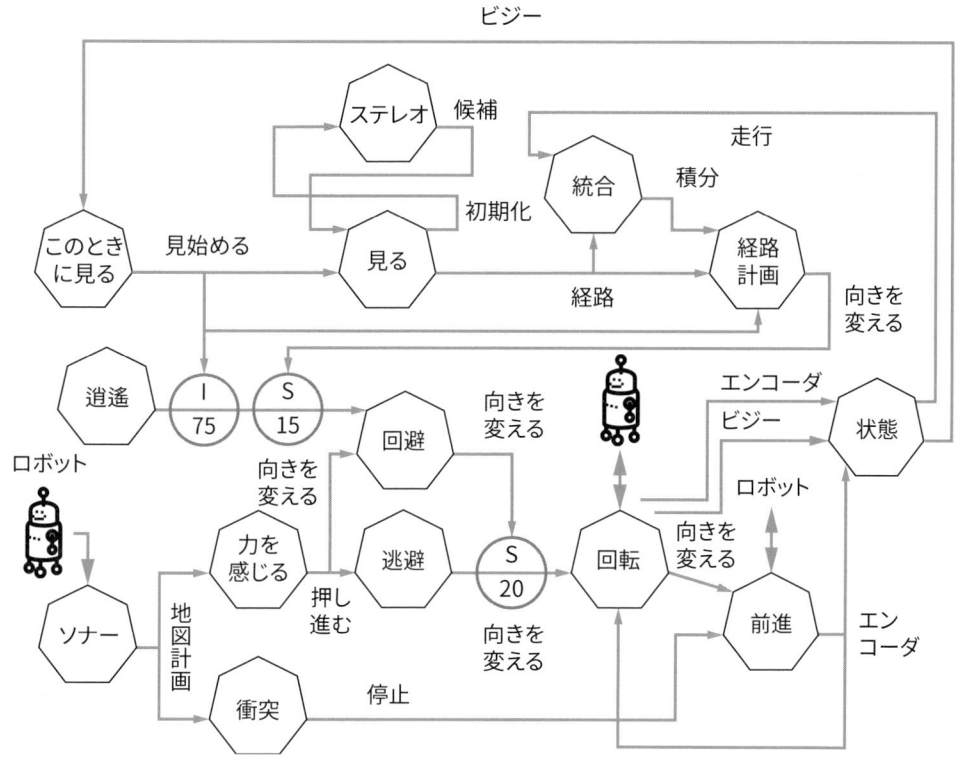

図 8.6 ● レベル 0 と 1 の制御システムにレベル 2 を加えたシステム

SSA 自体の研究は，当初は従来のロボット研究者や AI の人々から冷たい目で見られていました [5]．これは典型的な AI 論争としてきわめて興味深いものです．

SSA は従来の知能ロボットの考えとは違って，周囲の環境を細かく理解することなく自由に動き回ります．「ぶつかったら避ける」という単純な仕組みで，障害物や人も避けられるのです．これを外から観察するとまるで生物の知能を見ているようです．このように従来のセンサをもとにして地図やランドマークを認識する（表象をつくる）ことをせずとも，高度な知能が実現できることをブルックスは「表象なき知能」と呼んでいます [37]．

■ **8.2** AIの論争と最近の展開

認知心理学者ジョンソン・レイアード（Johnson Laird）は，人間は三段論法すらうまくできないので，論理を中心に AI を構成することは困難だと主張しました．古典的な AI では記

号論理的な推論が主なアプローチであったので，このような主張は AI に対する批判の主流となりました．その後，ニューラルネットワークや進化計算に見られるような記号的でない新しい AI のアプローチが展開されるに至っています．

AI とは何かについて，次のような変遷・立場があるとされています [26].

- 知能の本質は記号処理にある
- 知能の本質は環境認識にある
- 知能の本質は環境との相互作用にある

　前節で説明したブルックスの提唱する包摂アーキテクチャ（SSA）は，「**行動に基づくロボティクス**（behavior-based robotics）」という AI の大きな潮流となりました．この分野は今日では「**身体性認知科学**」と呼ばれています．

　われわれ人間や知能ロボットは物理的実体を持ち，身体を有しています．身体があることにより，人間やロボットは環境との相互作用をしなくてはなりません．言い換えると身体を有しているので，AI の実現には身体性の観点から学習，カテゴリー化，知覚，記憶，センサ・モータ間の処理を考える必要があるのです．このようなアプローチを**身体性知能**（embodied intelligence）とブルックスは呼んでいます．知能が身体性を有するもののみから発現しうるという考え方は，身体性認知科学における仮定の一つとなっています [63].

　さらに身体性の考え方は構成主義的な AI へと結びついています．構成的な方法論は「創ることによって理解する」というものであり，現在の AI 研究の中心的な考え方の一つです．本書の「創って理解する AI と AL」というテーマに通じるものでもあります．これは古典的な AI の手法である記号主義のアプローチとは対照的です．古典的な AI では，観測された振る舞いを内部の表現に直接対応させることで行動を再現させようとしますが，このような表現を使ってもロボットの単純な行動すら再現できません．一方，身体性知能の立場では「単純な脳でも正しく使われると，知能と呼べるような複雑な振る舞いを生み出すことが可能である」という洞察があります [64, p. 81].

　ブルックスの考えは AI と知能ロボティクスにおける革命を起こしました．それまでの AI アプローチでは，視覚，経路作成，地図作成などのような計算困難な問題を，ロボットが慎重すぎるほど丁寧に解いているという状況でした．その一方，SSA のアプローチでは，はるかに高速に動く単純なロボットを達成できました．つまり，ブルックスは脳のようなものを介さなくても，「反射」に似た過程を重ねることで，知的な行動が実現できることを示したのです．

　しかしながら，これにより AI 論争に終止符が打たれたわけではありません．最近では「環境」の定義に SNS（Social Networking Service）や WWW（World Wide Web）などの**集合知**が加わり，新たな AI の革新的なアプローチが生まれています．さらに記号的な表現をニューラルネットワークにおいて探究する深層学習のアプローチも再興しています．

　AI はいまだ確立されていない分野で，さまざまな既成の分野の間を漂って存在しています．はっきり規定され確立した分野は，もはや AI ではありません．

> 人工知能とは，知能に関しての何かしらの問題を見つけることである．解くべき問題が明示的になったとき，それはすでに人工知能ではない．

という名言もあります．AI とは，定義してもいつかは必ず論駁され，また新たな定義を見出す無限の試みかもしれません．つまり，「AI とは何であるか？」と「AI とは何でないか？」を問い続けるのです．

■ **8.3** AI と AL を創って理解する

人工生命（AL）は科学の新しい見方と考えられます．従来の科学は物理や化学に代表されるように，分析的科学であり**還元論**（reductionism）を基礎にしていました．それに対して，AL は総合的科学であり，**全体論**（holism）をもとにしています．ラングトンは collectionism という用語を使っています [58]．日本人には，この考え方は受け入れやすいかもしれません[2]．また前節で説明した「創って理解する」という構成主義の考え方にも関連します．

AL は，ソフトウェア，ハードウェア，そして実際の生き物をあつかうウェットウェア，これらすべてを統合した研究です．それぞれ単独での有効性の吟味は難しくても，総合的に生命の実現を目指すという統合的なアプローチです．言い換えると，生命とは形式であり，プロセスとみなせます．現実のものでも人工的なものでも，生命はそれを構成する物質で決定されるものではありません．つまり物質的な面ではなくそれを支配する原理のみを考え，抽象的なプロセスとして生命を理解しようというものです．その意味で，ソフト，ハード，ウェットなど特定のアプローチに固執する必要はなく，学際的科学なのは必然と考えられます．

では，AL は AI の基礎であり，基本的な問題を解決するのでしょうか？　残念ながらまだ確定的な解答も反証も得られていません．1990 年代には，AL の研究を「新しい AI」と呼んでいました．一方，記号主義的な古典的な AI は「**古き良き AI**（Good Old Fashioned Artificial Intelligence, **GOFAI**）」とされていました．新しい AI には，進化計算，ニューロ，ファジー，複雑系などの研究が含まれます．もっとも，すでに 30 年以上も経っているので，新しいことではなくなっています．「新しい AI」はフレーム問題や**記号接地問題**など，基本的な AI の問題を解いたとされています．なぜならそこには記号という概念が存在せず，創発することが目的とされていたからです．問題を解いたというよりも，回避したといえるでしょう．たとえば第 1 章で説明した「哲学的人工知能批判」のドレイファスも「ボトムアップの知能創発については否定しない」と述べていたそうです．進化計算（EC）や AL の立場で言えば「**フレーム問題**[3]は存在しない．なぜなら，フレーム問題を解けないような種は絶滅しているだろうから」

---

2) AI と AL について禅の思想をからめた論述は多い．とくにダグラス・R. ホフスタッターによる『ゲーデル，エッシャー，バッハ―あるいは不思議の環』[20] やダニエル・デネットらによる『マインズ・アイ―コンピュータ時代の「心」と「私」』[21] は AI 研究者にとっての必読書である．

3) 有限の処理能力しか持たない AI は無限の可能性を含む実世界問題を解けないので強い AI は実現できないという主張．1969 年にマッカーシー（1 ページの注釈参照）らによって提唱された．

となります.

「生物学において，進化の視点なしには何事も意味をなさない」という言葉[4]は，『強い
AI』や『強い AL』にも当てはまると思われます. たとえば，種分化（speciation），多様性
（diversity），自然選択（natural selection），外適応（exaptation[46]），断続平衡（punctuated
equilibrium），理解なき有用性（competence without comprehension[22]）などの進化現象を
AI 研究に取り入れることは非常に興味深く，筆者の研究しているテーマでもあります. AL が
AI の問題をどう解くのか，すなわち知能はどう創発するのか. 今後，AL と AI の構成主義的
な研究がますます進展することで，この疑問への解答がより明らかになることを期待します.

■ 演習問題

演習問題 8.1　★

　遺伝的プログラミング（GP）による Wall Following[a]シミュレータが提供されていま
す（**図 8.7**）.

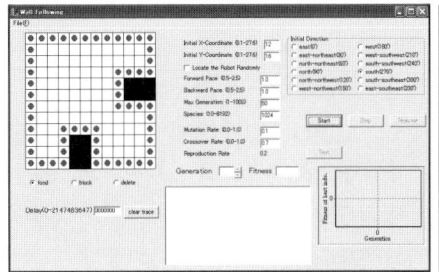
(a) シミュレータの概観

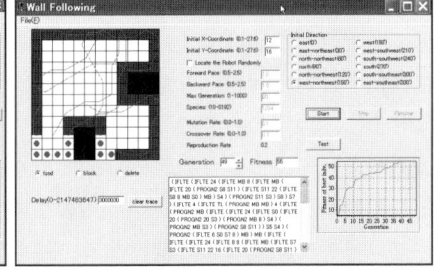
(b) 進化結果のようす

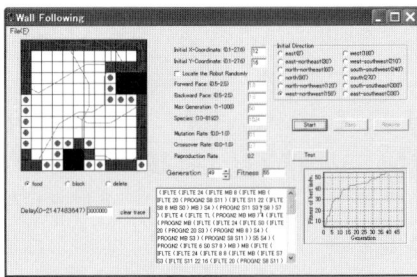
(c) 進化で得られたプログラムを別環境でテ
ストする

図 8.7 ● GP による壁沿いロボットシミュレータ

　左に表示されるフィールドをロボットが動き回ります. ここで緑の丸は餌（ロボッ

トの通るべき場所）を，黒い部分は障害物を意味します．さらに下のボタンをチェック
しフィールドをクリックすると，これらの設定や除去ができます．また，ロボットが餌
の上を通過するとそのマスは紫で塗りつぶされます．ロボットの軌跡は，青が前進し
たことを，赤が後退したことを示します．このシミュレータを用いて壁沿いに進むロ
ボットのプログラムを生成してみましょう．

また，GP で生成するプログラムと SSA での行動との類似点・相違点を考察してく
ださい．

---

a このシミュレータは筆者のホームページからダウンロードできる．主なボックスの使い方・入力方法に
   ついては，ホームページ上のマニュアルを参照されたい．

演習問題 8.2 ★★

Braitenberg ビークル [34] と呼ばれる移動ロボットは，少数でシンプルなセンサと左
右の車輪を独立駆動するモータを備えています（**図 8.8**）．そして，センサとモータの
間の接続を変えることで，さまざまな行動を生成できます．例えば，光源を求めたり，
光源を避けたりします．

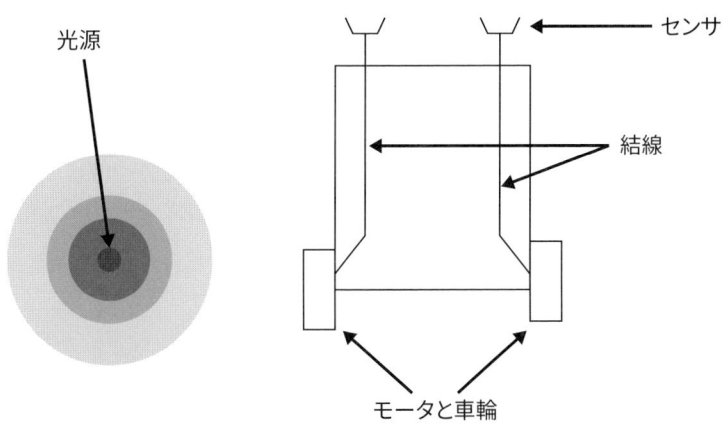

図 8.8 ● Braitenberg ビークル

より詳しく説明すると，次のようなレベルの行動があります．

1. レベル 1　臆病者：センサ（光センサ）をモータと同じ側に直接接続する（**図 8.9**）
2. レベル 2　攻撃者：センサ（光センサ）をモータと反対側に直接接続する（**図 8.10**）
3. レベル 3　求愛者：センサをインバータ*a*で同じ側に接続する（**図 8.11**）
4. レベル 4　探索者：センサをインバータで反対側に接続する（**図 8.12**）

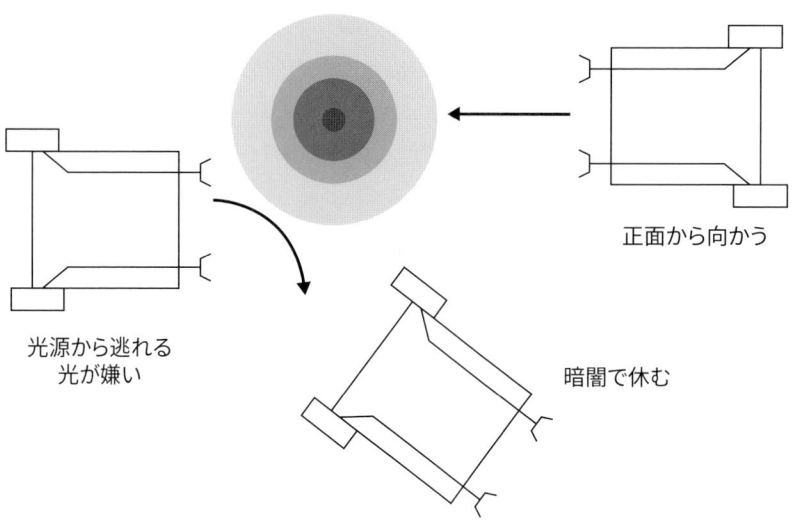

図 8.9 ● レベル 1：臆病者

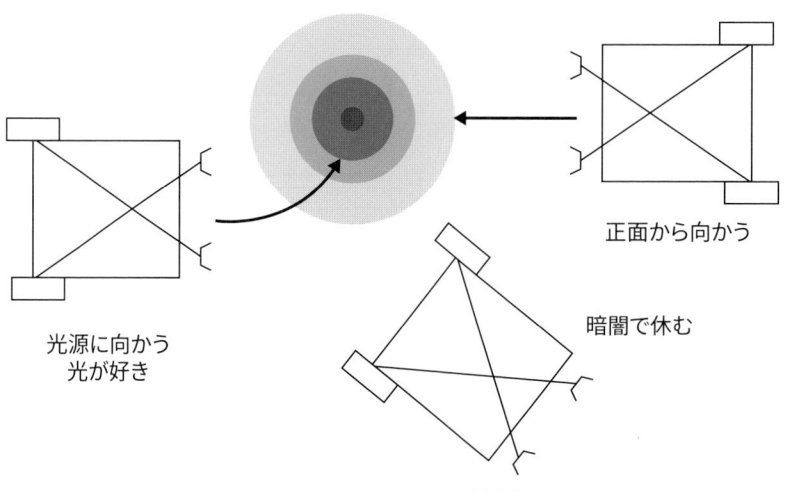

図 8.10 ● レベル 2：攻撃者

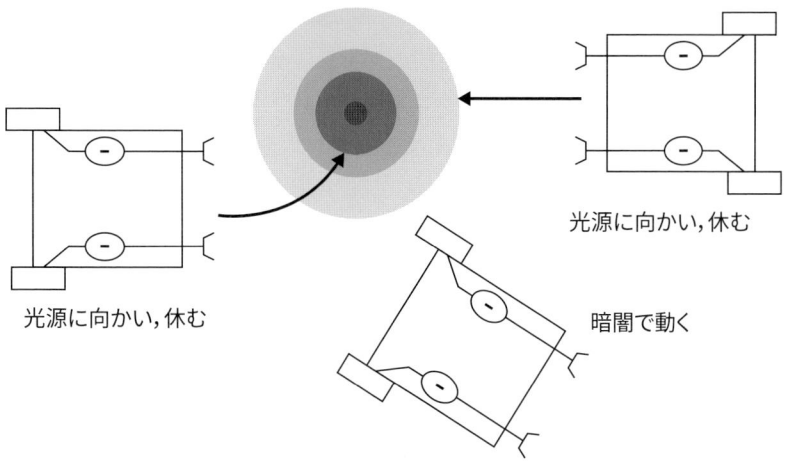

光源に向かい, 休む

光源に向かい, 休む

暗闇で動く

図 8.11 ● レベル 3：求愛者

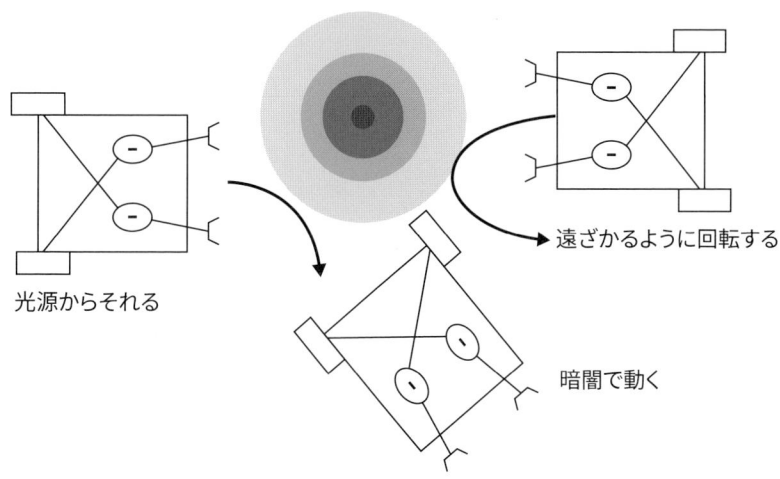

光源からそれる

遠ざかるように回転する

暗闇で動く

図 8.12 ● レベル 4：探索者

　Unity のシミュレーションを作成して，このようにきわめて単純な Braitenberg ビークルでも，環境との相互作用によってしばしば驚くほど巧妙な振る舞いをすることを観察してみましょう．光源を横向きにしたり真正面にするとどうなるでしょうか？

_a_　入力信号に対して出力信号を反転させる素子

演習問題 8.3　　　　　　　　　　　　　　　　　　　　　　　　　　　　　★★★

　　Braitenberg ビークルでは，環境内に他のビークルがいると行動の複雑さが増すことが知られています．とくに2台のビークルそれぞれの上に光源をつけると，互いに接近したときにきわめて複雑な動き（一見して求愛ダンスやなわばり争いと見なせる動き）をします．

　　このような複雑な行動の創発を観察してみましょう．果たしてこれは「表象なき知能」の例として考えられるでしょうか？

付録 A

演習問題のヒントと解答例

▌第1章

■演習問題 1.1

イラストの作成者は以下の通りである.

- 人間 A：Steven Arthur Pinker, Noam Chomsky, Charles Darwin, Alfred Russel Wallace, Stephen Jay Gould, Richard Dawkins
- 人間 B：John McCarthy, Herbert Alexander Simon, Alan Turing, Rodney Allen Brooks
- AI：Allen Newell, Terry Allen Winograd

AI については Selfie2Anime[1] と呼ばれるソフトウェアを利用した.

▌第2章

■演習問題 2.1

Q 学習の三つのパラメータについては, 以下のようなヒューリスティックスが知られている.

- 学習率：小さいほど現在の行動が重視され, 更新がゆるやかとなる（学習の進行は遅くなる）. 通常, 0.1 や 0.01 の値が採用される. 大きすぎると収束が不安定となる.
- 割引率：通常は 0.9 あたりを設定する. 小さすぎると新たな解を発見できない可能性がある.
- ϵ-greedy の ϵ：「焼きなまし」にしたがって, ϵ の値を徐々に減らすことで, 最初は探査的な行動を行いながら, 学習の後半では Q テーブルを活用し報酬を最大化するようになる（43 ページ, プログラム 3.3 の 12〜14 行目参照）.「焼きなまし」の詳細は 29 ページを参照.

---

1) https://selfie2anime.com/

第 5 章

■演習問題 5.1

はじめに一様交叉と BLX-α について比較した結果を示す．GA のパラメータは以下の通りである．

- 集団数：90
- トーナメントサイズ：30
- エリートサイズ：3
- 突然変異率：30 ％
- BLX の α：0.3

適合度は自動車の最大到達距離とした．本文で説明した通り，Agent のパラメータ（遺伝子型）は以下のようになっている．

- 車体の形（12 角形の各頂点の中心からの距離と角度）
- タイヤの位置
- タイヤの半径
- タイヤのトルク

12 世代までの適合度の推移と 13 世代における平均的な形状を**図 A.1** に示す．一様交叉よりも，BLX-α のほうが良い成績になることが確認された．一様交叉では 110 付近の局所最適解に陥ってしまっているが，BLX-α では 4 世代目で局所最適解を脱出している．BLX-α では，成績の良い両親の遺伝子から有益な部分構造（スキーマ）を探索しやすいという特長が働いているからであろう．一方で，5 世代までは一様交叉の平均成績が上回っている．BLX-α 交叉では，遺伝子データを頂点とする超直方体ではなく，差の α 倍分だけ広げた幅からランダムに選択しているため，成績の悪い遺伝子も生み出しやすいからかもしれない．しかしながら，局所解を抜け出すためにはこのように成績の悪い遺伝子を生み出すこともプラスに働くと考えられる．

次に，トーナメント選択を用いた場合の交叉率，突然変異率，エリート数を変えて探索してみる．ここでは，以下として実験を行った．

- 集団数：100
- エリートサイズ：4
- トーナメント選択＋突然変異：26 個体（ただし，トーナメント参加は 85 個体）
- トーナメント選択＋交叉：70 個体
- 適合度：自動車の最大到達距離

実験を第 10 世代まで行い，40 000 フレームまでの各フレーム時点での最良適合度を比べた結果を**図 A.2** に示す．それぞれの実験条件は**表 A.1** の通りである．図 A.2 (左) からわかるよ

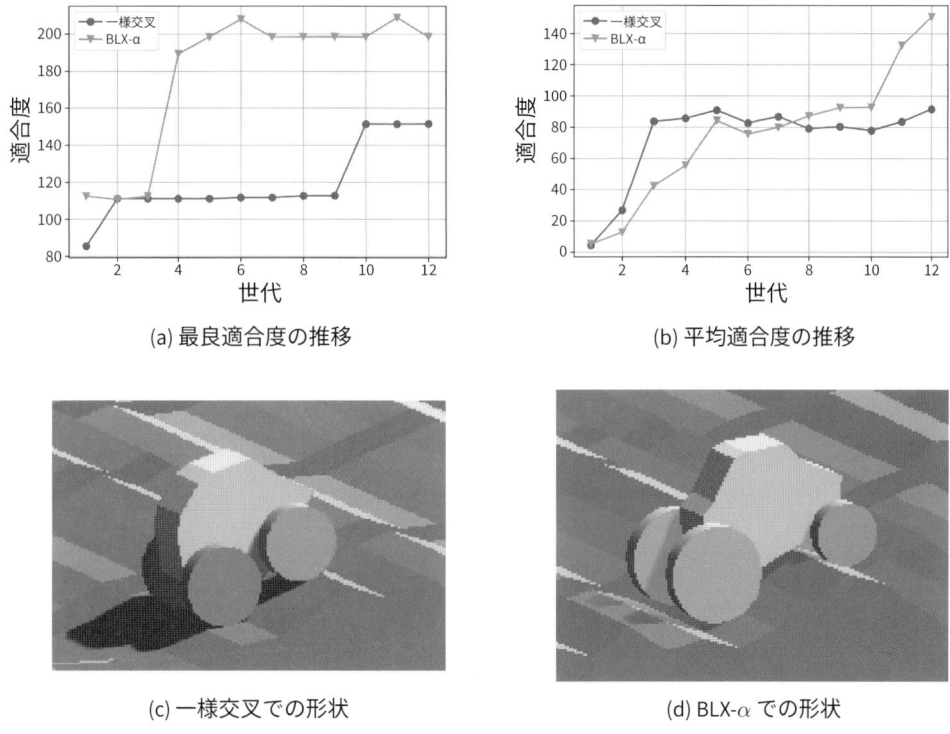

(a) 最良適合度の推移

(b) 平均適合度の推移

(c) 一様交叉での形状

(d) BLX-α での形状

図 A.1 ● 一様交叉 vs. BLX-α

うに，突然変異率 0.2，交叉率 0.8 のときに最も成績が良くなる．ただし，最終的な収束のようすはすべて似通っていた．トーナメント選択においては，高い交叉率のほうが成績の伸びが早い．エリート戦略では，エリート数が少ないほうが成績の伸びがよいが，最終的には大差がない．初期段階での成績は集団内でほとんど差がなく，ここでエリートを増やしすぎると不利な遺伝子まで引き継ぐことになり，最高成績の伸びが悪くなる．ただし第 10 世代での成績には差が見られない．

　さらに，次世代生成時に完全にランダムな個体を導入してみる．これは局所解に陥るのを防ぐためである．実験条件は表 A.1 の (e) と (f) である．次世代に生成される新たな個体数は (e) では 5，(f) では 20 とした．結果を図 A.2 (右) に示す．参考のために条件 (a) も加えている．図からわかるように，新規の個体を少量入れることで，より迅速に優秀な車体に到達した．ただしその個体を残すためには，エリート選択を活用するなどのバランスが必要となるだろう．

■演習問題 5.2

　地形の適合度は自動車にとって難しいほど（つまり自動車の最終到達距離が小さいほど）よくなるようにする．一方，自動車の適合度はこれまでの通りに最大到達距離とする．179 ページの共進化の項も参照してほしい．

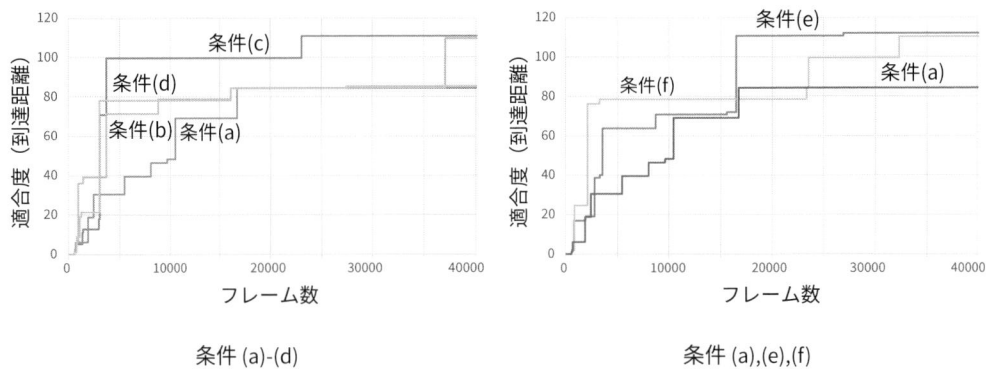

条件 (a)-(d)　　　　　　　　　　　　　条件 (a),(e),(f)

図 A.2 ● トーナメント選択におけるパラメータ変化の比較

表 A.1 ● トーナメント戦略での比較

条件	エリート数	変異個体数	交叉個体数	変異率	交叉率
(a)	4	26	70	0.5	0.5
(b)	4	26	70	0.8	0.8
(c)	4	26	70	0.2	0.8
(d)	20	20	60	0.2	0.8
(e)	4	24	67	0.5	0.5
(f)	3	17	50	0.5	0.5

第6章

■演習問題 6.1

　ACO による TSP の解法は他の探索手法と比較しても非常に良い結果を示すことが知られている．**表 A.2** には，代表的な四つのベンチマーク問題に対する最適値（Opt.）とそれぞれの手法（GA：遺伝的アルゴリズム，EP：進化プログラミング[2]，SA：焼きなまし法）で見つかった最良値が示されている（当然ながら小さいほうがよい）．SA については 29 ページを参照してほしい．GA や SA，EP などと比べて ACO はこの問題に適しているのがわかる（詳細は [40] 参照）．大括弧内の数は調べた解候補数を示す．ただし，ACO は Lee-Kernighan 法（TSP のチャンピオンプログラムの一つ）よりは劣っている．これはメタヒューリスティックスに共通する特徴であり，静的な問題ではそれに特化したアルゴリズムより劣ることもある．

■演習問題 6.2

　scene1 に基づいて，アリの巣の周りに三つの餌を配置し，アリの採餌行動について観察を行った．餌は巣を $(0,0)$ としたとき，

---

2)　進化計算の手法の一つ．遺伝的プログラミング（GP）と似ているが，構造が固定であることが異なる．

表 A.2 ● ACO とメタヒューリスティックスの比較

TSP	ACO	GA	EP	SA	Opt.
Oliver 30	420	421	420	424	420
	[830]	[3 200]	[40 000]	[24 617]	
Eil 50	425	428	426	443	425
	[1 830]	[25 000]	[100 000]	[68 512]	
Eil 75	535	545	542	580	535
	[3 480]	[80 000]	[325 000]	[173 250]	
KroA 100	21 282	21 761	N/A	N/A	21 282
	[4 820]	[10 300]	[N/A]	[N/A]	

- 餌 0 を $(40\sin(0), 40\cos(0))$
- 餌 1 を $(60\sin(\frac{2}{3}\pi), 60\cos(\frac{2}{3}\pi))$
- 餌 2 を $(60\sin(\frac{4}{3}\pi), 80\cos(\frac{4}{3}\pi))$

の位置に配置する．パラメータは Scene1 におけるデフォルトの値を用いている．このパラメータにおいて各餌はアリに 100 回接触されると消滅するようになっている．

　提供される Unity プロジェクトでは，アリが餌を食べたタイミングをアプリケーションの起動時からのフレーム数で記録し，その結果を（餌番号, 餌が食べられた回数, フレーム数）の形式で log.txt ファイルに保存する．例えばファイルの最初の数行は次のようになっている．

```
log.txt ファイル
0,1,197
0,2,198
0,3,314
0,4,517
0,5,527
0,6,529
0,7,554
1,1,577
0,8,597
...(以下省略)
...
```

表 A.3 ● 採餌行動の実験結果

| | 各餌が食べられたタイミング | | | |
| | 50 回 | | 100 回 | |
	平均値	標準偏差	平均値	標準偏差
餌 0	2000.7	717.8	3742.9	1246.5
餌 1	3712.9	1118.8	5498.9	1118.5
餌 2	6313.6	1753.0	7909.8	1216.8

10 回の実行結果に基づく統計値を**表 A.3** に示す．基本的には近い餌から順に行列を生成して採餌していく様子が得られた．しかしながら，10 回中 8 回の試行でアリは近い順から餌を食べ尽くしたが，2 回の試行では順序が入れ替わった．これは，序盤に偶然遠い餌を見つけ，その餌までの行列が生成されてしまったケースであった．その原因としては，フェロモンがない状態でのアリの動きは完全にランダムであること，一度巣から餌までの行列が生成されるとアリはその行列を維持するように行動することなどが考えられる．

第 7 章

■演習問題 7.1

PSO と EC との比較実験を，単峰性関数である $F2$ と多峰性関数である $F5$ について行った．それぞれ 20 回の探索を行い，最良適合値の平均値を求めた．

実験に用いた GA の構成は以下の通りである．

- ビットストリング型の GA：バイナリ・コーディング（0，1 の文字列）
- エリート戦略（エリート率：5％）
- トーナメント方式（トーナメントサイズ：3）

表 A.4 に示す GA と PSO のパラメータを採用した．実験の結果を**図 A.3** と**図 A.4** に示す．このグラフの横軸は反復回数もしくは世代数であり，縦軸は最良個体の適合度である．実線が GA によるものであり点線は PSO である．

単峰性の関数である $F2$ において PSO では探索の開始直後から急速に収束し，10 世代辺りではほぼ最適解が見つかっている．$F5$ においては，PSO は 50 世代で GA よりもある程度優れた結果を出している（**表 A.5**）．

次に，実数値型の GA（100 ページ参照）と PSO に基づく探索の性能を $F1$ から $F7$ に関して比較した．ここでは**表 A.6** に示すパラメータを用いている．実験は 100 回繰り返し，10 世代ごとの最良個体の適合度の平均値を比較した（**表 A.7**）．この結果から，単峰性関数である $F1$ から $F4$ において PSO がより優れた成績を与えることがわかる．一方，多峰性関数（$F5$，

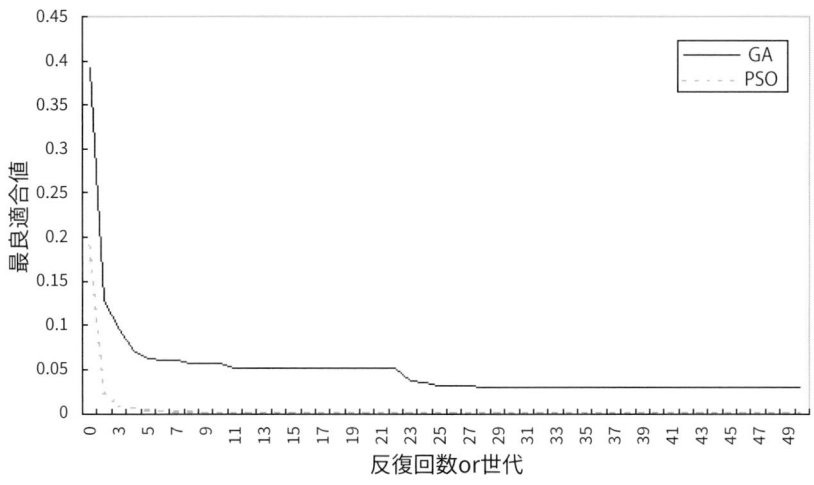

図 A.3 ● $F2$ における PSO と GA の比較

表 A.4 ● GA と PSO のパラメータ

	GA	PSO
世代数	50	50
個体数	200	200
交叉率	0.7	
突然変異率	0.01	
遺伝子長	13	
エリート戦略	5%	
交叉方法	一点交叉	
コーディング方法	バイナリ	
最大速度 V_{max}		5(F2), 65(F5)
減衰係数 ω		0.9

表 A.5 ● 50 世代目における適合度

	アルゴリズム	最良値
F2	GA	0.030
	PSO	5.109E-07
F5	GA	1.828
	PSO	1.519

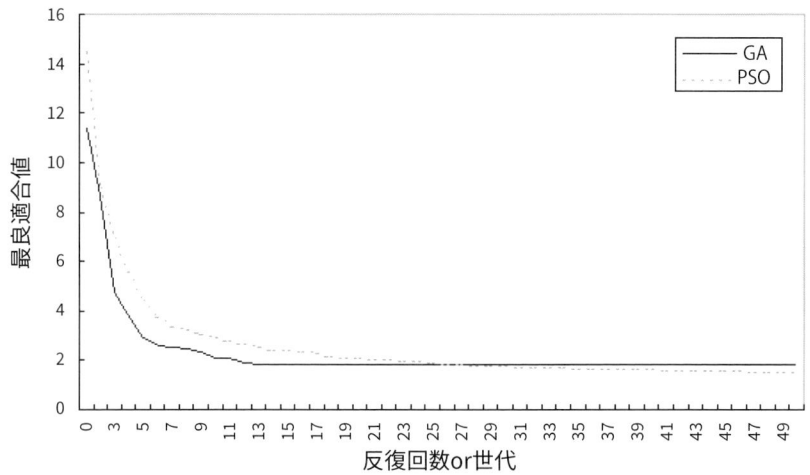

図 A.4 ● $F5$ における PSO と GA の比較

表 A.6 ● GA と PSO のパラメータ

	PSO	実数値 GA
集団数	200	200
$V_{\max}$	1	
最大世代数	50	50
減衰係数	0.9	
交叉		0.7(BLX-α)
エリート率		0.05
突然変異率		0.01
選択		トーナメント（サイズ6）

$F6$）においては PSO は GA ほど優れた成績を得ることができなかった．このような結果に
なった理由は，PSO が集団内での相互作用的な力で働いていることによる．単峰性関数では
山が一つしかないので，迷うことなく個体どうしが引き寄せ合って最良適合度（に近い値）を
見つけ出せる．多峰性関数では，一つの個体が比較的優れた場所を見つけ出すと，他の個体は
よりよい場所があるとしてもその個体に引き寄せられ，結果的に局所解に陥ってしまう．また
突然変異のような手段もないため，局所解から抜け出すことが難しい．

　以上から PSO は単峰性関数には強く，多峰性関数には弱いことがわかる．このような弱点
を克服するため，従来の GA と PSO を組み合わせた手法もいくつか提案されている．例えば
東らは，ガウシアン突然変異を PSO に導入することで探索の性能が向上することを報告して

表 A.7 ● 最良個体の適合度の平均値

		実数値 GA	PSO			実数値 GA	PSO
$F1$	1	0.176257	0.161864	$F5$	1	15.36315	19.40166
	10	4.33E−05	0.000161		10	5.660075	5.334231
	20	1.32E−05	9.07E−06		20	4.161422	4.872864
	30	7.68E−06	1.37E−06		30	3.29137	4.844246
	40	5.71E−06	3.49E−07		40	2.646799	4.84
	50	4.80E−06	1.16E−07		50	2.086842	4.84
$F2$	1	0.266981	0.303957	$F6$	1	4.290568	3.936564
	10	0.009426	0.001758		10	0.05674	0.16096
	20	0.001159	0.000335		20	0.003755	0.052005
	30	0.000285	0.000152		30	0.001759	0.037106
	40	0.000122	9.46E−05		40	0.001226	0.029099
	50	8.48E−05	6.71E−05		50	0.000916	0.02492
$F3$	1	−8.355	−8.365	$F7$	1	0.018524	0.015017
	10	−9.185	−9.985		10	0.000161	0.000484
	20	−9.38	−9.99		20	1.02E−05	0.000118
	30	−9.485	−10		30	3.87E−06	6.54E−05
	40	−9.63	−10		40	2.55E−06	5.50E−05
	50	−9.695	−10		50	1.93E−06	4.95E−05
$F4$	1	1.81E−04	0.000189				
	10	1.92E−09	4.45E−09				
	20	2.17E−10	4.93E−11				
	30	9.82E−11	2.39E−12				
	40	6.25E−11	1.62E−13				
	50	3.76E−11	2.39E−14				

いる [52].

■演習問題 7.2

　進化計算や PSO を用いたパラメータ探索の適合度としては，159 ページで説明したモデルの大域的特徴（集団極性 p_{group} と角運動量 m_{group}）に基づく評価関数を用いるとよい．

第8章

■演習問題 8.1

　SSA における TAB は有限オートマトンの形式で表現される．各 TAB は実行可能条件に基づくネットワークを構成し，全体として問題を解決する．これらは LISP に似た言語 BL（Behavior Language）を用いて記述される．このことから，John Koza は SSA によるロボットの学習を遺伝的プログラミング（Genetic Programming，GP．5.6節参照）を用いて試みている．例えば，壁に沿う行動計画（wall following problem）や箱押し（box moving）のプログラムを GP で進化させることに成功した [56, 57].

付録 B

インストール方法

本書で説明したシミュレーション実験を行うには，Unity Hub，Unity[1]，および Visual Studio Code[2]が必要である．以下に記載する手順や開発元ウェブサイトなどの情報を参考にしてインストールを行ってほしい．

【注意】
- 以下の画面イメージ，インストール手順は 2022 年 5 月現在のものである．詳しくは開発元ウェブサイトなどで確認してほしい．
- 以下では Windows の場合の手順を説明している．macOS の場合も同様に Unity Hub，Unity，および Visual Studio Code をインストールする．
- Unity の利用にはライセンスが必要である．詳しくは Unity のウェブサイトなどで確認すること．

▌ B.1　Unity Hub のインストール

Unity は Unity Hub を使用してインストールすることを推奨する．Unity Hub は Unity のバージョン管理ができるツールである．複数バージョンのインストール／アンインストール，バージョンアップ，プロジェクトごとのバージョン指定など，バージョン管理がしやすくなる．

1. 以下のウェブサイトにアクセスする．
   `https://unity3d.com/jp/get-unity/update`
2. Unity Hub をダウンロードする．

---

1)　Unity Technologies 社のゲームエンジン．ゲーム開発で広く使用されており，近年はゲーム以外の分野でも利用が広まっている．
2)　Microsoft 社のソースコードエディタ．

3. Unity Hub をインストールする．

4. インストールが完了したら，Unity Hub を起動する．以下のアイコンをクリックする．

5. Unity ID でサインインを求められる．

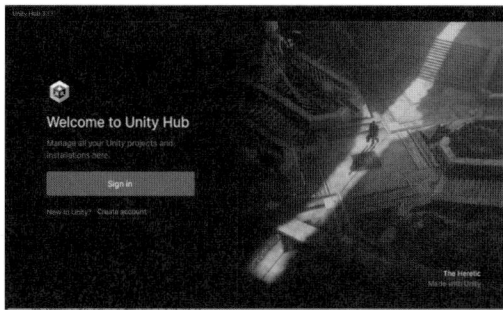

6. Unity ID を持っていない場合は新規作成してサインインする．

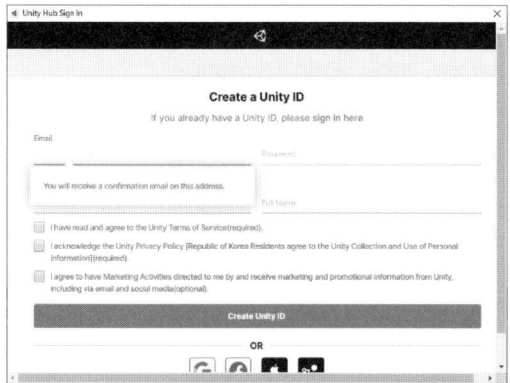
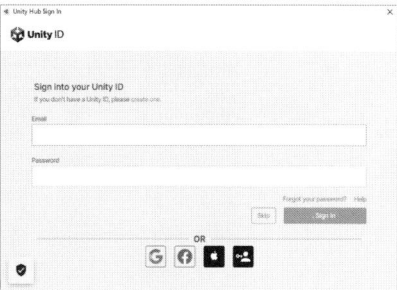

B.2 Unity のインストール

続いて Unity をインストールする.

1. 画面の「Install Unity Editor」を選択する.

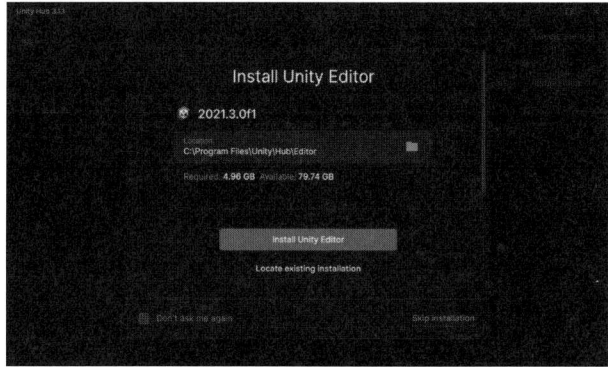

2. ライセンス条項に同意する.

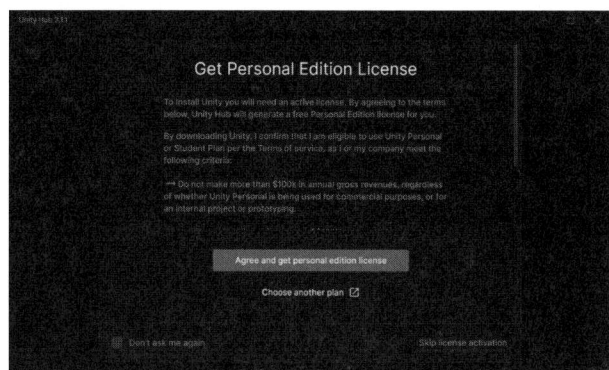

3. インストールが始まる.

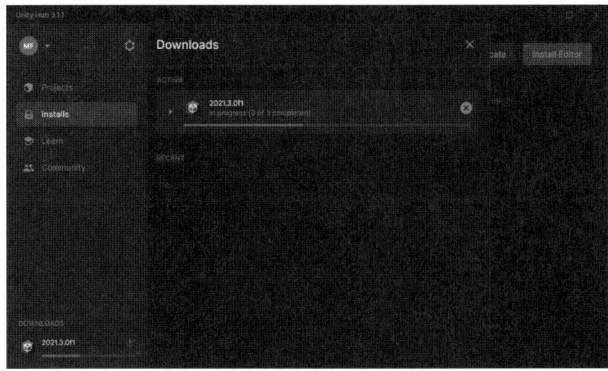

4. 「このアプリがデバイスに変更を加えることを許可しますか？」と聞かれたら，「はい」
を選択する.

5. インストールが完了する.

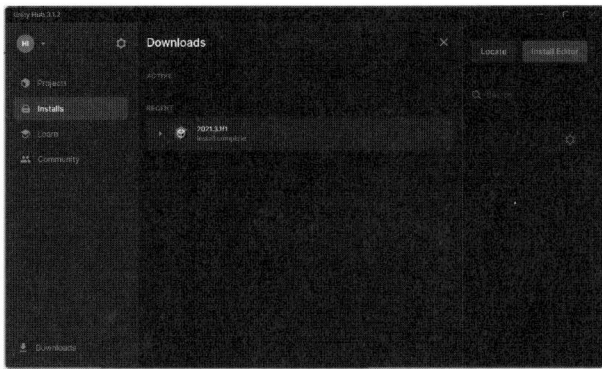

■ B.3　プロジェクトの追加

インストールが完了したら，Unity Hub に Unity のプロジェクトを追加する.

1. はじめに Mind Render/AI Drill のプロジェクトや本書で説明するプロジェクトを著者の
ホームページ

http://www.iba.t.u-tokyo.ac.jp/support/

からダウンロードする. 圧縮されているので任意の場所に展開する. 以下では第 3 章で説
明する unity-self-driving.zip を例にしている.

2. Unity Hub 画面左側のメニューから「Projects」を選択し，画面右上の「open」ボタンの
「Add project from disk」をクリックする.

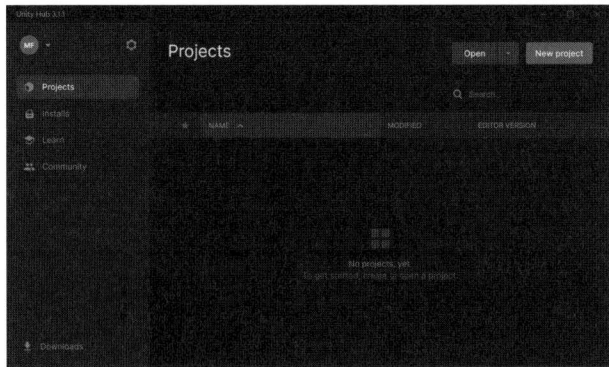

3. ファイル選択画面が開くので，上記で展開したフォルダ（この例では self-driving.pro
 j）を選択する.

4. Unity Hub にプロジェクトが追加される.

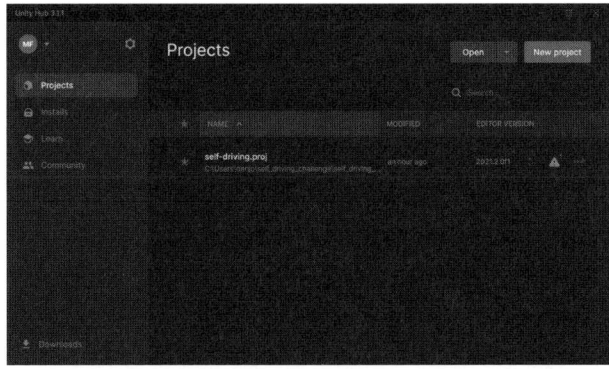

5. Unity バージョンを指定する．追加したプロジェクトの「EDITOR VERSION」の下にあ
 る項目をクリックし，表示されるバージョンを選択する.

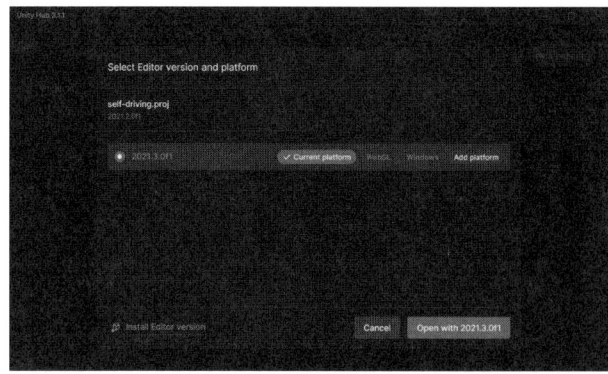

6.「Change version」をクリックする.

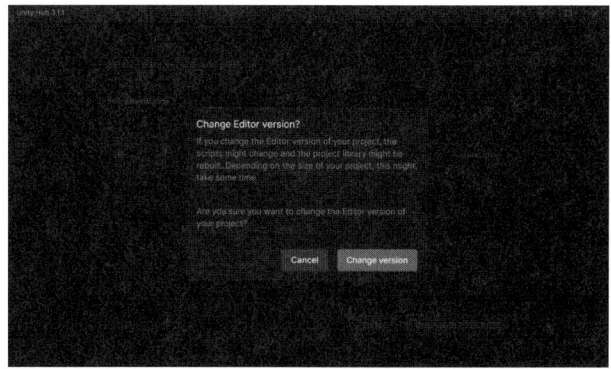

7. プロジェクトをクリックして開く. 以下のメッセージが出た場合は, Unity バージョンを
アップグレードする.

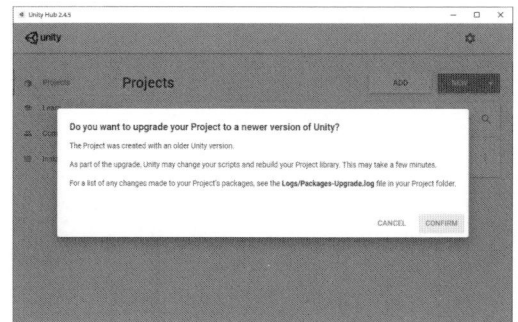

8. Unity が起動し, プロジェクトが開く. 初回起動時には時間がかかる場合がある. また,
すでに別バージョンで開いたことの警告が出る場合があるが, 問題なければ「Continue」
を押す.

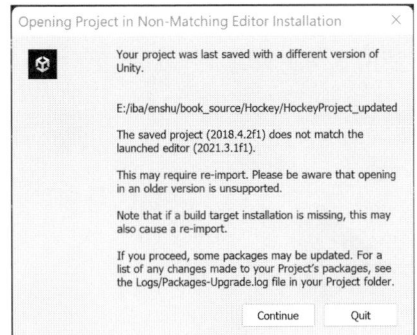

9. 実行画面は以下のようになる.

■ B.4　Visual Studio Code のインストール

最後に Visual Studio Code をインストールする.

1. 以下のウェブサイトにアクセスする.

   https://visualstudio.microsoft.com/ja/

2. インストーラーをダウンロードしてインストールする.

3. 「Visual Studio Code を実行する」のチェックを外し「完了」する．Visual Studio Code は Unity から呼び出して使用できるので，現時点で実行する必要はない．

B.5　プログラムの編集

本書で説明するプログラムを編集するときは以下の手順で行う．

1. Unity Hub を起動する．
2. プログラムを編集したい Unity プロジェクトを開く．
3. Unity が起動し，選択したプロジェクトが開く．
4. 「Edit」メニューから「Preferences...」を選択する．

5.「Preferences」画面で「External Script Editor」に「Visual Studio Code」を指定する．
ウィンドウを閉じる．4〜5の手順は，最初に一度だけ実行する．

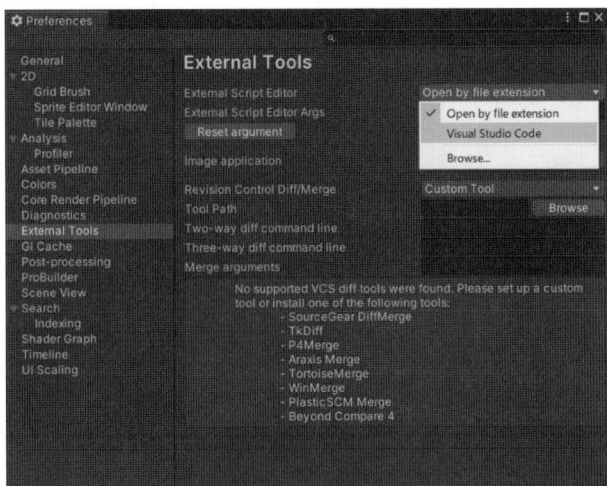

6.「Assets」メニューから「Open C# Project」を選択する．

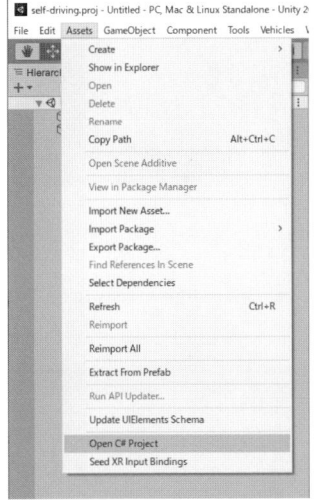

7. Visual Studio Code が起動する．サイドバーのエクスプローラーから編集したいプログ
ラムを選択し，編集する．

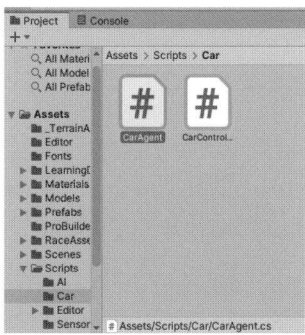

8. または，「Project」で「Scripts」をクリックし，編集したいプログラムを選択する．ここ
では「Car」の中にある「Car Agent.cs」をクリックする．

9. 画面右側にプログラムが表示される．

「Open」ボタンをクリックすると，Visual Studio Code が起動し，プログラムを編集で
きる．

付録 C

Unity と Python の連携

　ここでは，Unity の C#コードと Python プログラムを連携させる方法について説明する．Python は機械学習などの分野でよく用いられており，NumPy などの数値計算モジュールや，Tensorflow，PyTorch などの機械学習モジュールを用いることができる．AI の実装を Python のプログラムに任せることで，Unity の C#では難しい，複雑なニューラルネットワークの実装も容易になる．

　以下では例として，自動運転のプログラムの AI 学習部分を Python によって記述した場合を示す．

C.1　使い方

ニューラルネットワーク計算部分に Python を用いた学習は，以下の手順で実行できる．

1. 事前に NumPy，PyTorch をインストールする．
2. "./env/src/PyNECommunicator.py" をターミナルから実行している状態にする．
3. "./Asset/Scenes/PythonNE/" 以下のシーンファイルを Unity 上で実行する．

C.2　構成ファイル

　Unity 上で車を動かすのには第3章で解説した Unity/C#の自動運転プログラムの一部を用いるが，AI の実装には以下のファイル，フォルダを用いる．

- ./env/*：Python 側のプログラム
- ./env/src/PyNECommunicator.py：Python プログラムを実行するためのファイル
- ./Asset/Scenes/PythonNE/*：Unity 上でプログラムを実行するためのシーンファイル
- ./Assets/Scripts/PyAI/*：Unity 上で動作し，エージェント（車）と頭脳（Python 側のプログラム）をつなぐプログラム

詳細は "./README.txt" や各ファイルに書かれているコメントを参考にしてほしい.

C.3　Unity-Python 間の連携制御フロー

Unity と Python の連携の様子を「起動時」「各動作実行時」「学習時」の三つのパートに分けて説明する. 基本的には Python 側では主にニューラルネットワークの計算, 管理を行い, Unity 側では主にエージェントの状態の取得, 制御を行うようになっている. ニューラルネットワークの入出力の定義, 報酬設計などはユーザーの使い勝手を考え, C#で行うようにしてある.

C.3.1　起動時

連携を行う前には, Python, Unity の順にプログラムを実行しておく必要がある. 連携の内容として, Unity 側 (./Assets/Scripts/PyAI/PyNEEnvironment.cs) にセットされているニューロ進化の情報が Python 側に伝えられる. この情報を元に, Python 側では, ニューラルネットワークの構築・初期化が行われる. この処理は ./env/src/PyNECommunicator.py で行われる. ニューラルネットワークの計算部分は ./env/src/PyNNBrains.py で定義されている. この様子を図 C.1 に示す.

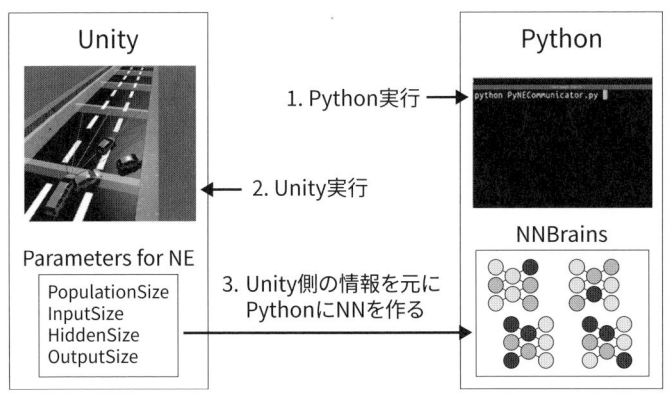

図 C.1 ● Unity-Python 連携（起動時）

C.3.2　各動作実行時

エージェントの 1 行動ごとに以下の処理をしている, Unity 側は, エージェントの現在の状態をセンサなどから取得し, その結果を Python 側に伝える. Python 側は, 受け取った情報をニューラルネットワークの入力として出力を計算し, 結果を Unity 側に送り返す. Unity 側でPython から送られた出力を行動としてエージェントを制御する. この様子を図 C.2 に示す.

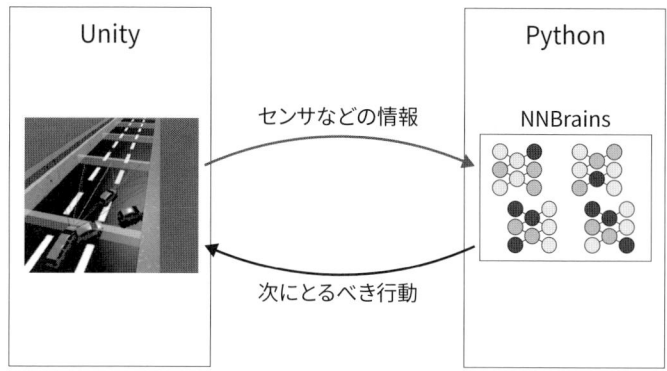

図 C.2 ● Unity-Python 連携（各動作実行時）

C.3.3 重みの更新

　各エージェントはエピソードの終了時に最終的な報酬を Python 側に送るようになっている．学習中の世代のすべてのエージェントがエピソードを終了すると，その報酬に基づいてニューロ進化の操作を Python 側で行うようになっている．この様子を**図 C.3** に示す．

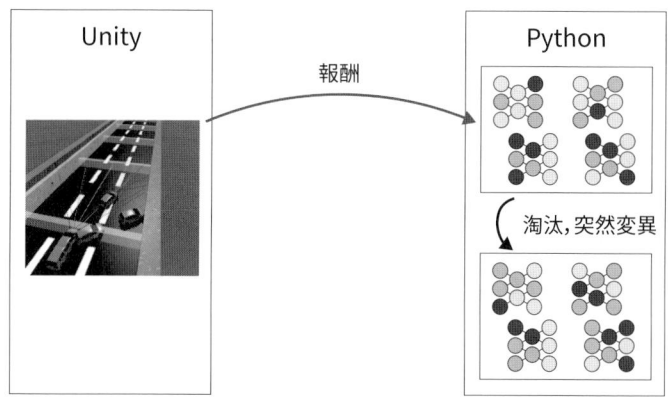

図 C.3 ● Unity-Python 連携（重みの更新）

C.3.4 Unity-Python 間の通信方式

　UDP 通信方式をベースに，用途別（初期化，動作取得，報酬の対応付け，通信ミス対処）に四つのポートを用いて，Unity-Python 間のデータのやり取りをしている．Unity 側は ./Assets/Scripts/PyNEEnvironment.cs で定義してある四つの UDP インスタンスにて通信を行う．UDP.Set 関数にて，IP やポート番号を指定する．UDP.Send 関数にて Python 側に指示を送る．Python 側から返事を受け取りたい場合は，UDP.SendAndWait 関数を用いる．Python 側は "./env/src/PyNECommunicator.py" の receive 関数にて Unity から受け取った指示をパース・実行するようにしている．このときに Unity 側に送るべき情報があるなら，その情報を返すようにしている．

参考文献

[1] 甘利俊一，『神経回路網モデルとコネクショニズム』，東京大学出版会，2008.

[2] 甘利俊一，『脳・心・人工知能 数理で脳を解き明かす』，講談社，2016.

[3] アーノルド・C・ブラックマン（著），羽田節子，新妻昭夫（訳），『ダーウィンに消された男』，朝日新聞社，1997.

[4] イアン・スチュアート（著），徳田功（訳），『不確実性を飼いならす―予測不能な世界を読み解く科学』，白揚社，2021.

[5] 伊庭斉志，"文献紹介　John Koza : Evolution of subsumption using genetic programming. In *Proc. of the First. European Conference on Artificial Life (ECAL91)*, MIT Press (1992)."，人工知能学会誌，Vol. 8, No. 3, pp. 382–383, 1993.

[6] 伊庭斉志，『進化論的計算手法』，知の科学，オーム社，2005.

[7] 伊庭斉志，『人工知能と人工生命の基礎』，オーム社，2013.

[8] ウィリアム・J・クック（著），松浦俊輔（訳），『驚きの数学　巡回セールスマン問題』，青土社，2013.

[9] エドワード・O・ウィルソン（著），小林由香利（訳），『ヒトはどこまで進化するのか』，亜紀書房，2016.

[10] クロード・レヴィ＝ストロース（著），大橋保夫（訳），『野生の思考』，みすず書房，1976.

[11] サイモン・コンウェイ（著），松井孝典（監訳），『カンブリア紀の怪物たち』，講談社，1997.

[12] ジョセフ・ワイゼンバウム（著），秋葉忠利（訳），『コンピュータ・パワー―人工知能と人間の理性』，サイマル出版会，1979.

[13] 白土良一，『天才を育むプログラミングドリル―Mind Render で楽しく学ぶ VR の世界』，カットシステム，2018.

[14] スチュアート・カウフマン（著），河野至恩（訳），『生命と宇宙を語る―複雑系からみた進化の仕組み』，日本経済新聞社，2002.

[15] スティーヴン・ジェイ・グールド（著），渡辺政隆（訳），『ワンダフル・ライフ―バージェス頁岩と生物進化の物語』，早川書房，2000.

[16] スティーヴン・ジェイ・グールド（著），渡辺政隆（訳），『ぼくは上陸している―進化をめぐる旅の始まりの終わり』，早川書房，2011.

[17] スティーヴ・トーランス（編），村上陽一郎（監訳），『AI と哲学―英仏共同コロキウムの記録』，産業図書，1985.

[18] ダニエル・C・デネット（著），山口泰司，大崎博，斎藤孝，石川幹人，久保田俊彦（訳），『ダーウィンの危険な思想―生命の意味と進化』，青土社，2000.

[19] ダニエル・C・デネット（著），阿部文彦，木島泰三（訳），『思考の技法―直観ポンプと 77 の思考術』，青土社，2015

[20] ダグラス・R・ホフスタッター（著），野崎昭弘，はやしはじめ，柳瀬尚紀（訳），『ゲーデル，エッシャー，バッハ―あるいは不思議の環』，白揚社，1985.

[21] ダグラス・R・ホフスタッター，ダニエル・C・デネット（編著），坂本百大（監訳），『マインズ・アイ―コンピュータ時代の「心」と「私」』，TBS ブリタニカ，1992.

[22] ダニエル・C・デネット（著），木島泰三（訳），『心の進化を解明する―バクテリアからバッハへ』，青土社，2018.

[23] デボラ・ブラム（著），藤澤隆史，藤澤玲子（訳），『愛を科学で測った男―異端の心理学者ハリー・ハーロウとサル実験の真実』，白揚社，2014.

[24] 徳井直生，『創るための AI―機械と創造性のはてしない物語』，ビー・エヌ・エヌ，2021.

[25] 中島秀之，"中国語の部屋再考"，人工知能学会誌，Vol. 26, No. 1, pp. 45–49, 2011.

[26] 中島秀之，"人工知能とは（I）"，人工知能学会誌，Vol. 28, No. 1, pp. 139–143, 2013.

[27] マイケル・S・ガザニガ（著），小野木明恵（訳），『右脳と左脳を見つけた男―認知神経科学の父，

脳と人生を語る』，青土社，2016.

[28] マティン・ドラーニ，リズ・カローガー（著），吉田三知世（訳），『動物たちのすごいワザを物理で解く—花の電場をとらえるハチから，しっぽが秘密兵器のリスまで』，インターシフト，2018.

[29] マット・リドレー（著），中村桂子，斉藤隆央（訳），『やわらかな遺伝子』，紀伊國屋書店，2004.

[30] "マービン・ミンスキーインタビュー—「夢見る機械」に魅入られたサイエンティスト"，The INTER Interview，INTER，ユーピーユー・ブック，1990.

[31] Ando, D., Dahlstedt, P., Nordahl, M. G., and Iba, H., "Computer aided composition for contemporary classical music by means of interact GP," *J. the Society for Art and Science*, Vol. 4, No. 2, pp. 77–86, 2005.

[32] Barwise, J. and Perry, J., *Situations and Attitudes*, MIT Press, 1984.

[33] Bontrager, P., Lin, W., Togelius, J., and Risi, S., Deep interactive evolution, in *Proc. European Conference on the Applications of Evolutionary, Computation (EvoApplications)*, 2018.

[34] Braitenberg, V., *Vehicles: Experiments in synthetic psychology*, MIT Press, 1986.

[35] Brooks, R. A., "A robust layered control system for a mobile robot," in *IEEE J. Robotics and Automation*, Vol. 2, No. 1, pp. 14–23, 1986.

[36] Brooks, R. A., "Autonomous mobile robot," in *AI in the 1980s and Beyond: An MIT Survey*, Grimson, W. E. L. and Patil R. S. (Eds.), MIT Press, 1987.（邦訳：伊庭斉志（訳），"自律移動ロボット"，『MIT の人工知能』，パーソナルメディア，1989）

[37] Brooks, R., "Intelligence without Representation," *Artificial Intelligence*, Vol. 47, Issues 1–3, pp. 139–159, 1991.

[38] Couzin, I. D., Krausew, J., James, R., Ruxton, G. D., and Franks, N. R., "Collective Memory and Spatial Sorting in Animal Groups," *J. Theoretical Biology*, Vol. 218, No. 1, pp. 1–11, 2002.

[39] Dawkins, R., *The Blind Watchmaker*, W. W. Norton, New York, 1986.

[40] Dorigo, M. and Gambardella, L. M., "Ant colonies for the traveling salesman problem," Tech. Rep. IRIDIA/97-12, Université Libre de Bruxelles, Belgium, 1997.

[41] Dreyfus, H. L., *What Computers Can't Do: The Limits of Artificial Intelligence*, Harper-Collins, 1978.

[42] Edelman, G., *Neural Darwinism: The Theory of Neuronal Group Selection*, Oxford University Press, 1989.

[43] ElSaid, A., Jamiy, F. E., Higgins, J., Wild, B., and Desell, T., "Using ant colony optimization to optimize long short-term memory recurrent neural networks," in *Proc. Genetic and Evolutionary Computation Conference (GECCO)*, pp. 13–20, 2018.

[44] Geman, S. and Geman, D., "Stochastic relaxation, Gibbs distributions, and the Bayesian restoration of images," in *IEEE Trans. Pattern Analysis and Machine Intelligence*, Vol. 6, No. 6, pp. 721–741, 1984.

[45] Goss. S., Aron, S., Deneubourg, J. L., and Pasteels, J. M., "Self-organized shortcuts in the argentine ant," *Naturwissenschaften*, Vol. 76, pp. 579–581, 1989.

[46] Gould, S. J. and Vrba, E. S., "Exaptation—A Missing Term in the Science of Form," Paleobiology, Vol. 8, No. 1, pp. 4–15, 1982.

[47] Hansen, N. and Ostermeier, A., "Adapting arbitrary normal mutation distributions in evolution strategies: The covariance matrix adaptation," in *Proc. IEEE international conference on evolutionary computation (CEC)*, pp. 312–317, 1996.

[48] Hara, A., Kushida, J., Kitao, K., and Takahama, T., "Neuroevolution by Particle Swarm Optimization with Adaptive Input Selection for Controlling Platform-Game Agent," in *Proc. IEEE International Conference on Systems, Man, and Cybernetics (SMC)*, pp. 2504–2509, 2013.

[49] He, K., Zhang, X., Ren, S., and Sun, J., "Deep Residual Learning for Image Recognition," in

Proc. IEEE Conference on Computer Vision and Pattern Recognition (CVPR), pp. 770–778, 2016.

[50] Hepper, F. and Grenader, U., "A stochastic nonlinear model for coordinated bird flocks," in *The Ubiquity of Chaos* by Krasner S. (ed.), pp. 233–238, AAAS publications, Washington, D.C., 1990.

[51] Herbert-Read, J. E., Romenskyy, M., and Sumpter, D. J. T., "A Turing test for collective motion," *Biological Letters*, Vol. 11, Issue 12, 2015.

[52] Higashi, N. and Iba, H., "Particle Swarm Optimization with Gaussian Mutation," in *Proc. IEEE Swarm Intelligence Symposium*, pp. 72–79, 2003.

[53] Katayama, S., Pindur, K., and Iba, H., "Extending Deep Interactive Evolution with Graph Kernel for 3D Design," in *Proc. the 10th International Congress on Advanced Applied Informatics*, pp. 438–445, 2021.

[54] Kennedy, J. and Eberhart, R. C., *Swarm Intelligence*, Morgan Kaufmann Publishers, 2001.

[55] Kinoyama, R., Perez, E. A. M., and Iba, H., "Preventing Overfitting of LSTMs using Ant Colony Optimization," in *Proc. the 10th International Congress on Advanced Applied Informatics*, 2021.

[56] Koza, J., "Evolution of subsumption using genetic programming," in *Proc. the First European Conference on Artificial Life (ECAL'91)*, pp. 110–119, MIT Press, 1992.

[57] Koza, J. and Rice, J. P., "Automatic programming of robots using genetic programming," in *Proc. the 10th National Conference on Artificial intelligence (AAAI'92)*, pp. 194–201, 1992.

[58] Langton, C. G. (ed.), *Artificial Life*, Addison-Wesley, 1989.

[59] Lehman, J., et al., "The Surprising Creativity of Digital Evolution: A Collection of Anecdotes from the Evolutionary Computation and Artificial Life Research Communities," *Artificial Life*, Vol. 26, No. 2, pp. 274–306, 2020.

[60] Levesque, H. J., "Is it enough to get the behaviour right?," in *Proc. the 21st International Joint Conference on Artificial Intelligence (IJCAI'09)*, pp. 1439–1444, 2009.

[61] Lioni, A., Sauwens, C., Theraulaz, G., and Deneubourg, J. L., "Chain formation in Œcophylla longinoda," *Journal of Insect Behavior*, Vol. 14, No. 5, pp. 679–696, 2001.

[62] Minsky, M. and Papert, S., *Perceptrons: an introduction to computational geometry*, MIT press, 1969.

[63] Pfeifer, R. and Scheier, C., *Understanding Intelligence*, A Bradford Book, 2001.（邦訳：石黒章夫，細田耕，小林宏（訳），『知の創成—身体性認知科学への招待』，共立出版，2001）

[64] Pfeifer, R. and Bongard, J., *How the Body Shapes the Way We Think: A New View of Intelligence*, A Bradford Book, 2006.（邦訳：細田耕，石黒章夫（訳），『知能の原理—身体性に基づく構成論的アプローチ』，共立出版，2010）

[65] Reid, C. R., Lutz, M. J., Powell, S., Kao, A. B., Couzin, O. D., and Garnier, S., "Army ants dynamically adjust living bridges in response to a cost? benefit trade-off," in *Proc. the National Academy of Sciences (PNAS)*, Vol. 112, No. 49, pp. 15113–15118, 2015.

[66] Reynolds, C. W., "Flocks, herds and schools: a distributed behavioral model," *Computer Graphics*, Vol. 21, Issue 4, 1987.

[67] Sehara, K., Toda, T., Iwai, L., Wakimoto, M., Tanno, K., Matsubayashi, Y., and Kawasaki, H., "Whisker-related axonal patterns and plasticity of layer 2/3 neurons in the mouse barrel cortex," *J. Neuroscience*, Vol. 30, No. 8, pp. 3082–3092, 2010.

[68] Stanley, K. O., Lehman, J., and Soros, L., "Open-endedness: The last grand challenge you've never heard of," https://www.oreilly.com/radar/open-endedness-the-last-grand-challenge-youve-never-heard-of/, Dec. 19, 2017 [June 27, 2022].

[69] Storn, R. and Price, K., "Differential Evolution — A Simple and Efficient Heuristic for global Optimization over Continuous Spaces," *J. Global Optimization*, Vol. 11, pp. 341–359, 1997.

[70]   Szegedy, C., Liu, W., Jia, Y., Sermanet, P., Reed, S., Anguelov, D., Erhan, D., Vanhoucke, V., and Rabinovich, A., "Going Deeper with Convolutions," in *Proc. Computer Vision and Pattern Recognition (CVPR)*, pp. 1–9, 2016.

[71]   Tokui, N. and Iba, H., "Empirical and Statistical Analysis of Genetic Programming with Linear Genome," in *Proc. IEEE International Conference on Systems, Man and Cybernetics (SMC)*, Vol. 3, pp. 610–615, 1999.

[72]   Unemi, T., "SBART2.4: Breeding 2D CG images and movies, and creating a type of collage," in *Proc. the Third International Conference on Knowledge-based Intelligent Information Engineering Systems*, pp. 288–291, 1999.

Index
索引

さ行

人名索引

〈編者略歴〉

伊庭 斉志 （いば ひとし）

工学博士
1985 年　東京大学理学部情報科学科卒業
1990 年　東京大学大学院工学系研究科情報工学専攻修士課程修了
同　年　電子技術総合研究所
1996 ～ 1997 年　スタンフォード大学客員研究員
1998 年　東京大学大学院工学系研究科電子情報工学専攻助教授
2004 年～　東京大学大学院新領域創成科学研究科基盤情報学専攻教授
2011 年～　東京大学大学院情報理工学系研究科電子情報学専攻教授
人工知能と人工生命の研究に従事．特に進化型システム，学習，推論，創発，複雑系，進化論的計算手法に興味をもつ．水中ナチュラリスト（1000 本以上の経験をもつ PADI ダイブマスタ）
〈主な著書〉
『遺伝的アルゴリズムの基礎』オーム社，1994 年
『遺伝的プログラミング』東京電機大学出版局，1996 年
『進化論的計算の方法』東京大学出版会，1999 年
『遺伝的プログラミング入門』東京大学出版会，2001 年
『遺伝的アルゴリズムと進化のメカニズム』岩波書店，2002 年
『複雑系のシミュレーション—Swarm によるマルチ・エージェントシステム—』コロナ社，2007 年
『金融工学のための遺伝的アルゴリズム』オーム社，2011 年
『人工知能と人工生命の基礎』オーム社，2013 年
『人工知能の方法—ゲームから WWW まで—』コロナ社，2014 年
『進化計算と深層学習—創発する知能—』オーム社，2015 年
"Evolutionary Approach to Machine Learning and Deep Neural Networks: Neuro-Evolution and Gene Regulatory Networks," Springer, 2018 年
『ゲーム AI と深層学習—ニューロ進化と人間性—』オーム社，2018 年
『深層学習とメタヒューリスティクス—ディープ・ニューラルエボリューション—』オーム社，2019 年
"AI and Swarm: Evolutionary approach to emergent intelligence," CRC Press, 2019 年
Iba, H. and Noman, N.(eds.), "Deep Neural Evolution: Deep Learning with Evolutionary Computation," Springer, 2020 年

MIT/Mind Render 開発グループ

株式会社モバイルインターネットテクノロジー（MIT）において，プログラミング学習ツール「Mind Render」を企画・開発するグループ．MIT はモバイル端末向けアプリや関連サービスの企画・開発・運用を行っている．また Mind Render は，AI プログラム開発とシミュレーションができる実験・学習環境「Mind Render /AI Drill」の一部としても利用されている．
本書は白土良一，伊藤宏，武富香麻里が主として担当した．

●5章イラスト 廣 鉄夫（INCREMENT-D）

- 本書の内容に関する質問は、オーム社ホームページの「サポート」から、「お問合せ」
  の「書籍に関するお問合せ」をご参照いただくか、または書状にてオーム社編集局宛
  にお願いします。お受けできる質問は本書で紹介した内容に限らせていただきます。
  なお、電話での質問にはお答えできませんので、あらかじめご了承ください。
- 万一、落丁・乱丁の場合は、送料当社負担でお取替えいたします。当社販売課宛にお
  送りください。
- 本書の一部の複写複製を希望される場合は、本書扉裏を参照してください。

JCOPY ＜出版者著作権管理機構 委託出版物＞

Unity シミュレーションで学ぶ人工知能と人工生命
— 創って理解する AI —

2022 年 9 月 20 日　　第 1 版第 1 刷発行

編　　者　伊 庭 斉 志・MIT/Mind Render 開発グループ
発 行 者　村 上 和 夫
発 行 所　株式会社　オーム社
　　　　　郵便番号　101-8460
　　　　　東京都千代田区神田錦町 3-1
　　　　　電話　03(3233)0641(代表)
　　　　　URL　https://www.ohmsha.co.jp/

© 伊庭斉志・MIT/Mind Render 開発グループ 2022

組版　トップスタジオ　印刷・製本　壮光舎印刷
ISBN978-4-274-22910-7　Printed in Japan

本書の感想募集　https://www.ohmsha.co.jp/kansou/
本書をお読みになった感想を上記サイトまでお寄せください。
お寄せいただいた方には、抽選でプレゼントを差し上げます。

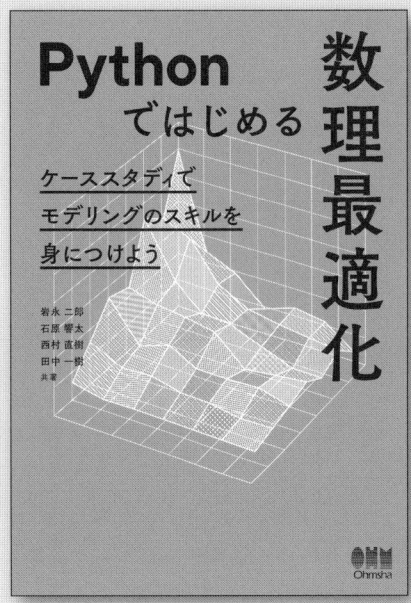

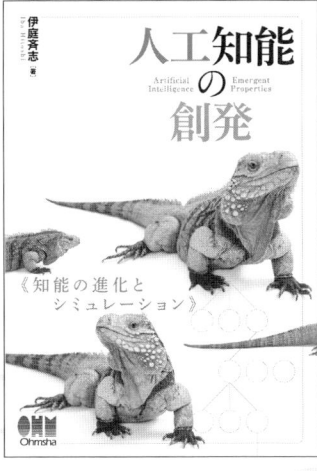